商務談判與推銷技巧
實訓教程

楊小川 ○ 編著

財經錢線

前 言

商務談判是國內和國際商品、勞務的供應者與需求者之間，為了各自的經濟利益而進行的洽談，旨在最終達成參與各方都滿意的協議的整個過程，是商品交換總體過程中一個不可缺少的重要環節。推銷是企業在讓產品向消費者流通的「最后一米」，整個推銷過程就是一個不折不扣的談判過程，推銷技巧也需要大量使用談判技巧。所以現在越來越多的高校將原來的商務談判課程直接擴展為商務談判與推銷技巧課程。筆者根據多年教學和科研工作的體會，特別是在教學中不斷嘗試教學模式與方法改革，考試改革過程中不斷徵求學生意見，在此基礎上編寫了本教材。此次編寫特別注意將學生意見納入其中，真正做到以市場需求為準則。

目前和商務談判相關的教材已經有數十本，其中不乏有豐富獨到的理論和一些值得借鑑的案例和資料，本次編寫也進行了一些借鑑，先表示感謝。但是結合學生實際情況，以及現在教育部對普通本科院校以及職業技術學院等高等學校定位於實踐技能操作的現狀，筆者認為，商務談判的理論知識學生可以自學，只需要稍微加以輔導即可。但是企業需要的是有一定實踐經驗，有一定技能基礎的綜合性高素質人才，所以如何通過不斷訓練，在練習中總結，提高綜合素質，才是作為一個商務談判課程教學的老師應該做的工作。

本書在編寫過程中，遵循理論知識自學，實踐能力培養自練，綜合素質提高互動的原則，主要有幾個特點：①實際性。從中國的企業發展實際情況出發，國內商務談判和國際商務談判結合，介紹商務談判的基本理論不求高深，只求夠用。②實用性。編寫時面對的使用對象主要是普通院校本科和高職院校學生，以培養實際的商務談判能力和推銷中操作能力為主，重點知識在訓練中領會。③實踐性。商務談判組織準備、談判計劃、談判策略、談判技巧等內容，以及推銷準備、信息收集、推銷模式等都在實踐中，先由學生自己總結，然后結合老師指導，讓學生自己領悟，並能夠將所學知識聯繫到自身的實際工作中，從而學以致用、提高自己的商務談判與推銷水平。④通俗性。本書編寫文字通俗易懂，使讀者易於系統掌握本學科的理論體系，並學會將所學知識應用於商務談判的實際。作者參閱了國內外有關商務談判的部分著作，從中借鑑了一些有益的東西並進行了變通，這樣才更容易讓學生吸收和理解。

由於作者的水平有限，書中難免存在偏頗、疏漏之處，誠請同行專家和讀者批評指正。

目 錄

課前自測 …………………………………………………………………… (1)

第一部分　商務談判實訓

實訓項目一　商務禮儀實訓 ……………………………………………… (7)
　【實訓模塊1】 禮儀常識 …………………………………………………… (8)
　【實訓模塊2】 儀容儀表 …………………………………………………… (10)
　【實訓模塊3】 服飾禮儀 …………………………………………………… (11)
　【實訓模塊4】 形體禮儀 …………………………………………………… (13)
　【實訓模塊5】 位次禮儀 …………………………………………………… (16)
　【實訓模塊6】 迎送禮儀 …………………………………………………… (23)
　【實訓模塊7】 餐桌禮儀 …………………………………………………… (24)
　【實訓模塊8】 電話禮儀 …………………………………………………… (27)
　【實訓模塊9】 語言禮儀 …………………………………………………… (29)

實訓項目二　商務談判準備實訓 ………………………………………… (35)
　【實訓模塊1】 談判主題確定 ……………………………………………… (36)
　【實訓模塊2】 談判原則與程序 …………………………………………… (38)
　【實訓模塊3】 商務談判類型及內容 ……………………………………… (40)
　【實訓模塊4】 商務談判實力分析 ………………………………………… (42)
　【實訓模塊5】 確定談判目標 ……………………………………………… (43)
　【實訓模塊6】 尋求談判對手需求 ………………………………………… (44)
　【實訓模塊7】 分析對手心理 感受談判思維 …………………………… (45)
　【實訓模塊8】 信息收集整理 ……………………………………………… (47)
　【實訓模塊9】 談判團隊組建 ……………………………………………… (49)
　【實訓模塊10】 制訂談判計劃 ……………………………………………… (53)

實訓項目三　商務談判過程實訓 ………………………………………… (57)
　【實訓模塊1】 談判開局與入題技巧 ……………………………………… (57)

【實訓模塊2】初步報價 ··· (61)
　　【實訓模塊3】磋商準則 ··· (65)
　　【實訓模塊4】讓步技巧 ··· (67)
　　【實訓模塊5】控製談判心態 ··· (70)
　　【實訓模塊6】把握談判對手風格 ·· (73)
　　【實訓模塊7】談判時間控製 ··· (78)
　　【實訓模塊8】僵局成因與僵局製造 ··· (81)
　　【實訓模塊9】避免僵局的方法 ·· (84)
　　【實訓模塊10】處理僵局技巧 ··· (88)

實訓項目四　商務談判策略實訓 ·· (96)
　　【實訓模塊1】開盤（要價）技巧 ··· (96)
　　【實訓模塊2】價格解釋 ··· (98)
　　【實訓模塊3】討價還價技巧 ··· (99)
　　【實訓模塊4】先發制人與后發制人 ·· (101)
　　【實訓模塊5】最后通牒 ·· (103)
　　【實訓模塊6】提問技巧 ·· (106)
　　【實訓模塊7】傾聽技巧 ·· (109)
　　【實訓模塊8】說服技巧 ·· (113)
　　【實訓模塊9】商務談判記錄、紀要與備忘錄 ································· (114)

實訓項目五　國際商務談判實訓 ·· (118)
　　【實訓模塊1】國際商務談判概述 ··· (118)
　　【實訓模塊2】國際商務談判5要素 ··· (122)
　　【實訓模塊3】影響國際商務談判的文化因素 ································· (124)
　　【實訓模塊4】國際商務談判的語言技巧 ······································· (127)
　　【實訓模塊5】國際商務談判中的溝通技巧 ···································· (130)
　　【實訓模塊6】綜合國力對國際商務談判的影響 ······························ (133)
　　【實訓模塊7】商務談判跨國支付方式 ·· (135)
　　【實訓模塊8】主要國家和地區商務談判風格 ································· (137)
　　【實訓模塊9】出口報價技巧 ·· (142)
　　【實訓模塊10】包裝運輸條款 ··· (144)

實訓項目六　商務談判交易實訓 ……………………………………………… (150)
　【實訓模塊1】影響成交因素 ……………………………………………… (150)
　【實訓模塊2】談判結束時機判定 ………………………………………… (152)
　【實訓模塊3】及時成交技巧 ……………………………………………… (154)
　【實訓模塊4】簽約技巧 …………………………………………………… (156)
　【實訓模塊5】簽約注意事項 ……………………………………………… (157)
　【實訓模塊6】不同協議格式 ……………………………………………… (158)
　【實訓模塊7】處理談判合同糾紛 ………………………………………… (160)
　【實訓模塊8】確保當事人履行協議 ……………………………………… (163)

第二部分　推銷技巧部分實訓

實訓項目七　推銷準備實訓 ……………………………………………… (169)
　【實訓模塊1】推銷概述 …………………………………………………… (169)
　【實訓模塊2】推銷技能與知識測試 ……………………………………… (171)
　【實訓模塊3】推銷人員形象及物質準備 ………………………………… (173)
　【實訓模塊4】推銷員信心提升 …………………………………………… (174)
　【實訓模塊5】推銷員心理素質和態度 …………………………………… (176)
　【實訓模塊6】顧客購買心理分析 ………………………………………… (177)
　【實訓模塊7】尋找潛在顧客 ……………………………………………… (179)
　【實訓模塊8】顧客資格鑒定 ……………………………………………… (180)
　【實訓模塊9】推銷計劃擬訂 ……………………………………………… (181)
　【實訓模塊10】推銷時間管理 ……………………………………………… (183)

實訓項目八　推銷過程實訓 ……………………………………………… (185)
　【實訓模塊1】克服心理障礙 ……………………………………………… (185)
　【實訓模塊2】約見顧客 …………………………………………………… (186)
　【實訓模塊3】接近顧客 …………………………………………………… (189)
　【實訓模塊4】產品演示（展示）………………………………………… (190)
　【實訓模塊5】顧客異議分析 ……………………………………………… (193)
　【實訓模塊6】破解顧客異議 ……………………………………………… (195)
　【實訓模塊7】處理客戶異議LSCPA法運用 …………………………… (199)
　【實訓模塊8】客戶滲透 …………………………………………………… (200)

【實訓模塊9】銷售推進與跟蹤 …………………………………………（202）

實訓項目九　推銷模式實訓 …………………………………………（206）
　　【實訓模塊1】推銷方格應用 ………………………………………（207）
　　【實訓模塊2】顧客方格應用 ………………………………………（210）
　　【實訓模塊3】顧客體驗式推銷 ……………………………………（211）
　　【實訓模塊4】會議（會展）推銷 …………………………………（214）
　　【實訓模塊5】艾達（AIDI）模式 …………………………………（217）
　　【實訓模塊6】迪伯達（DIPADA）模式 ……………………………（219）
　　【實訓模塊7】費比（FABE）模式 …………………………………（220）
　　【實訓模塊8】埃德帕（IDEPA）模式 ………………………………（221）
　　【實訓模塊9】吉姆（GEM）模式 ……………………………………（222）
　　【實訓模塊10】網絡（論壇、社區）推廣模式 ……………………（224）
　　【實訓模塊11】佛伯納斯（FOIPONAS）模式 ………………………（225）
　　【實訓模塊12】斯波恩（SPIN）模式 ………………………………（228）

實訓項目十　推銷方式與技巧實訓 …………………………………（230）
　　【實訓模塊1】電話推銷 ……………………………………………（230）
　　【實訓模塊2】網絡推銷 ……………………………………………（233）
　　【實訓模塊3】目標設定（SMART原則） …………………………（235）
　　【實訓模塊4】推銷成交方法 ………………………………………（236）
　　【實訓模塊5】推銷團隊管理 ………………………………………（239）
　　【實訓模塊6】推銷費用管理 ………………………………………（241）
　　【實訓模塊7】推銷細節管理 ………………………………………（245）
　　【實訓模塊8】推銷信息管理 ………………………………………（246）
　　【實訓模塊9】促銷物資管理 ………………………………………（248）
　　【實訓模塊10】客戶資源管理 ………………………………………（252）

第三部分　綜合模擬實訓

綜合實訓1　模擬商務談判大賽 ………………………………………（255）

綜合實訓2　模擬推銷大賽 ……………………………………………（260）

課前自測

在學本課程前，請各位同學自行完成該自測題，然后對照分數參考標準給自己一個初步評價，將結果和同學進行交流。

1. 你是如何認識談判的？
   - （1）是一門藝術　　　　　　　+5
   - （2）是一種交際手段　　　　　+3
   - （3）是解決難題的一種方式　　+2
   - （4）是兩方以上的談話　　　　0

2. 你願意成為一名談判專家嗎？
   - （1）非常願意　　　　　　　　+5
   - （2）願意　　　　　　　　　　+2
   - （3）難以達到　　　　　　　　-2
   - （4）不喜歡這種工作　　　　　0

3. 你是否認為善於交際應是談判人員具備的主要特點？
   - （1）必須具備　　　　　　　　+5
   - （2）應該具備　　　　　　　　+2
   - （3）不知道　　　　　　　　　0
   - （4）不認為　　　　　　　　　-5

4. 你認為談判經驗對談判成功的影響重要嗎？
   - （1）非常重要　　　　　　　　+5
   - （2）比較重要　　　　　　　　+3
   - （3）不太重要　　　　　　　　0
   - （4）根本不重要　　　　　　　-5

5. 你喜歡做冒險的生意嗎？
   - （1）非常喜歡　　　　　　　　+5
   - （2）喜歡　　　　　　　　　　+2
   - （3）不喜歡　　　　　　　　　0
   - （4）根本不喜歡　　　　　　　-5

6. 通常遇到問題，你喜歡採取什麼樣的解決方式？
   (1) 與別人協商解決　　　　　　+5
   (2) 自己琢磨、思考、解決問題　+3
   (3) 請示領導，等待指示　　　　0
   (4) 採取能拖就拖的辦法　　　　-5

7. 你認為別人是怎樣看待談判的？
   (1) 只要努力，大多數人都能成功　+5
   (2) 難度較大，一般人很難勝任　　0
   (3) 是迫不得已的做法　　　　　　-3
   (4) 沒有多少人喜歡它　　　　　　-5

8. 你同意「談判可以解決任何問題」的觀點嗎？
   (1) 同意　　　　　+5
   (2) 有保留意見　　+3
   (3) 不清楚　　　　0
   (4) 不同意　　　　-5

9. 你認為談判的主要作用是什麼？
   (1) 加強和改善了人們之間的關係　+5
   (2) 滿足了人們的要求　　　　　　+3
   (3) 解決了複雜問題　　　　　　　+2
   (4) 可以更好地討價還價　　　　　0

10. 你交易時喜歡通過談判方式進行嗎？
    (1) 非常喜歡　+5
    (2) 比較喜歡　+3
    (3) 說不清　　0
    (4) 不喜歡　　-5

11. 你所參與的談判，準備程度如何？
    (1) 重要談判認真準備　　+2
    (2) 每次都認真準備　　　+5
    (3) 時常不準備　　　　　-5
    (4) 大多數情況都準備　　+2

12. 談判之前，你認為是否應該與其他成員討論談判的要點問題？
    (1) 充分談論　　+5
    (2) 適當討論　　+2
    (3) 主要問題討論　+3
    (4) 不討論　　　-5

13. 擬定談判程序是指：
    （1）擬定談判日程　　　　　　　+5
    （2）確定談判內容　　　　　　　0
    （3）制訂談判計劃　　　　　　　0
    （4）明確談判主題　　　　　　　0
14. 你認為談判的實質內容是什麼？
    （1）協調雙方利益　　　　　　　+5
    （2）維護己方利益　　　　　　　-5
    （3）滿足需要　　　　　　　　　+3
    （4）達到某種目的　　　　　　　0
15. 你是怎樣看待談判後備人員的？
    （1）不得已時更換談判人員　　　0
    （2）作為一種戰術運用　　　　　+5
    （3）沒有必要配備後備人員　　　-5
    （4）滿足不同談判階段的需要　　+3
16. 談判小組成員的歸屬感是指：
    （1）小組成員的群體利益認識　　+5
    （2）談判者個人能力發揮　　　　-5
    （3）小組成員在群體中扮演的角色　0
    （4）成員自我認識的群體形象　　+2
17. 你認為在談判進程中，哪一階段比較重要？
    （1）開局階段　　　　　　　　　+2
    （2）討價還價階段　　　　　　　+3
    （3）報價階段　　　　　　　　　+2
    （4）簽約階段　　　　　　　　　+5
18. 要想獲得理想的談判結果，最重要的是：
    （1）談判策略的運用　　　　　　+5
    （2）談判時機的選擇　　　　　　+2
    （3）談判地點的確定　　　　　　0
    （4）談判者協調能力的高低　　　+3
19. 談判日程安排，應主要考慮：
    （1）日程安排的伸縮性　　　　　+3
    （2）兼顧談判各方的需要　　　　+5
    （3）一切應有利於我方安排　　　-5
    （4）作為一種談判策略　　　　　+2

如果你的答案在60~90分，無疑你是一個優秀的談判者或是具有優秀談判者素質的人；如果你的答案在35~60分，說明你對談判有一定的認識，並具有談判者的潛能；如果你的答案在35分以下，說明你對談判缺乏基本的認識和社會實踐，要努力加強。談判能力與素質並非天生具備，需要在后天持續錘煉、累積、總結，方能不斷提高。課前自測僅僅是對目前談判素養和認知定性的、粗線條的測試，為同學們在以后學習中指引方向。

第一部分
商務談判實訓

實訓項目一　　商務禮儀實訓

【實訓目的與要求】

1. 瞭解在商務談判中的基本禮儀和待人接物常識。
2. 掌握日常商務談判禮儀的準備工作。
3. 掌握談判過程中的禮儀技巧。
4. 學會在不同場合注意自己的儀容儀表。
5. 掌握日常生活和工作中的位次禮儀，不至於在以后工作中犯忌。
6. 掌握日常的餐桌禮儀，讓普通的「吃」變成展示自己素質的平臺。
7. 注意禮貌用語，掌握敬語、雅語等用法。
8. 掌握電話禮儀，改正過去接電話和打電話中存在的不足。

【實訓學時】

本項目建議實訓時長：4 學時。

【背景素材】

安徽省桐城市「六尺巷」由來

清朝康熙年間，官至文華殿大學士兼禮部尚書的張英在安徽省桐城的祖居與吳姓人家為鄰。對方欲越界蓋房，家人遞馳書京華稟告，張英寫了一首詩作復：

一紙修書只為牆，讓他三尺又何妨？
長城萬里今猶在，不見當年秦始皇。

家人見詩，讓地三尺；吳姓人家深感其義，也退讓三尺，這樣就誕生了著名的「六尺巷」。

思考：
1. 換成你是張英，你會怎麼做？
2. 本案例給我們什麼啟示？

【實訓內容】

在教師指導下，根據設定的訓練項目，結合具體教學班級和專業要求，選擇性地

對商務談判中將會遇到的禮儀常識、儀容儀表、服飾裝扮、形體、位次、迎送、餐桌、電話和語言等禮儀要求進行實訓，以完成教學目標和要求。

【實訓模塊1】 禮儀常識

練習

將全班分成3個小組，分別討論「生活中關於禮儀的重要性」「生活中如何踐行禮儀」「生活中常見的無禮行為」。討論時間10分鐘，討論后每組派代表上臺簡要闡述本組討論結果，限時2分鐘。最后由老師進行點評和總結。

【知識點】

一、禮儀概念

中國歷來是禮儀之邦，談判者的禮儀在一定程度上反應了一個國家、一個民族的文明程度、社會風尚和一個人的文明、文化素養。

禮的本意是敬奉神明，還有恭敬、秩序、次序、身分、地位、道理、原則、規範等含義在其中。常見的禮，包括禮貌、禮節、禮儀等。

禮貌是指在人際交往中通過動作、語言、表情表示對對方的尊重、恭敬的一種行為規範。禮節是人們在交際中表現出來的尊敬、祝福、應來送往、問候、致意、慰問等慣用的規則和形式，是禮貌在語言和行為上的體現。禮儀是指人們在社會交往中由於受歷史傳統、風俗習慣、宗教信仰、時代潮流等因素而形成，既為人們所認同，又為人們所遵守，是以建立和諧關係為目的的各種符合交往要求的行為準則和規範的總和。總而言之，禮儀就是人們在社會交往活動中應共同遵守的行為規範和準則。在正式場合，禮儀為表示敬意、尊重、重視等所舉行的合乎社交規範和道德規範的儀式。從個人修養角度來看，禮儀可以說是一個人內在修養和素質的外在表現；從交際角度來看，禮儀可以說是人際交往中適用的一種藝術，一種交際方式或交際方法，是人際交往中約定俗成的示人以尊重、友好的習慣做法；從傳播的角度來看，禮儀可以說是在人際交往中進行相互溝通的技巧。

在西方國家，通常認為禮儀應該從3個方面來體現（3A：Accept，Appreciate，Admire），即接受、重視、讚美對方。意思是在交往中你是否能表現出較好的禮儀主要是看你能否接受對方的習慣、言行，能否從心理和行為上重視對方，能否真誠用心讚美對方。

二、禮儀的重要性

亞里士多德曾經說過：「一個不和他人打交道的人，不是神就是獸。」這說明無論是過去還是現在，無論是在生活中還是工作中，無論是正式場合還是非正式場合，作

為一個社會人，我們離不開他人。要想很好地與人相處，就必須瞭解禮儀，掌握禮儀，運用好禮儀。禮儀是打開交際之門的鑰匙，是促進事業成功的手段，是形成完美人格的途徑。

優雅到位的禮儀將極大地提高個人形象價值，反之個人形象價值將反應或體現個人的禮儀程度。個人形象可以真實地體現他的個人教養和品味，客觀地反應了他的個人精神風貌和生活態度，如實地展現了他對待交往對象所重視的程度，更代表著其所在單位的整體形象的一部分。個人形象靠什麼來體現呢？當然是個人的儀表及言談舉止。

三、禮儀的原則

（一）尊重、誠信原則

1. 尊重自己

社交禮儀中「尊重原則」首先就要求尊重自己，一個連自己都不尊重的人，無法想像能得到別人多少尊重。要尊重自己，就要求我們不自大、不自卑，要有充分自尊。

2. 尊重他人

學習禮儀的關鍵不在於學到了多少社交技能，而在於你自身的品質能否贏得他人的尊重。自身品質中很重要的一環就是要尊重他人。尊重他人不分貴賤，否則會給人造成不好的印象。

我們要尊重一切值得尊重的人。尊重上級是一種天職，尊重同事是一種本分，尊重下級是一種美德，尊重客人是一種常識，尊重對手是一種風度，尊重所有人是一種教養。

當我們尊重別人時，難免有時會有委屈，甚至感覺很憋屈。此時需要從思想上多下功夫，明白善待別人就是善待自己的道理，正所謂「贈人玫瑰，手有余香」；不妨多以對方為中心，以禮相待，換位思考，做到「己所欲，推己及人；己所不欲，勿施於人」。

3. 真誠誠信

誠，為人之本，成人之道。真誠和誠信是為人的根本，當一個人失去了信用，那他就再也沒有什麼可以值得失去的東西了。

「狼來了」的故事一直被作為國內幼兒誠信教育的典型模板，告誡我們不能騙人。不誠信的人會被拋棄，受到懲罰；反之講誠信的人和企業都會得到豐厚的回報。

【小案例】

明朝徽商唐祁的故事

明代徽商唐祁的爸爸曾經向別人借錢做生意，留下借據一張。不料，債權人不小心把借據弄丟，擔心這筆借款的安全，向其父要債，唐祁毫無二話，將借款償還。某人拾得該借據，又來向其父要債，由於借據中語焉不詳，無法回拒，唐祁又向其償還了一次債務。旁人笑他傻，唐祁卻說「前者有其事，后者有其據」。后來大家都願意同這位「寧虧自己不虧別人」的傻瓜做生意，一時間唐祁成為當地知名的商業巨賈。

（二）合作、感恩原則

在當今社會，由於工作環境越來越現代化，生產、管理和生活中科技含量越來越高，獨立完成一項任務難度越來越大，大量的管理事務既需要分工，更需要合作。所以社交禮儀和商務談判禮儀中需要充分體現出談判團隊合作。

感恩是一個人與生俱來的本性，是一個人不可磨滅的良知，感恩是學會做人的支點，也是現代社會成功人士的必備品性，一個連感恩都不知曉的人必定擁有一顆冷酷絕情的心。感恩是一種美德，報恩是一種責任。當遇到談判對手價格刁難的時候需要感謝對方給予的壓力會使己方更加努力提高技術含量，降低成本；而當對方在價格、服務、運輸等諸多方面給予優厚條件時，更需要感恩，應當以最好的產品質量、按時交貨和優質服務來回報。

（三）謙和、寬容原則

由於在談判中和對手各為其主，為了不同的利益和共同的目標，寸土必爭，採用一些策略和計謀在所難免。此時不能上綱上線，不能輕視對手的品格。有分歧，有委屈，當思「退一步海闊天空，忍一時風平浪靜」；當己方條件太為苛刻時當思「得饒人處且饒人」；當對方做出讓己方鬱悶的事情和決策時，一定要「宰相肚裡能撐船」，不能輕易生氣，「生氣是用別人的過錯來懲罰自己」。在談判中要有禮有節，千萬不要有理變成無禮。

在談判中需要己方的團隊合作，不能產生內訌，如果有失誤，也要寬容，寬容他人就是解放自己，要理解他人，換位思考，學會積極宣洩。在談判中堅持大事講原則，小事講風格。

（四）適度、從容原則

在談判中需要注意把握好禮儀的度。既不能自行慚穢，也不能卑躬屈膝。適度為美，過度失春；適度為福，過度為災；適度為寶，過度為草；萬事皆有度，無度則失衡。

【實訓模塊2】儀容儀表

練習1　儀容儀表訓練

在全班同學中選出5位男生和5位女生，分成男生組和女生組面對面站立對視，對視距離保持在2米左右，時間為2分鐘。然后讓每位同學對對面的同學的儀容儀表進行點評。評價的深度和準確度計入平時成績。

教師最好選擇班上比較有特點的同學參與。包括妝容、形象、性格和氣質各不相同的同學。被評為最佳儀容儀表的同學不妨跟大家一起分享一下自己的經驗。

練習2　微笑訓練

教師自行設計一些橋段，預制5種場景——表現謙恭、表現友好、表現真誠、表

現諂媚、表現陰險。選擇10個人參與訓練，如果時間和地點足夠，也可以全班分組進行。每兩個同學選擇一種場景，面向全班進行微笑表演式訓練，這樣可以進行對比。表演后沒有參與的同學先進行點評，然后老師進行總評，並提出建議。

在微笑訓練中需要注意：
(1) 微笑與眼睛的結合。
(2) 微笑與語言的結合。
(3) 微笑與形體的結合。

【知識點】

在生活和工作中，有很多人都不太在意自己的外表和裝扮，認為這是自己的事情，和別人沒有關係。但是商務談判是比較正式的，能影響自己和所在企業生存的一件大事，如果因為自己的一些不拘小節而造成不可挽回的損失，這無論是誰都不能原諒。儀容儀表是否講究直接決定了給談判對手的第一印象，在心理學上稱為「首因效應」，一旦形成，很不容易改變。

化妝修飾時需要注意淡雅、簡潔、適度、莊重、避短。其禁忌為離奇出眾、技法出錯、慘狀示人、崗上化妝、指教他人。

一般情況下，談判者的儀容儀表不妨從四個方面來注意：

第一，注意面部修飾。形象端正、適當、規範修飾、潔淨、衛生、自然。

第二，注意局部修飾。眉部注意描眉形；眼部注意打粉底、畫眼線、施眼影；耳部注意潔淨，不戴不合時宜的耳環、耳墜、耳釘等飾品；鼻部注意鼻內外清潔，男士要注意剪除露出鼻孔的鼻毛；女士注意使用端莊典雅的口紅，男士需要清理或修飾周邊胡須，不能給人以不修邊幅的邋遢形象，注意口內牙齒清潔衛生。

第三，注意髮部修飾。髮部的修飾一般要求確保髮部的整潔，慎選髮部的造型，注意髮部的美化。髮廊裡的新潮髮式可能會提高你走在馬路上的回頭率，但出入在寫字間卻可能讓人浮想聯翩。女性上班族的髮式要領是單一黑色直髮，俗曰「清湯掛面式」，但操作形式多樣，至少上班時應將披肩長髮加以「約束」，最好挽成髮髻。

第四，注意保持適度微笑。微笑是世上最美的語言，是含義深廣的體態語言、世界上通用的語言、自信的象徵、禮貌的表示、和睦的反應、心理健康的表露，微笑是一種交際手段。笑容可以調節情緒，可以消除隔閡、獲取回報，有益身心健康。

【實訓模塊3】 服飾禮儀

練習1　模特點評

教師製作並播放時裝秀片段或與服裝展示相關的PPT課件，同學們分別對不同的展示進行點評。

思考模特的時裝風格、品味與工作中服飾的異同。

練習2　時裝秀

有條件的院系和開設該課程相關專業的同學可以自創時裝秀，與營銷策劃等活動結合在一起，自編自導自演。選出評委進行點評，參與的同學談談自己的感受。

【知識點】

俗話說「人靠衣裝，佛靠金裝」，在商務談判中，必須要考慮談判者的衣著打扮，正如莎士比亞所說：一個人的穿著打扮，往往就是一個人身分、地位與教養的最形象寫照。服飾既是一種文化，又是一種文明。

一、服裝穿著符合「六合」

在商務活動中，對服裝的總體要求有六個方面：

1. 合身。合乎身材、合乎年齡、合乎職業身分。
2. 合意。合乎自己心意，一般不穿休閒裝。不能讓自己過於難受，否則會感覺整天都不舒服，影響心情，進而影響工作效果和效率。
3. 合時。合時有兩層意思，第一是具有時代色彩，不要有古板、食古不化、陳舊迂腐的感覺，也不要過於超前，將職業裝扮模特化；第二是注意時間，裝扮要符合此時的季節和時間。
4. 合禮。服裝穿著要體現一種禮貌，衣冠整潔，規範搭配是起碼尊重。
5. 合俗。符合本民族特色、地域特色，與社交環境相適合。
6. 合規。許多特殊行業有自己的行業職業裝，應該按照規定著裝。比如消防支隊採購消防器材的談判，由於消防支隊屬於武裝警察編製，所以穿軍裝才是正裝。類似的特殊職業只有配上職業裝才是最尊重對手和重視談判的行為。

二、商務談判中男士基本著裝要求

1. 著裝色彩遵守「三色」原則：全身的服飾搭配不超出三種顏色，而且最好還有一種是屬於無彩色系（黑、白或灰）。
2. 款式遵循 TPO（Time，Place，Occasion）原則：一切以時間、地點、場合為轉移；談判時必須身著正裝，但是談判后的晚宴可以相對隨意。
3. 內衣遵循有領原則：有領原則說的是，正裝必須是有領的。無領的服裝，比如T恤，運動衫一類不能成為正裝。
4. 男士西裝要注意八忌：西褲過短，襯衫放在西褲外，不扣襯衫扣，西服袖長於襯衫袖，領帶太短，西服上裝兩扣都扣上，西服的衣、褲袋內鼓鼓囊囊，西服配便鞋。
5. 男士必要佩飾原則：一般情況下領帶夾能不用則不用，必要時可帶領帶夾，領帶夾的位置應在6顆扣襯衫從上向下數第4顆扣的地方；出差可帶能換洗的襯衫；職場男士不適宜戴卡通手錶和劣質手錶，手錶從某種意義上說是表明男士身分的裝飾；職場人士配錢夾是一種慣例，不能用卡通錢夾、布錢夾以及民族風的紀念品式樣錢夾替代；一般而言，職場人士的公文包也是皮的，有足夠的空間，便於攜帶。

三、職場商務場合女士著裝要求

1. 基本商務著裝要求：整潔、利落；注意「六不允許」和「六不露」，即套裝不允許過大或過小、不允許衣扣不到位、不允許不穿襯裙、不允許內衣外穿、不允許隨意搭配、不允許亂配鞋襪，不暴露胸部、肩部、腰部、背部、腳趾、腳跟。

2. 職業套裝是職業女性首選的裝束，它包括裙式套裝和褲式套裝。穿裙式套裝時裙子的長度不得短於膝蓋三寸以上的地方。

套裙的選擇要注意面料、色彩、圖案、點綴、尺寸、造型、款式。雖然面料一般公認以純毛、純麻、純棉、純絲、純皮五純為佳，但最好不要穿皮短裙上班；套裙的穿法要注意長度適宜、穿著到位、考慮場合、協調裝飾、兼顧舉止。

3. 注意褲子和套裙穿著的幾個禁忌：盡量不穿著無袖的衣服；不穿著涼鞋、運動鞋或露趾的拖鞋；不穿黑皮裙；不在裙子下加健美褲；不穿半截的襪子；佩飾少而精。可以適當噴香水和背適合自己身分的皮包。

四、職場穿衣之忌

在整個商務場合穿衣要注意避免以下行為：穿非自然材料、寒酸衣服、廉價鞋，廉價首飾；穿破舊、過時的衣服；懶散、不修邊幅；用過多小裝飾；誇大身體的缺陷（太胖、太瘦、太高、太矮）；佩戴不適宜的裝飾物、不合適的搭配（把昂貴和廉價的服飾搭配在一起）。

【實訓模塊 4】 形體禮儀

練習 1　女生站姿訓練

將女生分成 3 組，每組按照以下要求練習一個姿態，5 分鐘后依次輪換：

1. 背靠牆立正姿勢。
2. 兩人背靠背站立姿勢。
3. 頭頂書本原地站立姿勢。

先由觀摩同學點評，再由老師點評。平時可以在宿舍裡面進行對鏡訓練，對自己的弱勢項目進行強化訓練，達到優美姿態的效果。

練習 2　女生坐姿訓練

將 10 張座椅依次排開，每兩張之間間隔 10 厘米，選擇 10 個女生（也可以視女生人數多少進行平均分組，兩組即可），按照自己熟悉的習慣姿勢坐下，兩分鐘后先同學后教師對坐姿進行點評。

練習 3　女生蹲姿訓練

按照坐姿分組，女生們按照自己習慣的蹲姿下蹲兩分鐘后，先由觀摩同學再由指導教師進行點評。

練習 4　男生站姿訓練

將男生排成兩排，面對面立正姿勢站立，兩分鐘后雙手交叉在身后呈跨列姿勢，兩分鐘后雙手交叉在身前站立。再兩分鐘后結束站姿。教師進行點評。

練習 5　男生走姿訓練

男生排成前后兩排，間隔 1 米左右，場地足夠的可以間隔兩米，聽指導老師口令同向前行、立定、后退、轉身走回來。兩分鐘后結束，教師點評。

注意：為不影響其他同學上課，以及增加訓練效果，該訓練適合在形體房或室外場地進行。教師配置隨身帶麥克風。

【知識點】

培根曾經說過：相貌的美高於色澤的美，而秀雅適宜的動作美，又高於相貌的美，這是美的精華。優雅的體態是人有教養，充滿自信的完美表達。即使是最昂貴、最漂亮合體的服裝，也無法掩飾一個萎靡不振的軀體所給人的不良感觀。形體禮儀主要通過站、蹲、坐和走的不同姿態來體現。

一、站姿

站立是人們生活交往中的一種最基本的舉止。站姿是人靜態的造型動作，優美、典雅的站姿是發展人的不同動態美的基礎和起點。優美的站姿能顯示個人的自信，襯托出美好的氣質和風度，並給他人留下美好的印象。男士要求「站如松」，剛毅灑脫，站得挺拔、端莊、平穩；女士則應秀雅優美，亭亭玉立。

（一）規範的站姿要求

站姿總體要求，從側面看，做到五點一線：耳—肩—腰—膝—踝。具體而言需要做到：

1. 頭正。雙目平視，嘴唇微閉，下頷微收，面部平和自然。
2. 肩平。雙肩放鬆，稍向下沉，身體有向上的感覺，呼吸自然。
3. 臂垂。雙臂放鬆，自然下垂於身側，手指自然彎曲。
4. 軀挺。軀干挺直，收腹、挺胸、立腰。
5. 腿並。雙腿並攏立直，兩腳跟靠緊，腳尖呈 V 型分開 45～60 度，男子站立時，雙腳可分開，但不能超過肩寬。身體重心主要支撐於腳掌、腳弓上。

在接待中，直立時可以右手搭在左手上，疊放於體前；或雙手疊放於體后，右手搭在左手上，貼於臀部；或一手放於體前一手背在體后。男女有別，以美觀精神為佳。

（二）站立注意事項

站立時，切忌東倒西歪，無精打採，懶散地倚靠在牆上、桌子上；不要低著頭、歪著脖子、含胸、端肩、駝背；不要將身體的重心明顯地移到一側，只用一條腿支撐著身體；身體不要下意識地做小動作；在正式場合，不要將手叉在褲袋裡面，切忌雙手交叉抱在胸前，或是雙手叉腰；男子雙腳左右開立時，注意兩腳之間的距離不可過

大，不要挺腹翹臀；不要兩腿交叉站立；身體不要抖動或晃動。

二、坐姿

坐姿文雅、端莊，不僅給人以沉著、穩重、冷靜的感覺，而且也是展現自己氣質與修養的重要形式。「坐如鐘」，即坐得像鐘一樣端正沉穩，同時還要注意坐姿的嫻雅自如。坐姿優雅不但是對談判對方的尊重，同時也是給對方的一種心理暗示，表明己方的心態和態度。

（一）規範的坐姿要求

入座時要輕穩。盡量從他人背后或座位左側，毫無聲息、以背部接近座椅入座。入座后上體自然挺直，挺胸，雙膝自然並攏，雙腿自然彎曲，雙肩平整放鬆，雙臂自然彎曲，雙手自然放在雙腿上或椅子、沙發扶手上，掌心向下。離座時，要自然穩當。離座前一般先有表示或暗示，注意順序先後、起身緩慢、站好再走、從左離開。

頭正，嘴角微閉，下頜微收，雙目平視，面容平和自然。坐在椅子上時，應坐滿椅子的2/3，脊背輕靠椅背。

雙手規範擺位，平放在雙膝上，掌心向下；或雙手疊放，放在一條腿的中前部，此時雙腿可交叉，或一手放在扶手上，另一手仍放在腿上或雙手疊放在側身一側的扶手上，掌心向下。此時身體微微傾向於談話對象。

注意雙腿正確擺放。

標準式。雙腿正向平放，大腿保持平行，小腿並攏保持向下直立，雙手疊放在兩腿之間，右手在上，上身保持挺拔狀態。此時如小腿向后收攏，只有腳尖著地，稱為后點式。

側腿式。小腿向左或右斜，並攏側放，雙腿不交叉，其他與標準式相同。當只有腳尖著地時，又稱為側點式。兩腿腳尖沒有同時著地，一只明顯在上，又稱為側掛式。

重疊式。雙腿交叉，大腿疊放，右手在上，雙手疊放在上面那條腿的前部。小腿保持豎直向下緊貼，不能上翹。

前交叉式。雙腿正向平放，大腿保持平行，小腿向前伸出，並攏交叉，雙手疊放在兩腿之間，右手在上，上身保持挺拔狀態。

（二）坐的注意事項

坐時不可前傾后仰，或歪歪扭扭；雙腿不可過於叉開，或長長地伸出；坐下后不可隨意挪動椅子；不可將大腿並攏，小腿分開，或雙手放於臀部下面；高架「二郎腿」或「4」字型腿；腿、腳不可不停抖動；不要猛坐猛起；與人談話時不要用手支著下巴；坐沙發時不應太靠裡面，不能呈仰狀態；雙手不要放在兩腿中間；腳尖不要指向他人；不要腳跟落地、腳尖離地；不要雙手撐椅；不要把腳架在椅子或沙發扶手上，或架在茶幾上。

三、走姿

走姿是展現人的動態美的重要形式，是站姿的延續。走路是展現自己身體狀況、

平時心理慣勢和性格的有效方式。習慣要求是「行如風」，即指走姿輕盈而穩健，避免擲地有聲，但要有節奏感。整個行姿禮儀要求：頭正肩平、軀挺步直、方向明確、步幅適度、速度均勻、重心放準、身體協調、造型優美。使整個行走過程變得從容，輕盈，穩重。

（一）規範的走姿要求

前行步。保持身體端正、收腹、挺胸，不低頭，目光平視，忌斜視看人。遇師長、領導、客人應禮讓問候或微笑點頭致意，及時禮讓，不可爭擠。

后退步。向他人告辭時，應先向后退兩三步，再轉身離去。退步時，腳要輕擦地面，不可高抬小腿，后退的步幅要小。轉體時要先轉身體，頭稍候再轉。

側身步。當走在前面引導來賓時，應盡量走在賓客的左前方。髖部朝向前行的方向，上身稍向右轉體，左肩稍前，右肩稍后，側身向著來賓，與來賓保持兩三步的距離。當走在較窄的路面或樓道中與人相遇時，也要採用側身步，兩肩一前一后，並將胸部轉向他人，不可將后背轉向他人。

（二）不雅的走姿

方向不定，忽左忽右。橫衝直撞、悍然搶行、阻擋道路；步態不雅、體位失當，搖頭、晃肩、扭臀；扭來扭去的「外八字」步和「內八字」步；左顧右盼，重心后坐或前移；與多人走路時，或勾肩搭背，或奔跑蹦跳，或大聲喊叫製造噪音等；雙手反背於背后或雙手插入褲袋。

四、蹲姿

正確的蹲姿要一腳在前，一腳在后，兩腿向下蹲，前腳全著地，小腿基本垂直於地面，腳后跟提起，腳掌著地，臀部向下。

蹲姿注意事項：不要突然下蹲；不要距人過近；不要方位失當；在人身邊下蹲，側身相向；不要毫無遮掩；不要蹲著休息；不要蹲在椅子上。

【實訓模塊 5】位次禮儀

練習 1　座次表排列訓練

假定某集團公司（某事業單位或某政府機構）將召開年終總結及表彰大會，由指導教師設定來賓人數、職位及本公司參加的人員名單，詳細羅列出職位、年齡、職稱、性別等。請同學們安排出一張合理的座次表，然後闡明理由。最后由老師進行點評。

練習 2　中國位次禮儀訓練

指導老師展示媒體公開的某次眾所周知的高級別政治會議集體合影照片或會場照片，然后表明有哪些職務的人參加，請同學們對比照片指出參加人的身分。練習目的是讓同學們瞭解中國在政治生活中的位次禮儀。對錯誤的，老師給予及時指正，並解釋理由。

【知識點】

位次排列有時亦稱座次排列，它涉及位次的尊卑問題。這個問題在日常生活和工作中無所不在。不同位次對參與的人來講，影響是很微妙的。

哪些場合需要考慮座次禮儀？

組織會議時，你需要考慮會場座次；接送客人時，你需要考慮乘車座次；和人交談時，你需要考慮會客座次；上下樓梯時，你需要考慮行進次序；出入電梯時，你需要考慮先後次序；商務談判時，你需要考慮談判座次；雙邊簽約時，你需要考慮簽字座次；參加宴會時，你需要考慮就餐座次。

一、行進位次禮儀

（一）平地行進位次

並排行進的要求是中央高於兩側，內側高於外側，一般情況下應該讓客人走在中央或者內側；與客人單行行進，即成一條線行進時，標準的做法是前方高於後方，以前方為上，如果沒有特殊情況，無引導要求時應該讓客人在前面行進；出入房門時，若無特殊原因，位高者先出入房門。若有特殊情況，如室內無燈，陪同者宜先入。

步行時注意五個需要忌諱的細節：忌行走時與他人相距過近，避免與對方發生身體碰撞，萬一發生，務必要及時向對方道歉；忌行走時尾隨於他人身後，甚至對其窺視、圍觀或指指點點，在不少國家，此舉會被視為侵犯人權；忌行走時速度過快或者過慢，以免妨礙周圍人的行進；忌一邊行走一邊連吃帶喝，或是吸菸不止，那樣不僅不雅觀，而且還會有礙於人；忌與已成年的同性在行走時勾肩搭背、摟摟抱抱。

（二）上下樓（滾梯）位次

在客人不認路的情況下，陪同引導人員要在前面帶路。行進時，身體側向客人，完全背對客人，是不禮貌的行為，應該讓客人走在內側，陪同人員走在外側。

上下樓道是在商務交往中經常遇到的情況，簡單地說，上下樓時應單行行進，以前方為上。但需要注意一點，男女同行上下樓時，宜女士居後。上下樓時因為樓道比較窄，並排走會妨礙其他人，因此沒有特殊原因，應靠右側單行行進。如果陪同接待女性賓客的是一位男士，而女士又身著短裙，上下樓時，接待的陪同人員要走在女士前面。以免短裙「走光」，避免尷尬。

（三）電梯位次

很多寫字樓都配有電梯，進入有人值守和無人值守的電梯時，需要遵守不同的禮儀規則。

無人值守的升降式電梯：標準做法需要陪同人員先入後出，並控製好按鈕。但如果感覺電梯裡可能會超員的時候，就要請客人先上，如果自己上電梯後超員的鈴聲響起，自己應迅速出來。此外，如果有個別客人遲遲不進入電梯，影響了其他客人，在

公共場合也不應該高聲喧嘩，可以利用電梯的喚鈴功能提醒他。

有人值守的電梯：陪同人員后進后出，讓客人先進先出，人較多時后進先出；把選擇方向的權利讓給地位高的人或客人，這是走路的一個基本規則。當然，如果客人初次光臨，對地形不熟悉，還是應該為其指引方向。

二、乘坐交通工具位次禮儀

（一）小轎車

如有司機駕駛時，則以后座右側為首位，左側次之，中間座位再次之，前座右側為最末。如駕駛者是主人，則以駕駛座右側為最大，后座右側次之，左側再次之，而以后座中間座最末。一般情況下，上下轎車時，應該讓客人先上車，后下車。當然，如果很多人坐在一輛車中，誰最方便下車誰就先下車。

根據常識，轎車的前排，特別是副駕駛座，是車上最不安全的座位。因此，按慣例，在社交場合，該座位不宜請女性或兒童就座。在公務活動中，副駕駛座，特別是雙排五座轎車上的副駕駛座被稱為「隨員座」，循例專供秘書、翻譯、警衛、陪同等隨從人員就座。

職業司機駕車，接送高級官員、將領、明星等知名公眾的人物時，主要考慮乘坐者的安全性和隱私性，司機后方位置為汽車的上座位，通常也被稱為VIP位置。

（二）吉普及其他車輛

搭乘吉普車或越野車時，不論駕駛者為主人還是其他人，駕駛座右側的位置最大，后座右側次之，左側再次之。故上車時，前座先上，后座后上；下車時，前座先下，后座再下。越野車功率大，底盤高，安全性也較高，但通常后排比較顛簸，而前排副駕的視野和舒適性最佳，因此為上座位置。

其他商務車輛以司機之后座側門開啟處的第一排座位為尊，后排座位次之，司機座旁邊的座位為末，同排以右為尊。

（三）乘車注意事項

按國際慣例，除賓客只有女賓一人外，女士不坐副駕駛位置；主人親自駕車時，若賓客只有一人，則應陪坐於主人之側；坐小轎車后座位者，上車時應依三二一的秩序上車，下車時則依一二三的秩序下車。如有女士在座，應該禮讓女士優先；主人夫婦同車而主人駕車時，主人夫婦坐前座，賓客夫婦坐后座。如主人駕車搭載友人夫婦，則應邀請友人坐前座，友人之配偶坐后座。前座如果是男士，其后座為女士；反之亦然。交叉座次是因為西方人認為這樣才能引起話題。

三、會客位次禮儀

會見客人時，對於讓座的問題應予以重視。具體而言，在會見客人時，讓座於人有兩點需要注意：一方面，必須遵守有關慣例；另一方面，必須講究主隨客便。總體上講，會客時，應當恭請來賓就座於上座。會見時的座次安排，大致有如下五種主要

方式：

（一）相對式

具體做法是賓主雙方面對面而坐。這種方式顯得主次分明，適用於公務性會客，通常又分為兩種情況：

1. 雙方就座后，一方面對正門，另一方背對正門。此時講究面門為上，面對正門之座應請客人就座；背對正門之座由主人就座。

2. 雙方就座於室內兩側，並且面對面地就座。此時講究進門後以右為上，即進門后右側之座應請客人就座；左側之座由主人就座。

（二）並列式

基本做法是賓主雙方並排就座，以暗示雙方「平起平坐」、地位相仿、關係密切。主要用於會見朋友賓客或較為輕鬆的場合。具體也分為兩類情況：

雙方一同面門而坐。此時講究以右為上，即主人要請客人就座在自己的右側。其他人員可分別在主人或主賓的一側，按身分高低依次就座。

雙方一同在室內的右側或左側就座。此時講究以遠為上，即距門較遠之座為上座，應當讓給客人；距門較近之座為下座，應留給主人。

（三）居中式/中心式

所謂居中式排位，實為並列式排位的一種特例。它是指當多人並排就座時，講究居中為上，即應以居於中央的位置為上座，請客人就座；以其兩側的位置為下座，由主方人員就座。

這樣就座猶如眾星捧月，具有較明顯的尊卑關係；適用於主題慶祝、給重要人物或長輩過生日、老師和專家小範圍講學等場合。

（四）主席式

主要適用於正式場合，由主人一方同時會見兩方或兩方以上客人。一般應由主人面對正門而坐，其他各方來賓則應在其對面背門而坐。這種安排猶如主人正在主持會議，故稱之為主席式。

（五）自由式

自由式的座次排列，即會見時有關各方均不分主次、不講位次，而是一律自由擇座。自由式通常用在客人較多，座次無法排列，或者大家都是親朋好友，沒有必要排列座次時。進行多方會面時，此法常常採用。

四、談判位次禮儀

（一）雙邊談判

在一般性的談判中，雙邊談判最為多見。雙邊談判的座次排列主要有兩種形式可供酌情選擇，一種叫橫桌式，一種叫豎桌式。橫桌式即談判桌在談判廳裡橫著擺放；豎桌式即談判桌在談判廳裡豎著擺放。二者有相同之處，也有操作上的具體差異。

1. 橫桌式。橫桌式座次排列是指談判桌在談判室內橫放，客方人員面門而坐，主方人員背門而坐。除雙方主談者居中就座外，各方的其他人士則應依其具體身分的高低，各自先右后左、自高而低地分別在己方一側就座。雙方主談者的右側之位，在國內談判中可坐副手，而在涉外談判中則應由譯員就座。

2. 豎桌式。豎桌式座次排列是指談判桌在談判室內豎放。具體排位時以進門時的方向為準，右側由客方人士就座，左側由主方人士就座。在其他方面，則與橫桌式排座相仿。

當賓主雙方都不止一個人，有必要進行並排排列，比如需要會見、合影時，仍需遵守以右為尊的原則。合影時，一般男主人居中，男主賓在主人右邊，主賓夫人在主人左邊，主人夫人在男主賓右邊，其他人員穿插排列。但應注意，最好不要把客人安排在最邊上的位置，應讓主方陪同人員在邊上。

（二）多邊談判

多邊談判的座次排列，有兩種形式：

1. 自由式。自由式座次排列，即各方人士在談判時自由就座，而無須事先正式安排座次。

2. 主席式。主席式座次排列，是指在談判室內，面向正門設置一個主席位，由各方代表發言時使用。其他各方人士則一律背對正門、面對主席之位分別就座。各方代表發言后，亦須下臺就座。

五、簽字儀式位次禮儀

簽字儀式位次禮儀需要體現雙贏和承諾。簽字儀式可分為雙邊簽字儀式和多邊簽字儀式。簽字儀式通常是指訂立合同、協議的各方在合同、協議正式簽署時所正式舉行的儀式。舉行簽字儀式，不僅是對談判成果的一種公開化、固定化，也是有關各方對自己履行合同、協議所做出的一種正式承諾。

從禮儀上來講，舉行簽字儀式時，最基本的禮儀當屬舉行簽字儀式時座次的排列方式。一般而言，舉行簽字儀式時，座次排列的具體方式共有3種基本形式，可根據不同的具體情況來選用：

1. 並列式。簽字桌在室內面門橫放，雙方出席儀式的全體人員在簽字桌之后並排排列，雙方簽字人員居中面門而坐，客方居右，主方居左。

2. 相對式。相對式簽字儀式的排座與並列式簽字儀式的排座基本相同。二者之間的主要差別只是相對式排座將雙邊參加簽字儀式的隨員席移至簽字人的對面。

3. 主席式。主要適用於多邊簽字儀式。其操作特點是：簽字桌仍須在室內橫放，簽字席設在桌后，面對正門，但只設一個，並且不固定其就座者。舉行儀式時，所有各方人員，包括簽字人在內，皆應背對正門、面向簽字席就座。簽字時，各方簽字人應以規定的先后順序依次走上簽字席就座簽字，然后退回原位就座。

簽字儀式上，由於文件需要長久保存，簽字時應用黑色的鋼筆或簽字筆，不宜用圓珠筆或其他色彩的筆。

公務人員在具體操作簽字儀式時，可以依據下述基本程序進行運作：

1. 宣布開始。此時，有關各方人員應先后步入簽字廳，在各自既定位置上正式就座。

2. 簽署文件。依照禮儀規範，每一位簽字人在己方所保留的文本上簽字時，應當名列首位。因此，每一位簽字人均須首先簽署將由己方保存的文本，然后再交由他方簽字人簽署。此種做法，通常稱為「輪換制」。它的含義是在文本簽名的具體順序上，應輪流使有關各方均有機會居於首位一次，以示各方完全平等。

3. 交換文本。各方簽字人此時應熱烈握手、互致祝賀，並互換剛才用過的簽字筆，以示紀念。全場人員應熱烈鼓掌，以表示祝賀之意。

4. 飲酒慶賀。有關各方人員一般應在交換文本后飲上一杯香檳酒，並與其他方面的人士一一干杯。這是國際上所通行的增加簽字儀式喜慶色彩的一種常規做法。

六、會議位次禮儀

(一) 會議排位的基本原則

1. 以右為上（遵循國際慣例）。
2. 居中為上（中央高於兩側）。
3. 前排為上（適用所有場合）。
4. 遠門為上（遠離房門為上）。
5. 面門為上（良好視野為上）。

(二) 大型會議

大型會議應考慮主席臺、主持人和發言人的位次。主席臺的位次排列要遵循三點要求：前排高於后排，中央高於兩側，右側高於左側。主持人之位可在前排正中，也可居於前排最右側。發言席一般可設於主席臺正前方或者其右方。

大型會議在會場上要分設主席臺和群眾席。主席臺要認真排座，群眾席座次可排可不排。

1. 主席臺排座。主席臺一般面對會場主入口和群眾席。主席臺成員的桌上要放置正反兩面的桌簽。主席臺排座具體又分為主席團排座、主持人坐席、發言者席位三個問題。

主席團排座。主席團是指在主席臺上正式就座的全體人員。主席團位次有三個基本規則：一是前排高於后排，二是中央高於兩側，三是左側高於右側。

主持人坐席。會議主持人（即大會主席）的具體位置為：一是居於前排正中央；二是居於前排的兩側；三是按其具體身分排座，但不應就座在后排。

發言者席位。發言者席位又叫發言席。在正式會議上，發言者發言的時候不宜坐在原處。發言席的常規位置有二：一是主席團的正前方，二是主席臺的右前方。

2. 群眾席排座。在大型會議上，主席臺下的一切座席都是群眾席。群眾席的排座方式有二：一是自由式擇座。即不進行統一安排，大家各自擇位而坐。二是按單位就座。它指的是與會者在群眾席上按單位、部門或者地位、行業就座。它的具體依據，

既可以是與會單位、部門的漢字筆畫的多少，漢語拼音字母的前后，也可以是其平時約定俗成的序列。按單位就座時，如果分為前排后排，以前排為高，以后排為低；如果分為不同樓層，樓層越高，排序越低。

在大型會議中進行位次排列，一定要掌握規則，靈活變通。規則是死的，具體情況則千變萬化，要善於變通，而不是囫圇吞棗、生搬硬套。應注意：

第一，內外有別。座次排列適用於正式的公關活動中，是對外交往中用的，是正式場合用的，內部交往中則可進行變通。

第二，中外有別。座次排列講究以右為尊，但中國人和外國人的做法不大一樣（實際上中國不同歷史時期的做法也不盡相同）。比如，中國政務活動中，根據規定，遵循中國傳統禮儀：左為上，右為下。當領導同志人數為奇數時，1號首長居中，2號首長排在1號首長左邊，3號首長排1號首長右邊，其他依次排列；當領導同志人數為偶數時，1號首長、2號首長同時居中，1號首長排在居中座位的左邊，2號首長排右邊，其他依次排列。但公關活動遵循的是國際慣例，以右為上，所以涉外活動中，外國客人是在首長的右側的。這裡講的左和右，都是當事人自己的左和右。這是定位標準。

（三）小型會議

小型會議一般指參加者較少、規模不大的會議。全體與會者都應排座，不設主席臺。小型會議的排座有三種形式：

自由擇座：不排定固定的具體座次，而由全體與會者完全自由地選擇座位就座。

面門設座：一般以面對會議室正門的是會議主席座位。其他的與會者在其兩側自左而右地依次就座，以右為尊。

依景設座：會議主席的具體位置不必面對會議室正門，而是應當背依會議室之內的主要景致所在，如字畫、講臺等。其他與會者的排座則略同於前者。

（四）茶話會

茶話會的座次排列方式主要有以下四種：

環繞式：不設立主席臺，把座椅、沙發、茶幾擺放在會場的四周，不明確座次的具體尊卑時，與會者在入場後自由就座。這一安排座次的方式與茶話會的主題最相符，也最流行。

散座式：散座式排位常見於在室外舉行的茶話會。座椅、沙發、茶幾自由組合，甚至可由與會者根據個人要求而隨意安置。這樣就容易創造出一種寬鬆、愜意的社交環境。

圓桌式：在會場上擺放圓桌，請與會者在周圍自由就座。圓桌式排位又分兩種形式：一是適合人數較少的，僅在會場中央安放一張大型的橢圓形會議桌，而請全體與會者在圓桌前就座。二是在會場上安放數張圓桌，請與會者自由組合就座。

主席式：在會場上，主持人、主人和主賓被有意識地安排在一起就座。

【實訓模塊 6】 迎送禮儀

練習 1　迎送禮儀訓練

將全班分成四組，其中兩組分別站在兩邊，扮演禮儀人員角色。另外兩組扮演客戶角色。由禮儀小組引導進教室，安排就座。然后進行送別演練，一直送到教室外。事畢，交換角色，再相互點評。

練習 2　見面介紹訓練

按照練習 1 分組，事先給每位同學確定職務。兩組同學和對面同學握手，並做自我介紹。然后由每組組長引導對方小組成員和本組成員見面，並依次做介紹。

整個過程中，旁觀的小組注意觀察，並找出訓練小組存在的問題。然后進行點評，老師做最后總評。

【知識點】

一、常規迎送禮儀常識

1. 確定迎送規格。在迎送中要求地位基本對等和對口，正職無法出席可以由副職代勞或變通處理，但必須加以解釋。除非特殊情況，不必破格接待，以免給人厚此薄彼的口實。

2. 掌握抵達和離開時間。接人在人到來之前到達，送人在人離開之前到達，人走之后才離開。

3. 介紹。一般是中高層迎接者或長者或工作人員先將迎接的人介紹給來者（客人）。主人應該主動寒暄，表示熱情。如果被介紹者性別不同，則一定要先介紹女性。

4. 陪車。客人一般在主人右側，如有翻譯則翻譯在司機旁邊。上車時一般讓客人從右邊上車，主人從左邊上車，避免從客人前面（擠）過，如果客人坐了主人的位置，則不必糾正，尊重客人。

5. 其他。派專人辦理出入境和行李托運等手續；客人抵達后一般不要主動安排過多，給予適當的休息時間（尊重客人意見），多頭安排則規格相當，活動要連續。

二、迎送中握手禮儀

標準的握手姿勢需要兩人的手掌相向，握住對方的手掌並上下輕輕搖晃。年輕者對年長者，身分低者對身分高者則應稍稍欠身或趨前，雙手握住對方的手，以示尊敬。男性與女性握手時，往往只握一下女性的手指部分。握手的時間通常以 3~5 秒鐘為好。一般情況的握手時間可短些。握手的力度應適度，要不輕不重，恰到好處。要做好握手禮儀，需全面瞭解握手類型、順序及常見禁忌。

（一）握手的類型

1. 乞討型握手。掌心向上，表明被動、軟弱、劣勢；也表明此人謙和。
2. 控製型握手。掌心向下，表明優勢、主動和支配的性格或心態。
3. 無力型握手。也叫「死魚式握手」，表明懦弱、優柔寡斷、沒有氣魄、缺乏熱情、容易被控製。
4. 力量型握手。表明性格熱情主動，有朝氣和活力。
5. 抓指尖握手。縱然誠懇也給人冷淡感覺，個性缺乏自信，保持距離。
6. 施捨型握手。伸出四個指頭給對手握，表明缺乏修養、傲慢、不平易近人。
7. 誇張型握手。老遠就伸直手臂，五指張開，伴隨語言，表示熱情豪爽。
8. 自在型握手。陌生場合與別人一一握手，有旺盛的自我表現力（歌星等），主人如此則表明禮貌。
9. 手套型握手。兩只手抓住對方，表熱情或謝意或有求於對方。
10. 潮濕型握手。對對方緊張，精神性發汗。

（二）握手順序

男士與女士握手，女士先伸手；上級與下級握手，上級先伸手；主人與客人握手，主人先伸手；年長者與年輕者握手，年長者先伸手。先伸手的人要主動，避免尷尬。

（三）握手時的注意事項

1. 潔淨、專注、禮貌；在握手同時要看著對方的眼睛，握手有力但不能握痛，大約持續三秒鐘，只晃兩三下。開始和結束要乾淨利落。
2. 男性在握手前應先脫下手套、摘下帽子。
3. 握手一定要伸右手，伸左手是不禮貌的。
4. 不能一一握手，可以用點頭禮、注目禮、招手禮代替。
5. 握手不是全球性禮節。東南亞一些國家是雙手合十致敬，日本人是鞠躬，歐洲國家是擁抱。在緬甸，一般情況下，女子未主動伸手，男子不能表示要和女方握手，更不能主動伸出手去。
6. 握手的一些常見失禮現象：跨門檻握手；多人時交叉握手；在介紹過程中一直握著對方的手不放，特別是與異性握手時；目光遊移不定，心神不寧；握手時忽視或冷淡別人；坐著握手。

【實訓模塊7】 餐桌禮儀

練習1　餐桌座次排列訓練

在班上選出10位同學參加訓練，其中5位同學所在單位邀請另外5位同學共進晚餐。給每個同學設定相應職務，然後將實驗桌當成餐桌，讓同學們自己排定座次，並說出理由。

思考：是否只有一種座次排列方式，說出理由。
練習 2　全班討論「中西餐桌禮儀的異同」
教師對練習進行點評。

【知識點】

一、宴會餐桌禮儀

（一）中式宴會的位次排列：桌次和座次

1. 桌次。在宴會桌次排列禮儀中，並行橫排兩個桌位，則以右為尊；並行三個、五個桌位則居中為尊；如進門后豎排桌位，則以遠為尊，即離房間正門越遠，表明該桌位客人地位越高。

2. 宴會座次。進房門后，同一桌位上，面門居中者為尊，坐在房間正門中央位置的人一般是主人，稱為主位。主人右側的位置是主賓位。面門居中位置為主位；主賓左右分兩側而坐；或主賓雙方交錯而坐；桌位較多時，越接近首席，位次越高；同等距離，右高左低。

排列宴會桌位、席次，宴會廳內擺放圓桌時，通常應以面對正門的方法進行具體定位。如果只設兩桌，橫向排列以右桌為主桌，縱向排列以離門遠的那一桌為主桌；如果設置多桌，同樣是居中為上、以右為上、以遠為上。

在同一張宴會桌上確定席次時，一般以面對宴會廳正門的位置為主位，由主人就座。主賓大都應當就座在主人的右手。其他人的位次，一般客人都坐在主人的右側，而主方人員都坐在主人的左側，距離主位越近，位次越高；當和主位距離相同時，位於主位右側的位次高於位於主位左側的位次。但一般的宴請中，往往只需要確認主人和主賓的位置，其他人就未必那麼拘於形式，弄得吃飯像談判，也不得輕鬆。通常是賓主、男女、生人熟人交錯排列，方便溝通交流。

不過凡事無絕對，倘若宴會廳有優美的景致、高雅的演出，則觀賞角度最好的座位理應作為上座，這時面門為上的規則就退位讓賢了。

（二）西餐座次原則

1. 女士優先原則。一般有女主人時，女主人坐主位，男主人在第二主位。

2. 恭敬主賓原則。同樣是客人，但是一樣有主次之分，男女之分，在座位上男女主賓分別僅靠女主人和男主人。

3. 以右為尊原則。所謂以右為尊，是指最尊貴的賓客坐在右邊，男主賓坐於女主人右側，女主賓坐於男主人右側。

4. 距離定位原則。同樣一桌，距主位越近，地位越高。

5. 面門為上原則。面對門口地位高於背對門口，一般來說背對門口安全性低於面對門口，所以把危險留給自己，把安全留給別人就是對其最大的尊重。

6. 交叉排列原則。在這點上中西方有差距，西方國家為了尊重女士，一般將男女

分開，交叉坐，這樣方便男女交談，生人和熟人也可以交叉便於更好交流。如果是比較熟悉的人群聚會，則可以男女分桌或男女分邊來坐。

二、日常餐桌禮儀

（一）入座的禮儀

先請客人入座上席，再請長者於客人旁依次入座；入座時要從椅子左邊進入，入座后不要動筷子，更不要弄出什麼響聲來，也不要起身走動；如果有什麼事要向主人打招呼。入座后姿勢端正，腳踏在本人座位下，不可任意伸直，手肘不得靠桌緣，或將手放在鄰座椅背上。

在中方餐桌上，客齊后導客入席，以左為上，視為首席，相對首座為二座。

而在西方，一般說來，面對門的離門最遠的那個座位是女主人的，與之相對的是男主人的座位。女主人右手邊的座位是第一主賓席，一般是位先生；男主人右邊的座位是第二主賓席，一般是主賓的夫人。女主人左邊的座位是第三主賓席，男主人左邊的座位是第四主賓席。

（二）進餐時的禮儀

中方筵席中暫時停餐，可以把筷子直擱在碟子或者調羹上。如果將筷子橫擱在碟子上，那是表示酒足飯飽不再進膳了。吃飯、喝湯時不要發出聲響，用湯匙一小口一小口地喝，不宜把碗端到嘴邊喝，湯太熱時不要一邊吹一邊喝，等涼了以后再喝。

進餐時不要打嗝，也不要出現其他聲音。如果出現打噴嚏、腸鳴等不由自主的聲響時，就要說「真不好意思」「對不起」「請原諒」之類的話，以示歉意。

給客人或長輩夾菜，最好用公筷。也可以把離客人或長輩遠的菜肴送到他們跟前，按我們中華民族的習慣，菜是一個一個往上端的，如果同桌有領導、老人、客人的話，每當上來一個新菜時就應請他們先動筷子，或者輪流請他們動筷子，以表示對他們的重視。

吃到魚頭、魚刺、骨頭等物時，不要往外面吐，也不要往地上扔。要慢慢用手拿到自己的碟子裡，或放在緊靠自己的餐桌邊，或放在事先準備好的紙上。要適時地抽空和旁人聊幾句風趣的話，以調和氣氛。不要光顧著吃飯，不管別人，也不要狼吞虎咽地大吃一頓，更不要貪杯。最好不要在餐桌上剔牙，如果要剔牙，就要用餐巾或手擋住自己的嘴巴。

吃西餐時右手拿刀，左手拿叉。使用刀叉時，左手用叉用力固定食物，同時移動右手的刀切割食物。用餐中暫時離開，要把刀叉呈八字形擺放，盡量將柄放入餐盤內，刀口向內；用餐結束或不想吃了，刀口向內、叉齒向上，刀右叉左地並排縱放，或者刀上叉下地並排橫放在餐盤裡。餐巾分正反面，通常印有該店 Logo 的為正面，要用反折的內側來擦，如果整條布都擦得髒兮兮的，就請服務生再換一條。

通常主菜未上桌前，服務生會先提供餐包，放的位置一定是在主菜左側，所以餐具左側的麵包是屬於你的，不要拿錯。吃麵包時，直接在麵包盤上剝開，塗抹奶油，否則離開麵包盤，麵包屑容易掉得滿桌都是，不易收拾。無論是香腸或排類，要切成

一口大小食用，由左至右切，且要吃時再切。

用餐時，肘臂不可張開也不可放置在桌上，以免妨礙他人進食。口布乃用於擦口與手指，不是手帕，不可用於擦臉及頭髮。用餐前應先將餐巾布打開置放於大腿上，以承擋可能掉落的食物，切忌圍在脖子上，塞在領口或皮帶內。湯匙用完不要留在湯杯、湯碗或湯盤中，應放在盤上或托碟上。食用沙拉應用小叉；食用麵條時，可用叉子卷食，切不可一部分入口，一部分吸食。

用餐需注意的事項：

用餐時不要把手肘放在桌子上；要保持安靜，切勿抖腿、踢腳；在餐桌上不可化妝或梳理頭髮；在餐桌上不可寬衣解帶；避免口中含有食物時說話或飲用酒水；不要在餐桌上打呵欠；用過的刀、叉等器具不要再放回桌上；食物殘渣或骨頭等不能棄置在桌上，應該放在盤子裡；忌諱用自己的餐具為他人夾菜。

【實訓模塊 8】電話禮儀

練習 1　電話禮儀的實力測評

1. 聽到電話鈴響，應盡快在三聲內就接聽。
2. 在電話中，客戶無法知道我們的表情和肢體語言。
3. 通話時，對方不小心切斷電話，應耐心等對方撥回。
4. 應將電話內容維持在商務範圍之內。
5. 聽對方講話時，應保持安靜。
6. 當處理完客戶問題後，通常會以提問來結束。
7. 在電話中介紹產品應適可而止。
8. 在電話中若需讓對方等待片刻，應用手蓋住話筒。
9. 即使在電話中沒有獲得任何客戶訊息，也應作記錄。
10. 午餐時間，通常客戶不再為公務忙，適宜打商務電話。

註：請判斷正誤，答案在相應知識點中，請自學查找。

練習 2　客服溝通技巧討論

你認為這些觀點是否正確？若不正確請說明理由。

1. 客服人員應盡快說明所有客戶所需事項，所以語速可以較快，只要說完整即可。
2. 當客戶的認知有錯誤時，應該及時指出。
3. 作為客服人員，只需一直傾聽便可，不用管客戶說什麼，也不用去控制時間長短。
4. 客戶永遠是正確的，客戶不瞭解產品肯定是售前人員的過失。
5. 與客戶溝通時，只需把事情講清楚就可以了。
6. 與客戶溝通時，只要敷衍一下，維護公司利益就可以了。
7. 客戶抱怨時不用理他，等氣消了就好了。

【知識點】

在管理中離不開電話這一便捷的通信工具，當你的聲音通過話筒傳向各地時，你是否能做到彬彬有禮？當你在工作時，你在電話中給對方留下的印象將使對方把你的表現自然而然地與公司的形象聯繫起來！

不管在任何地方、任何時間、任何情況下，也不管你的心情有多壞，你都不能將這種消極的情緒帶給電話另一端的人！因為你無權這樣做，更重要的是你代表著整個公司的形象！卡耐基曾經說過：「你不可能有第二次機會來重建自己的第一印象！」

一、基本電話禮儀

1. 電話鈴響在三聲之內接起，電話響起數聲沒有來得及接時，該向客戶表達歉意。
2. 根據不同的電話號碼，講不同的問候語，態度友好。盡量不要使用簡略語、專用語。
3. 打電話前先整理電話內容，后撥電話，適當向對方表示感謝，並等對方先掛電話。
4. 盡可能不要讓客戶在電話中等待。
5. 在電話機旁準備好紙筆，隨時準備記錄，確認記錄下的時間、地點、對象和事件等重要事項。
6. 在電話中保持最優美的聲音。最優美的聲音來源於恰當的速度、音調、音量和笑容。
7. 接聽電話時確認對方身分，聽不清時應告訴對方。
8. 接電話時保持微笑，不要不耐煩並打斷對方的講話。
9. 在電話中不要喝水、吃東西。
10. 接電話結束后，應說：「謝謝您打來電話。」應在客戶掛斷后，再輕掛電話。
11. 不要與被激怒的客戶對抗，如果客戶打來幾次電話都沒有找到人，應先向客戶道歉，不要做過多假設。
12. 公私分明，不要長時間打私人電話。
13. 為留住重要客戶，必要時可以留下私人電話給他們。
14. 如果客戶要找的人不在，要試探對方來電目的。必要時重複一次電話中的重要事項，以確認對方的目的和相關信息。
15. 除非是騷擾電話，在電話中應該主動告知對方自己的姓名，這樣可取得對方信任和方便對方以后聯繫。

二、電話用語注意要點

1. 注意禮貌用語恰當。
2. 注意開頭語、結束語。
3. 當客戶提出有益意見時，注意致謝語。

4. 當出現問題或客戶不滿時，注意致歉語。
5. 遇到粗言穢語、內容猥瑣，應平靜對待、禮貌回答。
6. 客戶對回復不認可時，注意回答及解決方式。
7. 對方沒反應時注意別立即掛斷。
8. 客戶諮詢到不肯定或不會回答的問題時，注意委婉回答，立即尋求支援，解決客戶難題。
9. 注意服務禁語。

三、電話禮儀基本服務用語

1.「您好！」（是「您」不是「你」）
2.「請放心。」
3.「我會盡快處理您的問題。」
4.「請您稍等。」
5.「十分抱歉。」
6.「給您添麻煩了。」
7.「我會盡快將您的意見進行反饋。」
8.「感謝您所提的寶貴意見。」
9.「這是我應該做的。」

四、電話禮儀禁語

1.「這事不歸我做。」
2.「我不懂。」「不知道，不曉得。」
3.「你愛找誰找誰去。」
4.「這好像不關我的事。」
5.「我做不了主。」
6.「我就這水平了，不行，你另請高明吧。」
7.「我這樣服務已經很不錯了，還想怎樣？」
8.「這個很簡單，你自己拆裝一下就可以，我來教你。」
9.「這只能這樣。」

【實訓模塊9】語言禮儀

練習1 讚美語言訓練

同學之間按照要求用真誠的態度互相讚美。
要求：
1. 讚美對方優點，至少三點，多多益善。
2. 適合對方，符合實際。

3. 時間三分鐘。

方法：

1. 臨近的兩人一組。
2. 每人在訓練卡上作答，分別寫出讚美對方的語句。
3. 請雙方吻合度高的小組宣讀答案。
4. 可採用適當的獎勵方法。

練習2　雅語和敬語訓練

（1）請各位同學在五分鐘之內寫出以「拜」「高」「貴」「惠」「令」為字頭的敬語，表現突出的給予平時成績績點獎勵。

敬語字頭	拜	高	貴	惠	令
敬語舉例					
舉例數量					

（2）請各位同學在5分鐘之內寫出自己所知道的雅語表達方式。

練習3　幽默語言訓練

把事先擬好的角色寫在一些卡片上，請每個同學從這些卡片中抽取一張。給大家幾分鐘時間思考準備，然后讓每個人用新穎幽默的語氣來介紹自己所抽中的角色。游戲結束后同學之間相互點評。

教師對學生所有訓練效果進行最終點評。

【知識點】

一、社交中的語言禮儀要點

語言禮儀重在以禮待人。任何人都希望得到別人的尊敬。如果遭到他人言辭上的無禮挑釁或詆毀攻擊，通常會程度不同地運用語言來自衛和還擊。按照我們的生活經驗，在日常交往中所造成的不和大多也與出言不遜有關（禍從口出）。因此，在與人交往時，言語有禮是很重要的。

古人雲：「誠於中而形於外」。要做到言辭上以禮待人，其核心就是對他人的真誠尊重。包括：

1. 不說髒話，不語惡言。髒話、惡言最容易把人激怒，與人結怨，君不聞：「利刀割體痕易合，惡語傷人恨難消」。所以，我們與他人談話時，要用溫和之語、真正關心他人之語。

2. 不道人短，不耀己長。《弟子規》言：「人有短，切莫揭，人有私，切莫說。」尋錯揭短會使對方非常難堪。人非聖賢，孰能無過，抓住別人的一點過錯、短處不放，數落、埋怨，會因此與人結怨，失去人緣。言談時，沉湎於誇耀自己的長處、優勢，不僅無益於達成良好的交談氣氛，還可能會招致對方的反感。

3. 融洽和諧，好話好說。口是心非乃做人的大忌，心是口非是交談的大忌。好話

好說，就能免除許多誤會和不快，使對方如沐春風。

4. 善控情緒，免造口禍。《弟子規》言：「言語忍，忿自泯。」我們千萬要控制不滿情緒，免造口舌之禍。不妨採取倒杯水、到戶外走一走等方法舒緩情緒，讓自己平靜下來，免造口舌之禍。

5. 使臣以禮，平等相待。這就是說，當自己的職務比對方高，工齡比對方長，或者事理在自己這方時，慎勿以勢壓人。而應把自己擺在與對方同等的位置上，以商討的口氣，溫和的語調，用容易被對方接受的言辭與對方交談。

6. 不爭強勝，謙和為懷。在交談中爭強好勝，不服輸往往會把交談變成爭辯，爭辯發展為抬槓、強詞奪理，甚至是人身攻擊。這是刻薄、有傷仁厚的表現。諺云：「天不言自高，地不言自厚。」平時注重涵養謙和之心，言語之時，自會謙光流露。

7. 主動檢討，真誠相待。如果發現自己有過錯，能主動地、實事求是地檢討自己，求得對方的諒解，是尊重對方人格的切實表現。同時也能喚起對方的諒解和同情，繼而達成友好合作。言談時，要說實話，道真情，才能得到對方的理解和幫助。孔子云：「己所不欲，勿施於人。」一定要以心換心，說真話、講實話。人心都是相通的，以誠敬相待才是最上之道。

二、使用稱呼語的注意事項

在社交中，我們總是和不同的人周而復始地交流，對不同的人要使用不同的稱呼，甚至對相同的人在不同場合也要採用不同的稱呼，由於中國傳統文化博大精深，完全瞭解稱呼的用法也許比較難，但是掌握一些注意事項還是必要的。

1. 準確記住別人的姓名。在交往中能準確叫出對方的姓名，一定會給人好感，至少讓對方感知到原來他在你心中的地位之高和印象之深。

2. 體力勞動者和腦力勞動者的稱呼不可混淆。特別是對使用腦力勞動的知識分子更要注意稱呼，知識分子好為人師，渴望得到別人的承認和尊重，所以在稱呼上一定要有所體現，要有針對性。

3. 在公共場合不可對人用貶義的稱呼，特別是外號之類，避免傷人自尊。

4. 注意復姓。現在的姓名千奇百怪，和傳統意義上不太一樣，特別要注意對復姓的辨別，弄不清楚的可以直接詢問。

5. 慎稱「老」。年齡特別大的人，喜歡別人稱呼其「老」，他認為這是對他幾十年人生經歷的一種認同，他會因為年齡大累積經驗多等原因樂於接受「老」。但是目前全國居民平均年齡已經大大提高，所以過去的老年人現在正被稱為「壯年」。而對於女性來說，更要慎用「老」。

6. 準確判別對方的身分。看對方的身分一定不能單純看穿著、座駕、妝飾，如果不好直接問，不妨通過交談來慢慢瞭解。最安全的稱呼是玩笑性質的把對方地位提高，如「某某總」之類，這樣既不會得罪人，又避免給人以看不起的感覺。實在難以把握稱呼時多用尊稱——「您」。

三、敬語、雅語和徵詢語

所謂敬語，是指在和對方說話的時候彬彬有禮，熱情而莊重的語言；所謂雅語則是用好聽、含蓄的語言代替忌諱語言；而徵詢語則是在談話中多注意語言溫和，採用商量式、徵求意見式、建議式、可選擇式的方法進行，避免用直接式、指示式，更不要用反問式語言類型。

（一）常見敬語

1.「拜」字。拜讀：讀對方作品。拜會：和對方見面。拜望：看望或探望對方。拜托：請對方幫忙。

2.「奉」字。奉告：告訴對方。奉還：對方的物品歸還。奉送：贈送對方禮物。

3.「高」字。高就：詢問對方在哪裡工作。高齡、高壽：老人家年齡。高見：對方的見解。高攀：和他人交朋友或結成親戚。高堂：對方父母。高足：對方的學生或徒弟。

4.「貴」字。貴姓：詢問對方的姓。貴庚：詢問對方的年齡。貴恙：稱對方的病。

5.「惠」字。惠贈：對方贈予（財物）。惠存：多用於送對方相片、書籍等紀念品。惠顧：顧客到來。惠臨：對方到自己這裡來。惠允：對方允許自己做某事。

6.「令」字。令堂：尊稱對方的母親。令尊：尊稱對方的父親。令郎：尊稱對方的兒子。令媛：尊稱對方的女兒。令愛：尊稱對方的女兒。

（二）常見雅語

請人原諒說「包涵」，求人幫忙說「勞駕」，向人提問說「請教」；無暇陪同說「失陪」，請人勿送說「留步」，歸還物品說「奉還」；需要考慮說「斟酌」，對方到場說「光臨」；未及迎接說「失迎」，請人接受說「笑納」，祝人健康說「保重」，接受好意說「領情」；接受祝賀說「托福」；為別人放棄心愛的東西或接受饋贈而表示謝意說「割愛」；古代為上廁所做掩飾說「更衣」；用尊敬或客氣的口氣向人提意見叫「進言」或「向您進一言」「大膽進言」（鬥膽進言）。在新時代還有更多的雅語出現，不妨多學習多累積，與時俱進。

四、禮貌服務用語

某實踐經驗豐富的專家曾經說過「效益包含在禮貌語言中」，可見禮貌語言的重要性。禮貌用語在日常工作中要有「五聲」：迎客聲、稱呼聲、致謝聲、道歉聲、送客聲。要杜絕「四語」：蔑視語、煩躁語、否定語和鬥氣語。

（一）使用禮貌用語的正確方法

1. 注意說話的儀態。要用關注的目光註視對方。註視方位：鼻眼三角區。會談時註視上三角區；服務於他人時註視下三角區。註視胸部及身體部位則表示著親密關係。忌在說話的時候閉目、凝視、斜視、掃視等。

2. 注意說話的聲音。情感的交流是通過不同的語調和語速表現出來的。

3. 避免「禍從口出」。莊子說：人在處世中最難在言語。阿拉伯箴言說「你壓抑在唇邊的話是你的奴隸，你說出的話則成了你的主人。」這足以說明失言可能會造成不可挽回的損失，所以我們在語言表達中要盡量做到實事求是、言辭謹慎、擺正位置、語言得體。

(二) 善用語氣轉換、人稱轉換

語言的魅力就在於同樣的意思可以用不同的語言來進行演繹，作為解釋、解圍和補充。比如：

習慣用語：「您的名字叫什麼？」專業表達：「請問您的姓名是？」「請問貴姓？」

習慣用語：「您必須……」專業表達：「希望您能夠……」

習慣用語：「您錯了，不是那樣的！」專業表達：「抱歉，可能您誤會我的意思了。」

【小案例】

有一位教徒問神甫：「我可以在祈禱時抽菸嗎？」他的請求遭到神甫的嚴厲斥責。而另一位教徒又去問神甫：「我可以吸菸時祈禱嗎？」後一個教徒的請求卻得到允許，悠閒地抽起了菸。

這兩個教徒發問的目的和內容完全相同，只是談判語言表達方式不同，但得到的結果卻相反。由此看來，表達技巧高明才能贏得期望的談判效果。

(三) 培養幽默感

所謂幽默，即指言語行為的生動有趣、滑稽可笑。從審美價值的角度看，它能夠引發喜悅，帶來歡樂，或以愉悅的方式使別人獲得精神上的快感。英國《新昂克西頓百科全書》指出：「幽默還含有寬恕、調和與均衡之意。」

幽默是智慧和力量的象徵，是樂觀的生活態度，是人生和文化的積澱，它有化腐朽為神奇，化尷尬為風度的力量。幽默是健康的良藥，長壽的仙丹。幽默源出於拉丁文──Humor（原意是動植物裡起潤滑作用的液汁），今引申為語言交談的潤滑劑。

【小案例1】

有一次，特級教師錢夢龍應邀到南通大學上示範課。快上課了，學生和觀課的老師都在靜心地等待著，課堂氣氛顯得過於嚴肅、緊張。錢老師從容地走上講臺，面帶微笑，親切地對學生說：「我出個謎語給你們猜猜，好不好？」學生們高興地回答：「好。」錢老師說：「雖然發了財，夜夜想成才。打一人名，你們認識的人。」課堂上靜得出奇。

一會兒，一位女學生舉手，她站起來，信心十足地回答：「錢夢龍。」頓時，全場歡笑起來，課前的緊張氣氛被掃除得一干二淨。

【小案例2】

一位物理教師在講分子運動時，發現一個學生在偷吃柑子，便故作驚訝地提問：「請同學們注意，教室裡有股什麼味？」很快就有學生判斷出是柑子味。

這位教師風趣地說：「不知是哪位學生想讓大家體驗分子擴散的現象。不過，像這樣的實驗，還是應該在課後進行。」學生們都笑了，那個違紀的學生也悄悄收起了柑子。

（四）多使用讚美語言

讚美講究藝術，誠懇熱情、真實自然，善於發現對方的「閃光點」「興趣點」，投其所好，但不曲意逢迎；要求感受性，不要評比性。

【問題思考】

1. 如何理解西方禮儀中的 3A（Accept，Appreciate，Admire）原則，即接受、重視、讚美對方？
2. 為什麼在禮儀原則中將尊重和誠信放在首位？
3. 如何做到在禮儀中受到委屈也要感恩？為什麼要感恩？
4. 如何理解服飾禮儀中的「六合」？
5. 引導客戶走樓梯和電梯時究竟是應該「爭先恐后」還是「爭后恐先」？請具體闡述。
6. 中外位次禮儀有何異同？
7. 當需要使用敬語和雅語時，究竟該追求敬語、雅語領先還是該幽默風趣領先？

實訓項目二　商務談判準備實訓

【實訓目的與要求】

1. 學習並掌握談判含義、特徵、原理、要素、類型。
2. 掌握商務談判信息的收集、整理。
3. 掌握商務談判計劃方案的制訂。
4. 掌握談判團隊組建的原則。
5. 掌握談判環境的分析。
6. 掌握商務談判的原則、程序。
7. 掌握商務談判成敗的標準。

【實訓學時】

本項目建議實訓時間：4 學時。

【背景素材】

大渡河大峽谷景區開發

　　大渡河大峽谷全長約 26 千米，整個峽谷地跨四川省雅安市漢源縣、涼山州甘洛縣、樂山市金口河區。無論從峽谷上端還是下端進入，雖然兩岸本已是山巒起伏，但逼近峽口時，卻明顯有一種異樣的氣勢。在峽谷上口左岸，有一個突出的崖臺——蘇古坪，在峽口形成一個天然的石門，使峽谷至此驟然收窄，遠望峽口內的雲霧與峭壁，更顯得深邃莫測；在峽谷下口的大沙壩附近，正當大渡河的陡然轉彎處，眺望峽口，高差達一千多米的懸崖與尖峭的山峰迎面聳立，似乎河谷中斷、江流無路，令人森然。

　　大渡河大峽谷是四川境內最長、最險、最窄、最深、最雄、最齊、最幽的大峽谷，最深處比世界著名的美國科羅拉多大峽谷深 542 米，最窄處兩岸相距僅 10 米，比原來公布的世界最窄的大峽谷——虎跳峽窄 20 米，是不可多得的探險、旅遊勝地。2005 年 10 月 23 日，大渡河大峽谷被評為「中國最美十大峽谷」之一。

　　該峽谷主要地段分屬樂山和雅安兩個地區，苦於相對落後的交通，從樂山市——峨邊縣——金口河區為縣域公路，從金口河區——大渡河大峽谷——雅安市漢源縣為跨境公路，由於道路險峻，長期沒有公交車通過，該景區幾乎處於原始狀態，一直沒有得到很好的開發。預計整體開發需投資超過 10 億人民幣。

樂山市政府和金口河區政府希望能通過招商引資，對景區進行適度開發。要求投資開發的企業能做到：①保證開發后景區失地農民必要的補償，解決景區適齡待業人員充分就業；②不得在景區設置採礦等破壞生態的產業，不得進行私家別墅建設等房地產開發項目；③產權國有；④企業免稅時限不能超過 3 年；⑤改善景區交通，但不得借此收取過境車輛任何費用；⑥景區門票實行市民票價，惠及本地市民。

【實訓內容】

在掌握相應知識點基礎上，以開發商身分與樂山市政府進行模擬談判準備，通過給定談判素材，按照模塊設定，確定談判主題，對談判環境、力量對比進行分析，設定談判目標，構建談判團隊，制訂合理的談判方案。

【實訓模塊 1】 談判主題確定

談判主題是談判的主要目的和目標所在。談判沒有主題就沒有方向，就不能有科學可行的計劃和正確的策略。

練習

學生從給定背景素材中，分別選擇代表某一方，經過 5 分鐘討論練習提煉出各自小組的談判主題。要求用一句話簡要概括，盡量不要成為多目標主題，避免分散。

指導教師對每個小組提煉的主題進行點評。

【知識點】

一、談判的概念

狹義的談判，一般是指在正式專門場合下安排和進行的談判，談判具有一定的程序，較為正式的議題。

廣義的談判，包含各種形式的「交涉」「洽談」「磋商」「商量」等。這種談判諸如日常生活中購物的討價還價，日常工作中與同事的協商，在對外工作中與合作夥伴的合作等。對談判，不同專家有不同定義。一般認為所謂談判就是指不同的組織或個人，為了各自的目的，滿足自己的利益需求，而相互協商求同存異，爭取達成一致的行為活動。

談判可以分為「談」和「判」兩個環節。「談」就是表達自己的意願和闡述目的觀點，當事人要明確闡述自己的意願和所追求的目標，充分發表各方應承擔和享有的責權利等看法；而「判」則是分辨和評定，當事各方努力尋求各項權利和義務的共同一致意見，並期望通過協議的方式予以確認。「談」是「判」的前提和基礎，而「判」則是「談」的結果和目的。

談判的特點包括：目的性、相互性、協商性、得失性、說服性、衝突性。談判的特點決定了談判各方均有各自的需求、願望和目標，在談判過程中無論實力大小一概地位平等，既不能只得不失，也不能毫無所得，雙方為了謀求各自利益在衝突中合作，達到互惠共贏的結局。

二、談判的基本要素

談判主體，即談判當事人，指談判各方的參與人員。包括臺上的談判人員：一線當事人，通常包含談判負責人——直接責任領導；主談——主要發言人，組織者和主攻手；陪談——專業技術人員，記錄和翻譯等，當然也可能是單兵作戰，各種角色集中於一人。

談判議題，即談判需要商議的具體問題，是談判活動的中心，是各方都關心的問題。議題幾乎沒有限制，正如談判桌上的話——「一切都可以談判！」

談判背景，指談判所處的客觀條件，也是約束條件。主要包括環境背景，如政治背景，經濟背景，文化背景以及地理、自然等客觀環境因素等；組織背景，如資信狀況、市場地位、談判目標和談判時限等；人員背景，如當事人的職級地位、教育程度、個人閱歷、工作作風、心理素質、談判風格、人際關係等。

三、商務談判的概念及特徵

（一）概念

商務談判指存在利益差異和利益互補關係的商務活動雙方（或多方）為了實現交易目標而相互協商或磋商的活動。商務談判包括商務（目的和內容）和談判（運作過程和方式）兩部分內容。對於商務談判的概念，不同的專家有不同的理解，但是大同小異，不必拘泥於某個概念闡述，關鍵在於每個學習商務談判課程的人應該有自己的理解。

（二）商務談判的特徵

（1）普遍性。商務談判涉及經濟、政治、文化等各種社會組織，與人們息息相關，普遍存在。

（2）交易性。商務談判是針對商品交易的談判，最終目的就是達成交易。談判的種類有多種，一般來說不為交易的談判就不是真正的商務談判，沒有達成最終交易的商務談判就是失敗的談判。

（3）利益性。任何談判都有利益追求，但是商務談判更注重經濟利益，這種利益可以看成是「合作的利己主義」。商務談判不僅僅追求經濟利益，還有政治利益和社會效益也是值得重點關注的。

（4）價格性。價格是商務談判議題的核心。儘管談判過程中需要談諸多內容，但是其他的條件都可能會因為價格調整而產生巨大變化，談判的實質總是直接或間接圍繞價格展開的。

綜合而言，商務談判的主體組織具有普遍性；內容性質具有交易性；目的追求具

有利益性；議題核心具有價格性。

四、商務談判成敗的標準

一般而言，商務談判成敗的標準主要有三個方面。

首先，經濟利益是首要標準，但不是唯一標準。

其次是談判成本，包括費用成本和機會成本。費用成本主要是指談判全過程的費用消耗，而機會成本則包括為此放棄了與其他合作夥伴的合作機會和效果以及使用這些談判成本應該產生的收益。需要注意機會成本是必然的，但卻難以準確計量，因為一旦失去機會就很難再回頭，所謂的機會僅僅是一種假設。在談判中提到機會成本這樣的「虛招」要謹慎。

最後是社會效益，指談判產生的社會效果和社會反應，包含有形和無形的、可以計量和不可計量的、直接和間接的所有其他效益等。

【實訓模塊 2】 談判原則與程序

練習

在談判中營造良好的氣氛，遵循基本原則可以使整個談判始終處於融洽狀態。本模塊背景資料中，由於景區方有比較多的要求和顧慮，而且是引資方，自己的姿態顯得比較重要，所以不妨分組討論，模擬景區招商方和投資方進行談判初步練習。特別注意運用開局的一些關鍵要素和程序的連貫性。

先讓練習小組同學談談感受，再由觀摩的同學和教師進行點評。

【知識點】

一、商務談判的基本原則

掌握並在談判中遵循商務談判的基本原則，有助於從思想深處把握好整個談判開局的動向。在商務談判中，雙方均應遵循七個原則：

自願原則——商務談判的前提。談判各方必須具有獨立行為能力，能按照自己意願談判，保證平等、滿意和合作。非自願參加談判會造成最終協議高質量地履約難上加難。

平等原則——商務談判的基礎。無論規模、實力、地位差距都要平等，保證互相信任、合理有度的競爭。不平等的談判雙方就算初衷可能很好，但是過程一定充滿歧視。

互利互惠原則——商務談判的目標。談判各方各取所需，各有所得，互利互惠才能達成雙贏或多贏的目標。

求同原則——商務談判的關鍵。很少有商務談判是完全達成一致的，既然不能完

全認同對方，不妨在面對利益分歧時，服從大局，尋求共同利益，求同存異。

效益原則——商務談判成功的保證。談判中要重視雙方效益和社會效益，不搞馬拉松，也不危害社會利益。最佳效益是擴大總體利益——先做大蛋糕再分蛋糕。

合法原則——商務談判的根本。包括主體合法（當事人具有合法資格）、談判議題合法和談判手段合法（公平、公正和公開，不搞不正當行為）。

對人和對事分開原則——商務談判成功的常識。談判本身問題與談判者之間人際關係要區別對待和分開處理，不能意氣用事。一般要求「對事不對人」，即便參與談判的雙方之前有過節或誤會，但是現在不是代表個人意見和利益，而是代表不同的組織利益，所以應當摒棄之前的不愉快，就事論事。當然原本特別親密的關係也不應無原則出賣企業利益。

二、商務談判的程序

商務談判共分為準備、談判和履約三個階段。

（一）準備階段

1. 選擇對象。從若干候選談判對象中選取可行的、實用的對手。既不能嫌棄中小實力的對手，也不必盲目追逐所謂的大公司、大品牌和大資金。適合自己的才是最好的，能互相看「對眼」是最佳選擇結果。

2. 背景調查。要對談判對手進行背景調查，做好信息準備，知己知彼才能百戰不殆。注意不能眼光只向外，對涉及的各方都應進行調查。

3. 組建班子。組建班子團隊需要考慮三個因素：第一要求成員個體素質優化。至少每個成員在其所分配任務方面具有特長；第二要求成員結構和規模適當。人員太少不能有效互助，而太多觀點難統一；第三要求團隊能做到有效管理。談判團隊負責人負責組織、協調工作，使得人人有事做，事事有人做，不推不搶。

4. 制訂計劃。計劃是所有行動的參考依據，所以在談判之前必須有科學、合理的談判計劃，就談判目標、方略（包括提綱、分工、職責等）和相關事項進行安排。

5. 模擬談判。如果實力強、時間足，不妨多進行模擬談判的推演。如果實力及時間有限，則至少要先進行紙上模擬推演。模擬談判需要注意多備選、多假設、多總結、多反思、高仿真、高期望、高要求。

（二）談判階段

談判階段包括開局、磋商和協議三個部分。

1. 開局。開局是否順利直接影響到后續談判是否造成僵局及對僵局進行化解的效果，合理的「破冰」會帶來意想不到的效果。該環節需要完成至少三個任務：

一是營造氣氛。可以通過相互致意寒暄、交談等來製造氣氛，特別是曾經有過不愉快合作經歷的談判對手，更是需要注意交談的措辭和語氣。

二是協商通則。在交談過程中毫不含糊地向對方明確提出談判的協商通則4P，即談判的目的（Purpose）、計劃（Plan）、預期進度（Pace）和談判成員介紹（Personalities）。

三是開場陳述。在實際操作中,沒有必要將開場陳述單獨來進行,而是通過交談來表明對談判議題的原則性態度、看法和共同利益。

2. 磋商。磋商是整個談判的重頭戲,費時費力費心,大部分的討價還價和鬥智鬥謀都在這部分體現。該環節也需要完成三個任務:

一是報價。在報價環節需要向對方傳遞價格和相應信息,表明立場。

二是交鋒。交鋒就是討價還價,需要針鋒相對,據理力爭;反駁辯論、說服對方,溝通交流。

三是妥協。妥協主要是在遇到僵局的時候需要進行適當合理的讓步,破解僵局,為防止破裂做出讓步,以達成雙贏結局。

3. 協議。協議階段主要是就之前談的所有問題以文字的形式加以確認,以便在后續可以有一個履約依據。協議的方式有按照制式合同加附加條款或者直接重新擬定全新條款等,協議一般有相對正式的格式要求,但是在條款內容上可以靈活掌握。

(三) 履約階段

該階段主要是在簽訂合法有效的談判協議之後,各方按照約定完成各自任務。也包括為以后繼續合作進行的前期準備、發生違約毀約等情況時進行的索賠和仲裁。一般在每次履約之後參與的相關部門都應該進行適當總結。

【實訓模塊 3】 商務談判類型及內容

練習

按照不同標準,商務談判有不同的類型,並且不同類型的商務談判具有自己的特點。分組討論商務談判有哪些類型,不同類型的商務談判內容有何不同。

【知識點】

根據標準不同,商務談判有不同分類。

一、按照參與方數量多少不同分類

按照參與方數量不同,可以分為雙方談判和多方談判。如國家之間進行的談判也叫雙邊或多邊談判,雙方談判責權利明確,相對簡單,易於把握,而多方談判則相對複雜,難度大。

二、按照談判所在地不同分類

按照談判所在地不同,分為主場談判、客場談判和第三地談判。主場談判,也叫主座談判,占地利,在自信心、應變能力和應變手段上占優勢;客場談判,也叫客座談判,應該揚長避短;第三地談判,可以有效讓談判雙方避開主客場對談判的影響,

但成本可能會增高。

由於主場和客場談判各有利弊，所以究竟選擇在何地進行談判，不妨結合自己的談判優劣勢並且在盡量尊重對手的情況下進行權衡。

三、按照談判內容不同分類

按照談判內容不同，可以分為貨物買賣談判、投資融資談判、技術貿易談判、合約糾紛談判、工程承包談判、租賃業務談判六大類。

貨物買賣談判主要談貨物本身的相關內容，主要包括貨幣貿易和易貨貿易談判。目前貨物買賣談判應該是企業中數量最大，使用頻率最高的商務談判類型。

投資融資談判主要涉及投資和融資比例及利益分配標準。隨著經濟快速發展，企業經營多元化，利用金融機構和其他企業組織的優質資本來發展自己企業的形式越來越被大家所接受。投資融資談判成了發展較快的談判類型之一。

技術貿易談判主要涉及技術轉讓方和接受方就轉讓相關內容的談判。技術貿易中涉及的設備也經常被作為單純的貨物買賣談判來進行操作，更多的是將貨物買賣附加以技術條件，以增加盈利增值空間。

合約糾紛談判主要涉及損害和違約賠償界定與標準。由於各種原因所致的違約有些是故意，有些則不可控製，無論何種情況，受損的一方總會想法減少損失。一般的談判都會簽訂相應協議，而協議中「未雨綢繆」將違約條款細化無疑是對雙方利益都負責的行為。

工程承包談判主要涉及承包人與發包方相關內容。經濟發展必然會帶來基礎設施和工業設施以及各類組織的不動產建設，工程承包談判也日益增加。在談判中需要注意轉包和分包風險；注意墊資風險等。

租賃業務談判涉及出租人和承租人的契約相關內容。該談判也是最普及、最常見的談判之一，無論是個人還是組織都會在一生中或多或少地遇到。學習租賃業務談判的相關知識，對所有人未來的生活都會有積極影響。

四、按照談判的態度與方法不同分類

按照談判的態度和方法不同，可以分為軟式談判、硬式談判和原則式談判。

軟式談判又稱關係型談判，主要是需要信任對方，提出建議，做出讓步，達成協議，最后強調維繫關係。

硬式談判又稱立場型談判，談判各方一般互不信任，立場相對，互相指責，談判曠日持久，此時需要強調在談判中公正公平。

原則式談判又稱價值型談判或哈佛談判術，強調談判中對人溫和、對事強硬，人事分開，開誠布公不施詭計，追求利益而不失風度，求同存異，爭取共同滿意的結果。

五、按照交易地位不同分類

按照交易地位不同，可以分為買方地位談判、賣方地位談判、代理地位談判和合作者地位談判。

買方地位談判一般情報性強，需要收集大量情報，諸如技術水平與市場價格等；需要經常壓價，即使老顧客也會以「新形勢、新時代、新用途」等理由壓價；審時度勢壓人，度量是買方市場還是賣方市場從而判斷自己的地位，給對手施加壓力。

賣方地位談判一般要虛實結合，態度誠懇與強硬並舉，介紹虛虛實實，若明若暗；緊疏結合，既要表現出急於求成，又要暫時偃旗息鼓以求再談，增強地位；主動性強，時刻不忘身系公司資金回收大事，要有主動性。

代理地位談判一般姿態超脫，考慮僅是代理身分，不是自己財產，會貌似公允，迷惑和說服對手，以第三者地位來評論兩方條件；談判權限觀念強，注意自己的授權範圍；態度積極，受人之托，忠人之事，通過積極給對手以信心和信任以及實力。

合作者地位的談判者共同語言多，對抗小；談判面廣而深；同坐一條船，談判直接性強；影響面大，可能影響高中基層。

【實訓模塊4】商務談判實力分析

練習

根據知識點所提供的影響談判實力的8個要素，結合背景材料和網絡資源信息，試著分組分析自己和對方的談判實力。

實力影響要素	己方	對方	結論
N			
O			
T			
R			
I			
C			
K			
S			

【知識點】

商務談判中談判各方的實力是能力、經濟力量、產品質量、社會影響以及權力的綜合反應。歸納起來，談判實力主要來源於8個方面：「NO-TRICKS」，寓意著「公平合理，貨真價實，童叟無欺」。

N代表需求（Need）。在談判中對對方提出的需求或要求越多，對方的談判能力就越強，更容易受制於人。

O代表選擇（Option）。對談判對手、己方需要的資源選擇余地越大，機會越多，就越有談判資本。

T 代表時間（Time）。在談判中承受時間壓力大的談判者，其談判能力會變弱，此刻比的是忍耐，越有耐心越有實力。

R 代表關係（Relationship）。一般而言，談判中和相關行業、相關權威、相關合作夥伴的關係廣泛、基礎好、口碑好的談判方談判實力就顯強。

I 代表投資（Investment）。為最終成交付出得越多的談判方越不希望談判破裂，承諾越多的談判方越想從合作中得到投入所產生的回報，因此談判能力相對變弱。

C 代表可信性（Credibility）。賣方的產品質量、信譽度、美譽度、可信度高會明顯增強談判實力。同時，買方付款的及時性、可信度高、講信用，也會增強談判實力。

K 代表知識（Knowledge）。談判者擁有相應的知識和經驗越多，就具有相對強的談判實力。

S 代表技能（Skill）。談判者擁有談判技巧和技能的熟練程度直接影響最終談判能力的發揮。

【實訓模塊 5】 確定談判目標

練習

談判沒有目標就沒有方向，沒有動力，也無法最后確定談判的成敗，制訂合理、科學的目標有助於各個方面的工作展開。

學生根據背景素材進行分析，結合己方的總體目標設計出自己的各種分目標，並預測對方將可能制訂的目標。由小組長講出設置目標的理由，再由教師對不同目標設置進行點評。

學生發言

目標	己方	對方（預測）
最優期望目標		
最低目標		
實際需要目標		

【知識點】

在談判中，目標就是方向，目標就是動力，確定目標需要遵循可操作性、適應性和合法性的原則。常見的目標制訂有以下分類：

合作性目標：雙方都獲利的「雙贏談判」。

競爭性目標：一方獲利意味著另一方利益減少。

挑釁性目標：重點不在結果，而在於試圖讓對手被削弱或遭受損失。

自我中心目標：只出於獲取自己利益而漠視對方利益。

保護性目標：避免某種結果的出現而進行談判。

綜合性目標：上述各種目標部分或全部共存。

無論是何種目標，最終也離不開三種目標。即：

最優期望目標：這是對自己最有利的理想目標，旨在實際需求滿足之余還有一個增加值。

實際需求目標：根據主客觀因素綜合考核后的計劃目標。

最低目標：保存最后利益的談判底線。

【實訓模塊6】 尋求談判對手需求

練習

在談判中找到對方的真正需求，就能更科學確定己方談判目標和使用正確策略，但是對方的有些需求不一定會讓你輕易獲取，特別是擔心自己的底線被探測。因此在談判的蛛絲馬跡中尋求隱藏的需求就變得十分必要。

每組學生根據背景素材設計一段表明觀點的談判語言，然后對方根據談判的語言表述進行需求分析測試，試試看能否聽出弦外之音。

教師對語言設計的質量和對方的傾聽能力進行評判。

【知識點】

1. 談判者的需要與談判行為的關係。需要和對需要的滿足是談判進行的基礎。一旦無欲無求，就失去了談判的意義。

2. 談判需要的發現（如何發現談判對手的需要）。發現並滿足對方的需要是談判者取得成功的基礎。發現對方需要的方式有：

（1）提問。直接瞭解對方在想什麼。

（2）陳述。通過己方的陳述，看對方的反應。

（3）傾聽。從4個層次上去聽對方語言的含義：

第一是直接含義：即表達的表面意思。

第二是延伸含義：由此及彼的意思。

第三是隱蔽含義：言外之意，此時需要傾聽者進行分析。

第四是真正含義：要綜合對方前后語言表達，然后結合各種環境和情景分析，才能知道對方的真正含義。

3. 需要與談判策略。當弄明白了對方的真正需要后，應該有所應對，一般將需要理論用在實踐中有六種策略類型。

（1）談判者順從對方的需要，站在對方立場著想。

（2）談判者使對方服從對方自身的需要。

（3）談判者同時服從對方和自己的需要，從雙方共同利益出發。

（4）談判者違背自己的需要，為長遠利益不惜犧牲自己的需要或短期利益。

（5）談判者不顧對方的需要，只顧自己利益的你死我活的策略。
（6）談判者不顧對方和自己的需要，為某種特定目標，雙方「自殺」的談判策略。

【實訓模塊7】 分析對手心理 感受談判思維

練習

從某種意義上講，談判的整個過程就是雙方心理較量的過程，也是不同思維碰撞過程。分析對方的談判心理有助於採用正確的思維方式。

讓不同小組的學生根據背景素材模擬出不同階段的談判場景，一方用不同的語言節奏，不同態度來表達不同的心理變化，另一方根據對方的變化而採用不同的應對態度和談判語言，一起來感受這種思維變化。最后全班一起來討論談判心理的重要性。

【知識點】

一、談判者常見心理類型

虛榮心理。只追求表面光彩而不顧實際收益，只要滿足自己心理需求就會主動放棄自己利益。

喜悅心理。預期較好時表現出的滿意狀態。

憤怒心理。談判中表現出對某事或某人強烈的不滿。

驚異心理。遇到意想不到的事情感到詫異。

憂慮心理。對談判前途缺乏信心而始終處於緊張狀態。

悲傷心理。面對談判中不利情況，或別人誤解或自己失誤而產生痛苦與傷心。

衝動心理。談判中榮譽感、形象、自尊心受損害時缺乏理性控制。

煩躁心理。遇到不順心而急於求成，或迫不及待，或心煩意亂。

恐懼心理。對談判過程或結果產生畏懼、害怕吃虧或承擔責任，表現出信心不足，責任感不強。

惻隱心理。同情對方，在討價還價時容易做出讓步，寧虧自己不虧別人，「雷鋒式」管理。

懷疑心理。對對方的態度、數據、承諾等不信任。

麻痺心理。談判中疏忽大意而失去警惕性。

二、談判者的心理禁忌

戒急。急於表明自己的最低要求；急於顯示自己的實力；急於表明自己的口才和酒量等；暴露自己的「薄、弱、露、洞」而陷入被動。

戒輕。輕信對方態度；輕易讓步；輕易放棄談判；輕易暴露自己產品價值等。弊端是「授人以柄；示人以弱；假人以痴；小戰即敗」。

戒狹。心理狹隘，容易把個人感情帶入交易中，或容易被激怒；「成事不足，敗事有余」；有時候太在意對方的禮儀、言語和態度。

戒俗。小市民作風，當對方有求於自己時候就態度傲慢，拿出甲方的派頭，耍脾氣和威風；反之有求於別人的時候鞍前馬后，卑躬屈膝，肉麻媚態。這種情況多數最終既要失去利益又要失去尊嚴。

戒弱。「未被打死先被嚇死」，過高估計對手實力，不敢與對方的專家、老手正面交鋒和據理力爭，始終以低姿態出現，忠厚可欺。

戒貪。貪吃、貪酒、貪色、貪玩、貪功、貪權、貪虛榮。貪者往往功敗垂成，身敗名裂。

三、談判者容易進入的誤區

誤區一：盲目談判。不知道自己和對手的情況，沒有準備好而盲目倉促談判。

誤區二：自我低估。沒有在戰術上重視敵人，在戰略上藐視敵人。

誤區三：不能突破。被對手的數據、先例和原則規定等唬住，跳不出來。要知道談判中也有突破原則和數字的時候。

誤區四：感情用事。感情用事是最不理性的心理選擇，容易被情感迷惑和左右，從而不能正確進行基本的判斷，造成不必要的損失。

誤區五：只顧自己。雙贏是最好結局，只顧自己會失去得更多。

誤區六：假設自縛。突破自己的假設，不犯主觀臆斷的錯誤，只要是猜測就可以驗證。

誤區七：掉以輕心。獲勝以后掉以輕心可能麻痺大意。

誤區八：失去耐心。能耐能耐，能夠忍耐才是能耐。

四、談判中的辯證思維

在談判過程中需要理清一些談判因素的正確關係，才能駕馭談判中的複雜情況。

1. 要求與妥協。談判既是要求也是妥協，自己有要求就需要對方妥協。所以在準備工作的時候就需要準備充分的「要求和妥協條件」，不能只考慮一個部分。

2. 談判與一口價。只要談判就相當於否定了一口價。即使是拿出嚴格標準的價格表也沒有用，這只能是談判的工具，打著價格的幌子，誰直接承認就等於認輸。

3. 醜話和漂亮話。醜話說在前面是熟人談判的必要程序，不能認面子說漂亮話就忘記了提前把醜話說了，否則以后才是真正的傷害感情和不夠面子。

4. 舌頭和耳朵。美國人稱美元、信息和舌頭是現代社會的三大「原子彈」。多數人也認為談判就是口舌之爭，其實耳朵也很重要。傾聽是談判的第一課。日本商人就不止一次用只聽不說，讓人難以忍耐的沉默戰勝美國商人。

5. 囉唆與重複。兩者很容易混淆，囉唆決不可取，但是強調則需要重複，談判很多時候就是重複的藝術。重複有四種技巧：①相同語匯重複，強調或諮詢；②同一概念用不同的詞語和句子表達，讓對手充分理解；③相同內容反覆具體地舉出新例來解釋，讓對方吃透自己的意圖；④善於從不同的角度、不同層面概括本方的中心議題

（能動的、聰明的和智能的重複）。

6. 讓步中的互相與對等。互相讓步不是對等讓步，談判中不利的一方更需要的是對等而不僅僅是互相讓步。

7. 說理與挖理。有理就說理，沒理盡量挖理，但不是歪曲，是搜尋、聯想、分解、組合、編製、改造、置換、推想等。

8. 謊言與誠實。開場后、辯論和討價還價中是撒謊與誠實交替出現的黃金時期。從倫理角度看要誠實，但實際上雙方都在大原則不撒謊的基礎上互相試探，從虛言走向實言。

【實訓模塊 8】 信息收集整理

練習

根據本講提供的背景素材，按照下表要求，分別對投資項目的各個分類項目進行相關信息收集與調查。完成后體會信息調查中「五知」的重要性，由教師講解和分享。

學生調查結論：

組別	信息調查項目	對方信息	己方應對思路
	政治政策環境		
	經濟環境		
	社會文化環境		
	自然環境		
	信息「五知」		

【知識點】

談判中需要不斷針對對方可能的策略進行調整，所有的決策必須建立在適量、合理的信息分析基礎上。從某種意義上說，談判看似重結果，實則重過程，當沒有足夠信息支撐自己的判斷時，在談判過程中就成了「聾子」和「瞎子」，只能憑感覺被別人牽著鼻子走。正所謂商場如戰場，而現在的戰場已然成了信息戰的天下。

一、信息收集遵循「五知」

在商務談判中對信息的收集一般應當遵循「五知」——知己、知彼、知貨、知人和知勢。

知己：明確己方的資產、需求、實力、談判團隊的成員構成等。

知彼：瞭解對方的實力、資金、需求和談判團隊成員構成、特點等。

知貨：瞭解談判標的物的性質、成分、材料、功效、優劣勢；技術談判中的軟硬件等。

知人：對影響談判的所有「局外人」進行深入瞭解，所謂「人在江湖，身不由己」，有時候決定談判成敗的人並不在談判桌上。

知勢：正確的趨勢判斷將會使談判事半功倍，防患於未然。無論是政治、經濟、行業、產業等形勢的變化都會左右談判的成敗，不能掉以輕心。正確的形勢判斷可以促進談判中價格底線的確認，簽約時機的把握等更加準確。

二、談判背景調查

（一）談判環境調查

由於體制、意識形態、地域等不同，在跨國談判中更需要注意進行環境調查，一般而言環境調查可以從以下幾個方面來進行：

政治狀況。需要考慮項目所在國家或政府對企業的管理和控製程度；談判項目被關注程度及重要性；政府政策穩定性；兩國的政治關係如何；等等。

宗教信仰。需要用心看看談判對方有什麼宗教方面的禁忌，千萬不能犯忌諱，不然會功虧一簣。

法律制度。瞭解各方的法律異同，有助於在簽約和談判履約罰則時更加合理，增加選擇的科學性。

社會習俗。通過瞭解對方的風俗習慣，風格各異的禮儀和禮節等，在接待中加以重視和區分，可以讓談判對手感受到家的溫暖，在談判過程中將更加趨於和諧。

市場行情調查。行情的調查方法可以用直接調查或購買情報法等。行情調查可以幫助談判者對趨勢做出正確判斷。

（二）談判對手調查

對談判對手一般要進行身分調查和資信調查，避免上當受騙。身分調查主要集中在看對方是否屬於享有盛譽的公司、有一定知名度的公司、知名公司下屬子公司、知名公司分公司、沒有任何知名度的公司、專職中間商、利用本人身分搞兼職業務的客商、騙子客商中的某一類，以便進行甄別，規避風險。

對手的資信調查則主要看對方是否具備主體的合法資格，即法人資格，包括其事務主體、合法財產、權利和行為能力等；資本信用包括資本、信用和履約能力等；談判人員的權限和時限。

（三）對談判者自身瞭解

對自身的瞭解主要是通過瞭解自身的優點，想辦法確立信心，以及確認自我需要，包括看己方有哪些需要，需要的滿足程度，需要滿足的可替代性和滿足對方的能力鑒定等。

【實訓模塊 9】 談判團隊組建

練習 1

談判是靠人來完成的，自古有「財富來回滾，全憑舌上功」之說。談判的成敗，很大程度上靠談判主談的一張利嘴，但是主談又有「巧婦難為無米之炊」的窘境，此時就需要「一個蘿苞三個樁，一個好漢三個幫」「三個臭皮匠，勝過諸葛亮」似的幫襯。談判團隊成員的個人素質和知識能力等結構合理便可以起到相互幫襯、相得益彰的奇效。

可延續前面的分組或重新組建新的團隊，分別代表投資企業與對方進行談判，參照下表內容要求，說明組建團隊的理由。

模擬公司名稱		小組序號		班級	
成員素質	負責人	主談	副談	其他主要成員	備註
才					
學					
識					

練習 2

談判能力測定，下面提供一組常見的影響談判能力的九個方面測試題，沒有分值，僅供參考。每位同學可以對號入座，然後談談自己的體會，判斷自己現有談判能力及潛在談判能力。

測試項目	項目內容	自我評價	綜合評價
組織能力測試	是否善於領導談判小組？ 是否善於動用手中權力？ 是否善於使用專家？ 是否善於處理難題？		
分析能力測試	是否善於認真仔細思考？ 是否善於抓住問題本質？ 是否常常輕信對方的講話？ 是否善於傾聽對方的談話？ 是否能多聽多方面意見？ 是否善於判斷商情？ 是否善於做價格比較？ 是否善於瞭解對方的權限？		

續表

測試項目	項目內容	自我評價	綜合評價
表達能力測試	能否準確表達意思？ 能否簡練表達意思？ 是否善於試探性發言？ 談話是否幽默？		
控製能力測試	是否容忍對方含糊其辭？ 能否聽取反對意見？ 是否容易感情衝動？ 是否容易流露真情？ 是否過分固執？ 能否控製讓步的速度？ 是否善於緩和僵局？		
氣質測試	是否信心十足？ 能否排除干擾？ 是否勇於競爭？ 是否尊重自我？ 是否受人尊重？ 是否討人喜歡？ 對人是否有吸引力？ 是否不畏強者？ 是否有忍耐力？ 否具有權威？		
敏感測試	對別人的動機是否敏感？ 對別人的暗示是否敏感？ 對別人的行為是否敏感？		
進取測試	喜歡什麼樣的目標（難易程度）？ 是否堅持目標？ 是否滿足？ 是否守舊？ 是否有創見？		
道德測試	是否正直？ 是否容忍詐欺？ 是否會使用不正當手段？		
情緒測試	精神狀況如何？ 希望什麼結局（利人利己）？ 是否同情對手（有無原則）？ 是否願意和對手做正當的私人交往？ 能否拉下情面？ 在可能的限度內要價能否狠心？ 是否有安全感？		

【知識點】

一、談判人員遴選

對談判團隊成員的遴選主要依據談判人員的素質結構，特別是個體的談判基本素質。一般而言，一個談判人員的基本素質可以從三個方面來界定，包括外圍層的「才」、中間層的「學」和核心層的「識」。古人雲：「學如弓弩，才如箭鏃，識以領之，方能中鵠」就是這三者的關係的最佳註解。

具體而言：

「才」是指談判人員所具備的適應談判的各種外顯的能力。包括社交能力、表達能力、組織能力、應變能力、創新能力等。

「學」是指談判人員所具備的知識結構，包括商務知識、技術知識、人文知識以及談判經驗。

「識」主要是指談判人員內在的三個方面素質：

氣質性格。要求談判者在談判過程中大方而不輕佻、豪爽而不急躁、堅強而不固執、果斷而不粗率、自重而不自傲、謙虛而不虛偽、活潑而不輕浮、嚴肅而不呆板、謹慎而不拘謹、老練而不世故、幽默而不庸俗、熱情而不多情。

心理素質。要求談判者在談判過程中一直保持良好的自信心、恰當的自制力、對對手一如既往地尊重和發自內心的坦誠。

思想意識。要求談判者具備一定的政治意識、信譽意識、合作意識、團隊意識和效率意識。

二、談判組織的構成

（一）構成原則

談判組織人員構成直接影響談判能力整體發揮，通常要遵循三大原則：

知識互補原則。要求成員具有各自專長的知識，相互補充形成整體優勢，特別是理論知識和經驗互補。

性格協調原則。性格上能優勢互補，協調合作。

分工明確原則。明確分工，各司其職，特別要注意主談和輔談分工配合、臺上與臺下分工配合。

（二）組織構成

組織構成需要適當控制規模，並非越多越好，一來人多嘴雜，二來思想難統一。部分人員任務可以合併兼任。整個組織從智能角度看，一般包括：

談判隊伍領導人：有領導權和決策權，一般可以兼任主談人。

商務人員：熟悉相關情況的專家，負責合同條款、價格、外聯等。

技術人員：熟悉相關規程的工程師，負責技術、質量等的把關和顧問。

財務人員：熟悉財務會計和金融知識，負責核算、支付條件、支付方式等把關。

法律人員：精通相關法律條款，為合同的合法性、完整性和嚴謹性把關。

翻譯：精通專業外語、熟悉業務的專職或兼職人員。

后備人員：大型或重要談判常準備后備人員，人選可以是管理人員或技術人員，視具體情況而言。需要后備人員做好心理上的準備，注意平時協調和溝通，明確責任和權利範圍。

三、談判者的素質

（一）談判者基本素質

作為一個優秀的談判者，首先要有強烈的事業心、責任感和對組織的忠心；其次要具備清晰的思路和敏銳的辨識能力、剛毅的手腕和巧妙的謀略運用能力；最後還要有良好的心理素質，包括開朗的性格、充分的自信心、堅韌的耐心、強烈的好奇心、果斷、冒險、穩重、較強的心理平衡能力和角色扮演能力等。此外還須符合談判家的一般特徵，包括心智機靈且有無限的耐心、能謙恭節制又剛毅果敢、能施展魅力又不至於被他人誘惑、能擁有巨富而不為外物所動、對於利益獲取和讓步都遵循自己的價值準則。

（二）談判能力

1. 談判者的一般能力

談判者的能力包括恰當運用和不露聲色地觀察對手行為語言的能力；對談判活動相關的重要數據、慣例、人物、對方姓名、愛好等有較好的記憶力；較強地傾聽對方意見和表達自己意圖的能力；善於從對方角度設身處地看待和思考問題的能力；巧妙製造或應對僵局的能力；既堅持原則，又眼光長遠，吃小虧賺大便宜的應變能力；擁有相關行業專業知識、法律知識、心理學知識、人文知識等專業知識和基本技能。

2. 影響談判能力的主要因素

影響談判是否順利的因素較多，主要有談判者擁有權力和權力運用的技巧；參與雙方實力對比及在談判過程中的變化；談判者的人際吸引力；談判的環境條件；談判信息的收集、分析和運用技巧；談判班子的協調、配合狀況及人際關係；談判各方擁有的物質和設施條件；偶然性因素影響及談判者把握機會的能力。

3. 談判人員的自我提高和培養

成為優秀的談判人員，不是一朝一夕可以練成的，需要累積和鍛煉。從自我提高角度看，至少可以從四個方面著手。

博覽群書。遵循「廣泛涉及、急用先學、邊學邊用、逐步擴展」的原則。

勤思苦學。「學而不思則罔！」在博覽群書吸收知識過程中，多思考，將知識轉化為自己的內涵。

在實踐中學習。實踐是檢驗真理的唯一標準，紙上談兵始終是淺薄的「馬謖帶兵，必敗無疑」。

善於總結。每次談判後一定要總結，自我總結是提升，總結別人是站在別人的肩

膀上，更是另一種提升。

【實訓模塊 10】 制訂談判計劃

練習

計劃是行動的依據，沒有計劃，談判就會變得隨心所欲，所以談判計劃不能隨意拼湊，不能馬馬虎虎。根據前述談判目標以及談判雙方信息收集、實力分析、團隊組建等情況，各小組制訂一份具體的談判計劃。

教師的點評主要從計劃的規範性、嚴謹性、可行性、創新性、前瞻性等方面進行。

【知識點】

一、商務談判策劃方案工作流程

（一）確定主題和談判目標

根據公司實際需要，確定談判主題。當主題比較多時，可以將其分成不同層次、不同類型和不同階段，但是盡量避免同一個時段有多個主題。談判目標則根據需要選擇最低、最高以及可以接受的目標。

（二）收集談判情報信息

收集談判雙方的情報信息，比如雙方的目標、主要利益、底價；相關市場數據；對方對談判的重視程度；對方提供產品服務等的可靠性；合同期限和合同續簽的優先權等。

【小案例】

1987 年 6 月，濟南市第一機床廠廠長在美國洛杉磯同美國卡爾曼公司進行推銷機床的談判，雙方在價格問題上陷入了僵持狀態。這時我方獲得情報：卡爾曼公司原與臺商簽訂的合同不能實現。因為美國對日本、韓國等國家和臺灣地區提高了關稅，使得臺商遲遲不肯發貨。而卡爾曼公司又與自己的客戶簽訂了供貨合同，對方要貨甚急，卡爾曼公司陷入了被動的境地。我方根據這個情報，在接下來的談判中沉著應對，卡爾曼公司終於沉不住氣，在訂貨合同上購買了 150 臺中國機床。

本案例說明，信息情報收集可以讓談判者在談判中占據心理優勢，最終主導談判結果。

（三）確定爭議點

既然要進行談判，雙方存在目標、觀點和利益不一致是必然的，但是由於各自條件不同、實力不同以及訴求不同而發生衝突或即將發生衝突的矛盾焦點也會不同。有必要對這些矛盾進行分類，諸如經濟類和非經濟類、主要和次要、緊急與緩慢等，通過甄別並確定爭議點，這樣可以減少在不必要的問題上糾纏而浪費時間。

（四）談判雙方優劣勢分析

首先要分析雙方的依賴關係。雙方一旦願意坐在談判桌上，就意味著各有所求，有需求就會有依賴，不同的依賴關係直接影響著談判中的實力體現。常見的依賴關係有單方倚賴、雙方均衡倚賴、雙方不均衡倚賴、互相獨立而不倚賴四種關係。除了互相獨立而不依賴這種關係屬於一次性買賣外，其他都需要考慮以後的關係持續問題，要有長遠的眼光。

其次要分析雙方在談判中的優劣勢地位。可以用決策常使用的 SWOT 分析工具來進行分析，從外部環境來分析雙方的機會和威脅（OT），然後在相同環境之下再分析各自內部的優劣勢（SW）。

（五）估計對方底價和初始立場

通過收集的信息和經驗來預測對方的初始談判開價是高於、平於還是低於自己的高期望價，從而採取不同的應對措施。

（六）確定談判戰略戰術

談判戰略屬於方向性和總體性策略，而戰術則屬於操作性策略。在確定戰略性策略基礎上需要將開局、報價、磋商、成交、讓步、破僵局、進攻防守、談判時機、技巧、語言等策略具體化、戰術化。

（七）形成談判系統方案

整個談判是一個系統工程，在談判中需要確定具體的子系統。

談判議程。具體的時間安排，特別是各個階段時間分配等。

確定議題。在議題中需要分清主次，討論順序，把重點放中間，次要放首尾。同時為了策略的使用需要，也可以使用一些干擾性議題，故意混淆視聽，擾亂對方心智。

通則議程。確定一份讓參與各方共同遵守的議程，如中心議題安排、問題順序、人員地點安排等。

細則議程。細則議程需要將己方的策略進行具體安排，如談判中的口徑統一，對策應對，意外應對，組員更換，發言和提問順序、主次，誰提問、誰回答，何時提和答，誰反駁，何時反駁等。這個議程只能己方知曉，不能告訴對方。

談判人員的分工職責。包括談判前中後各個時期，臺前幕後各個崗位都要各司其職，分工配合。

談判地點。作為主動邀請方，在選擇談判場地的時候需要周全考慮選擇主場、客場還是第三地。畢竟不同選擇各有利弊，主場會占據天時地利人和，但是會受到公司日常事務的干擾並對領導產生依賴；客場能發揮談判主動性，產生「將在外君命有所不受」奇效，但會受到遠離支援減少的困擾；第三地儘管會避開主客場弊病，但是會有費用高，不確定性增加等不利因素。

物質準備。如果客場談判，需要準備好相關材料、設備、交通工具、通信工具以及其他應急準備；如果是主場則需要考慮對方的差旅接待、交際、談判地點布置，辦公設備等。

備用計劃。根據情況制訂相應備用計劃方案。

（八）談判方案撰寫

談判方案撰寫可以採用詳細方案和簡潔方案結合的方法。詳細方案包攬所有人的任務，而簡潔方案則讓各個分工的成員有自己的具體任務和配合任務。

（九）方案實施控製和調整

俗話說「計劃不如變化快」，要根據談判情況調整談判方案，但盡量避免方案的前後出入太大，讓團隊成員無所適從，影響最終談判結果。

二、談判策劃書的撰寫格式

（一）封面

不同公司在具體操作時可能會有自己的固定格式或一些行業性約定俗成的格式，在封面中至少應該包括策劃書名稱、製作部門、主要策劃人、完成策劃書製作的時間等要素。

（二）目錄

目錄作為整個談判策劃書中重要內容的檢索依據，要求頁碼準確、編製整齊、序號內容結構規範。

（三）前言

前言部分用比較簡潔的語言寫明談判背景、談判重要性、談判主要負責人、主談和主要參與人、談判時限和預計效果等。前言具有導論和引言的作用，內容不能太多，否則顯得頭重腳輕；也不能不寫，否則會讓后續的撰寫顯得太突兀。

（四）策劃案摘要

所謂摘要就是后續主要內容的一個縮影，一個策劃的梗概，包含談判策劃的精華思維匯總、策劃亮點和特色。一個好的摘要可以讓人看到摘要內容即可知曉整個談判策劃的大體思維方向，判斷出策劃人的水準。

（五）動機

策劃書的動機部分可以並入前言，這取決於策劃書的豐滿程度和結構，通過動機部分可以看出選擇目前談判對手、談判策略、談判團隊結構等的緣由。

（六）談判目標及必要性

談判目標及必要性用一個段落即可描述，簡要介紹談判中預期的高、中、低三個目標。談判目標實現程度可以作為談判成敗的重要評判標準。

（七）方案說明以及談判雙方情景分析

對方案的說明主要是介紹方案的框架思維。談判雙方情景分析是一個重點，只有嚴謹詳盡的情景分析才能讓整個談判策略得到合理支撐。情景分析是信息收集和相關

工具科學運用的結果，也是一個談判團隊撰寫策劃文字的能力以及相關理論掌握程度的體現。

（八）談判需要資源

對談判中所需要的資源盡可能詳盡羅列，不能有所疏漏。包括談判中需要的所有人、財、物、信息材料等，特別是在客場談判的時候，在談判過程中一張紙片也會讓你陷入被動。有備無患，寧多勿缺！

在談判所需要資源中，費用預算不得不提，必須要考慮談判出現的各種情況，時間長中短期都需要有預案。「錢到用時方恨少」「有備無患」。

（九）談判風險分析

所有策劃都是有風險的，一般風險包括素質風險和技術風險這兩類人員風險，以及政治風險、市場風險和自然風險三類非人員風險。人員風險可以通過訓練來減少，而非人員風險則只能通過環境技術分析等來進行有效規避。

（十）談判戰略和戰術說明

在談判中採用的談判戰略和戰術以及具體的策略都不必賣弄過於專業的知識，不追求高深，應該讓所有參與者都能一目了然、通俗易懂。遇到專有的、不常見的創新策略，需要做必要的說明。

（十一）談判議程和相關要件說明

對談判雙方都需要瞭解的談判的議程無論是通則還是細則都需要做一個說明，以防遺漏造成誤會。對在策劃書正文中不方便插入的一些圖表、數據、註解等都可以用附錄的形式補充於文後。

（十二）結束語

結束語可以是對策劃的小結，對未盡事宜的說明或解讀，也可以是對談判結果的期望。結束語不需要囉唆，越簡潔越好，有必要時即便取消也可。

【問題思考】

1. 商務談判與非商務談判有什麼異同？
2. 商務談判計劃方案與普通營銷策劃方案有何異同？
3. 如何根據談判對手來組建判團隊？
4. 如何判斷商務談判成與敗？
5. 在談判準備過程中如何界定談判雙方的實力？

實訓項目三　商務談判過程實訓

【實訓目的與要求】

1. 通過學習和訓練初步掌握商務談判開局階段的開場陳述技巧。
2. 掌握初步報價技巧。
3. 會按照磋商準則要求進行討價還價。
4. 基本能揣摩談判對手心理，掌握讓步技巧。
5. 瞭解談判對手風格，並能在以後的談判中運用。
6. 初步掌握製造僵局和突破僵局的技巧。
7. 能把握好談判的時間和節奏，學會對未來談判結果的分析。

【實訓學時】

本項目建議實訓時長：4學時。

【實訓內容】

根據訓練項目要求，做好開場陳述、初步報價和討價還價，經過分析對手心理，適時製造僵局和突破僵局，必要時科學讓步，把握談判節奏，分析可以預見的談判結果。

【實訓模塊1】 談判開局與入題技巧

練習1

在全班隨機選擇5人做自我介紹，假定介紹人是和談判對手初次見面，希望通過介紹能讓對方更多瞭解自己，在談判中有一個好的開端。在介紹結束後，先由同學進行點評，再由教師指出需要注意的事項。

思考：

以下自我介紹的方法對否？說明理由！

1. 我是×××，請多指教。
2. 我是×××集團總裁，畢業於×××大學，×××教授是我導師，×××部長是我同學，曾經在×××（某國際集團）公司當總經理。

3. 我是×××集團總裁×××，請多指教。

練習2

假設己方公司和A公司曾經有不愉快的合作經歷。起因是1999年，己方曾經向對方出售過1000噸化工原料，總合同價值150萬，對方首付定金10萬，由於四川天氣原因，暴雨連連，交通運輸受阻。己方不能按期交貨，在提前獲知天氣狀況不佳的消息後，己方曾經主動打電話和對方溝通，商量延期交貨。對方回復這是天災，可以考慮。在天氣好轉，交通順暢後，己方及時發貨，比原定交貨期限延期3天。A公司以我方沒有按時交貨，導致生產進程延遲，給他們造成了一定損失。不能按期完成訂單，不能向客戶及時交貨，該損失也需要一起合併計算。經過幾輪談判，最后拒付15萬貨款。

2013年8月，由於公司產品出路不暢通，A公司也急需要原材料，儘管有過不愉快的合作經歷，但是雙方都有意向再進行合作。這次談判的任務交給了你，談判的見面時間和地點均已經確定。對方也是比較熟悉的採購部張經理，請你根據前面資料，設計一段合情合理的開場陳述。

【知識點】

一、開局階段三個基本任務

第一，初次見面說明具體問題（4P）。

成員介紹（Personalities）。向對方介紹自己的談判成員。注意介紹順序，方便對方在以后的談判中進行暢通的交流，介紹的時候需要說清楚姓名、職位、談判中的任務等。

目的介紹（Perpose）。簡明扼要告訴對方己方的談判目的。注意目的和目標不能混為一談，目的相對模糊或宏觀，而目標則是明確、具體的。

計劃介紹（Plan）。這裡的計劃介紹也是粗線條的介紹，如果時間比較長，也可以將相關計劃列一個計劃單，交予雙方共同瞭解。

進度介紹（Pace）。計劃中的進展，包括希望達成什麼協議，得到何種結果。

第二，開場陳述。

主要是陳述觀點和願望。表明己方對談判問題的理解，重要性看法，希望取得的利益和談判立場，希望對方能明白自己的意思。

對於對方的陳述，己方一要注意傾聽，聽時一是要把精力花在尋找對策上；二是要搞懂對方的陳述內容，不清楚的地方及時問明白；三是要善於歸納，充分思考對方陳述中的關鍵問題。

第三，初步報價。

報價要準確清楚，即使不是具體價位，也要說清楚範圍。在開局階段的最初報價，可以看成是初步試水，當然對規模比較小、標的價值不高的談判，初步報價就表明了一貫立場。

二、營造開局氣氛

營造開局氣氛主要從四個方面進行：

禮貌、尊重。開局有高層參加，服飾和儀表要整潔大方，不能表現出武斷、蔑視、指責等。對於雙方都比較重視的開局，比如一些重要會議的開幕式，關鍵人物要出場，起碼得從禮儀上多下功夫。

自然、輕鬆。雙方不能對立，需要從心理上先「破冰」，開始不妨先談輕鬆的話題，甚至是題外話，緩和氣氛。

友好、合作。需要明白的是與談判的對手實質上是夥伴關係，既然能坐在談判桌上，就說明雙方相互之間存在需求，都希望談判結果對自身有利。因此不妨多一點熱情握手、熱烈掌聲、信任目光、自然微笑等。

積極進取的氣氛。在輕鬆中追求效率，追求成功。要讓對方看出己方的努力，才能表達其參與談判的誠意。

三、開局策略

在談判中可選的開局策略有：

協商式開局。用陳述語氣協商、肯定、表示讚同或認可，但不刻意奉承，氣氛友好愉快，外交禮儀使用比較多，適用於初次接觸，實力相近的談判雙方。

坦誠式開局。開誠布公表明觀點，盡快進入主題。適用於有過往來，關係不錯並有所瞭解的雙方，可以省略繁瑣的外交禮儀或辭令。

慎重式開局。用嚴謹、凝重的語言陳述，表達對談判重視和鮮明的態度，阻止對方不良意圖，掌握主動，適用於對方曾經有過不良表現或不愉快經歷或失敗談判等。

進攻式開局。以強硬的姿態獲得對手的尊重，掌握心理優勢。適用於對方來勢凶猛，有不尊重己方的傾向，不妨以攻為守，捍衛尊嚴和正當權益，使談判在平等基礎上進行，但要注意不能過火使談判開始就陷入僵局。

【小案例】

日本一家著名的汽車公司在美國剛剛「登陸」時，急需找一個美國代理商來為其推銷產品，以彌補他們不瞭解美國市場的缺陷。當日本公司準備同美國的一家公司就此問題進行談判時，日本公司的談判代表因為路上塞車遲到了。美國公司的代表抓住這件事緊緊不放，想以此為理由獲取更多的優惠條件。日本公司的代表發現無路可退，於是站起來說：「我們十分抱歉耽誤了您的時間，但是這絕非我們的本意，我們對美國的交通狀況瞭解不足，所以導致了這個不愉快的結果，我希望我們不要再因為這個無所謂的問題耽誤時間了，如果因為這件事懷疑到我們合作的誠意，那麼，我們只好結束這次談判。我認為，我們所提出的優惠條件是不會在美國找不到合作夥伴的。」日本代表一席話令美方談判代表啞口無言，美國人也不想失去一次賺錢機會，於是談判繼續進行。

思考：

1. 日本公司的談判代表採取了哪種談判策略？

2. 如果你是美方談判代表，應該如何扳回劣勢？

四、入題技巧和闡述技巧

（一）入題技巧

1. 迂迴入題

避免影響氣氛以及過於單刀直入，可以從題外話入手、從自謙入手（要適度，不能給人以太假的感覺）、從流行話題入手、從介紹談判人員和自己的生產經營情況入手（給別人亮底，增強信心）等。先緩和氣氛然后逐步進入主題。

2. 先談細節，后談原則

小型談判可以將各項細節談妥，原則性協議自然達成。有時候適用於不太好確定原則，但是可以慢慢去談的談判，在談的過程中尋求共識，達成原則一致。

3. 先談一般原則，后談細節

當遇到大型項目，細節繁多，整個談判可能曠日持久的時候，不妨先談原則，再分批分步驟進行細節談判。原則是框架性的，是粗線條的，有了原則作為指引和限制，細節問題就有了方向和依據。

4. 從具體議題入手

在大型談判的各個分階段談判中，一般直接從具體的談判問題入手即可。

（二）闡述技巧

1. 開場闡述

己方掌握的信息相對完備，可以先入為主，讓對方明白自己的意圖，相對有個心理優勢，之后可以看對方的反應然后確訂相應的策略。

2. 讓對方先談

如果己方對市場態勢和產品定價等最新情況不是很瞭解，不妨后說，看對方的意見，然后再商定對策。

3. 有限度的坦誠相見

可以讓對方知道自己的動機和態度，從表面上來示弱。但不能和盤托出觀點和自己的信息，否則會陷入被動。

4. 注意語言的正確和準確使用

提供的資料數字要準確，避免波動，闡述時對價格要明確，不能馬上判斷的應當適當延遲答復；表達的語言要富有彈性，要有余地，不走極端。注意語調、語速、停頓和重複的使用。通過語言表述來表達出自己談判的真實意圖，強調某些細節，引起對方重視。

注意折中迂迴。特別是對自己不利的話題和觀點可以避開，盡量把問題引向對自己有利的一面，轉移角度，不妨靈活使用「可是……」「但是……」「雖然如此……」「不過……」「然而……」等。

注意使用解困語言。當出現談判困難無法達成協議的時候，為了突破困境，給自己解圍，不妨使用解圍語言：「真遺憾，只差一步就成功了！」「再這樣拖下去，恐怕對

雙方不利！」「我相信，無論如何，雙方都不希望前功盡棄！」……

不以否定性語言結束談判。對對手要給以正面評價，為以后繼續談判或合作留下餘地。生意不成仁義在，商場如戰場，沒有只勝不敗，也沒有只敗不勝。給雙方都留點餘地，是必須和必要的。「您在這次談判中的表現，給我留下深刻印象。希望能再次相聚！」「對貴方的某些要求，我們會認真研究，期待下次繼續再談！」等。

【小案例】

中國某出口公司的一位經理在同馬來西亞商人洽談大米出口交易時，開局是這樣表達的：「諸位先生，我們已約定首先讓我向幾位介紹一下我方對這筆大米交易的看法。我們對這筆出口買賣很感興趣，希望貴方能夠現匯支付。不瞞貴方說，我方已收到貴國其他幾位買方的遞盤。因此，現在的問題只是時間，希望貴方能認真考慮我方的要求，盡快決定這筆買賣的取捨。當然，我們雙方是老朋友了，彼此有著很愉快的合作經歷，希望這次洽談會進一步加深雙方的友誼。這就是我方的基本想法。我把話講清楚了嗎？」

請對以上中國某公司經理的表現給予點評。

【小案例】

某公司談判代表在和對方進行談判摸底階段作如下陳述：

「這個項目對我們很有吸引力，我們打算把土地上原有的建築拆掉蓋起新的大賣場。我們已經同規劃局打過交道，相信他們會同意的。現在關鍵的問題是時間——我們要以最快的速度在這個問題上達成協議。為此，我們準備簡化正常的法律和調查程序。以前我方與貴方從未打過交道，不過據朋友講，你們一向是很合作的。這就是我們的立場。我是否說清楚了？」

你對該代表的表現做何評價？

【實訓模塊 2】 初步報價

練習

假定某化妝品公司 A，在國內化妝品市場上擁有一定的知名度，定位在中高端，產品在全國市場均有銷售，產品銷售渠道主要為商場專櫃、一級城市均設有專賣店，部分產品通過網絡進行直銷，中端產品在每個省會城市均有代理商。現開發出新產品 100ml 裝「×××羊胎營養精華素」，產品成本在 40 元/瓶，計劃市場終端目標售價為 180 元/瓶。現針對西南市場和沿海市場進行試銷。目前和成都、廣州、上海經銷商均有接觸。

你代表 A 公司和這些經銷商進行談判，請提出初步報價，並說明理由。

【知識點】

報價，又叫「發盤」，就是談判雙方各自提出自己的交易條件。這裡的報價不僅是指在價格方面的要求，而是包括價格在內的關於整個交易的各項條件，如商品的數量、質量、包裝、裝運、保險等交易條件。

一、開盤價的確定

談判過程中的最初報價稱為開盤價。對賣方來說，開盤價必須是最高的，代表賣方的最大期望售價，之所以要報高價就是考慮到對方要向下討價還價；相反，對買方而言，開盤價必須是最低的，代表買方願意支付的最小期望售價，也要考慮對方還高價出售。這裡的高價和低價是針對談判雙方而言的，對第三方而言則可能不是最高或最低。

在商務談判中，由哪一方先報價不是固定的，但就商業習慣而言，一般情況是賣方先報價。從心理上來說，報價先後影響有所不同。

先報價的好處：為談判規定個框框，最終的協議將在這一界限內形成；一定程度影響對方的期望水平，進而影響對方的談判行為。

先報價的不利之處：可能會使己方喪失一部分原本可以獲得的利益；會使對方集中力量對報價發起進攻，迫使報價方一步步降價，而對方究竟打算出多高價卻不明朗。

二、報價的方式

低價報價方式。也叫日式報價，一般不喜歡把價格抬得過於虛高，低價報價的方式給人以誠實、誠懇的感受。對於瞭解行情的雙方來說，利於快速達成價格一致。這種方式最常用的做法之一是將最低價格列在價格表上，以求首先引起買主的興趣。這種價格一般是以賣方最有利的結算條件為前提的，並且在這種低價格交易條件下，各個方面都很難全部滿足買方的需要，如果買主要求改變有關條件，則賣主就會相應提高價格。因此買賣雙方最后成交的價格，往往高於價格表中的價格。日式報價在面臨眾多外部對手時，是一種比較有藝術和策略的報價方式。一方面，可以排斥競爭對手而將買方吸引過來，取得與其他賣主競爭中的優勢和勝利；另一方面，當其他賣主敗下陣來紛紛走掉時，這時買主原有的買方市場的優勢就不復存在了。原來是一個買主對多個賣主，談判中顯然優勢在買主，而此時，雙方誰也不占優勢，從而可以坐下來仔細地談，而買主這時要想達到一定的要求，只好任賣主一點一點地把價格抬高才能實現。

高價報價方式。也叫歐式報價，喜歡以高報價給對方討價還價的空間，也給自己留下很大的利潤談判想像空間。這種方式的一般做法：賣方首先提出留有較大余地的交易條件，然后根據談判雙方的實力對比和該項交易的外部競爭狀況，通過給予各種優惠，如數量折扣、價格折扣、現金和支付條件方面的優惠（延長支付期限、提供優惠信貸等），逐步接近買方的條件，建立起共同的立場，最終達到成交的目的。這種方

式只要能穩住買方，使之就各項條件與賣方進行磋商，最后的結果往往對賣方是比較有利的。高報價的不利之處在於一旦給人不誠心談判的感覺后，對方會退出談判，從而錯失良機。

加法報價方式。一般是產品出售方在成本基礎上給自己留足利潤空間，即成本加利潤的報價方式。這樣的報價需要清楚計算出所有成本，一旦計算出錯，比如漏算部分變動成本，如銷售成本、商業回扣、公關費用等之類，容易出現賠本賺吆喝的結果出現。

目標報價方式。根據公司估算的總銷售收入和估計的產量或銷售量目標來確定報價的方式。該方法適合於零售行業的商務談判，如果對方不是價格敏感性的用戶，則己方的目標測算會成為空算。

收支平衡報價方式。在銷售中也叫保本定價法，報價的目標不在於高額利潤，而只要求保本即可。適合於處於生死存亡邊緣的企業。

認知價值報價方式。銷售管理中也叫感受價值定價法，是企業根據購買者對產品的認知來制訂價格的一種方法。在商務談判中，出售方報價時候，可以根據市場調查，對方對產品和品牌的認知程度，在增加服務項目，承諾提高服務質量和產品質量，進行更有效的溝通傳播的前提下，報出適合本企業產品在市場上普遍被認同的相應高價。

反向報價法。指出售方企業依據終端消費者能夠接受的最終銷售價格，計算自己從事經營的成本和利潤后，逆向推算出產品的批發和零售報價。該方法適用於向中間商進行批發時的價格談判。

三、報價技巧

尾數報價技巧。針對單品價格採取保留尾數和零頭的辦法，定在整數以下，保持低一檔次。給人感覺便宜，物超所值。另外給對方的感覺是精確，己方嚴格計算成本，如果低於該價格，會造成虧損，但是也會給對方留下升值空間，在整個報價過程中較為誠實。普通的日用消費品、低值易耗品可以這麼報價。

整數報價技巧。採取將零頭價格上升一檔的辦法，主要是顯示物有所值，高檔次和高品位，能抬高身分和地位。這種報價方式在奢侈品零售過程中常見，但是在商務談判中其實主要是一種心理暗示。

習慣報價技巧。這種商品應該是大眾性產品，不只是買方瞭解行情，買方也熟悉行情，中間沒有太多討論空間，雙方認可消費者習慣性購買標準，只需要符合大家心理，容易接受即可。過高被認為是漲價，過低則懷疑質量問題。雙方的談判焦點應該是在售后服務上，報價成了次要環節。

招徠報價技巧。在零售中經常看到商場故意用低價來招徠顧客，實際上是希望顧客來了以后能多買其他非特價商品。多數超市都是如此，沃爾瑪的天天低價是典型代表。在商務談判中實行招徠報價，是希望利用部分產品的低報價來順便推出其他的相對滯銷或冷門的產品。雙方都不是傻瓜，都能認識到這種方法的真正意圖，但是秘而不宣，這經常成為一種心知肚明的心理約定。

聲望報價技巧。零售管理中根據品牌的知名度和聲譽來定價，針對「一分錢一分

貨」的心理，對服務行業等第三產業很廣泛。在商務談判中的聲望定價有一些前提：

第一，賣方的企業知名度呈現提升狀態。這可能是由於廣告宣傳，某些事件影響等所致。第二，賣方提供的產品質量是有保證的。沒有和知名度匹配的質量，無法採用聲望報價。第三，賣方產品和品牌的市場地位上升，可能會得到對方的認可。

除法報價策略。以商品價格為除數，以商品的數量或使用時間等概念為被除數，得出一種數字很小的價格，使買主對本來不低的價格產生一種便宜、低廉的感覺。

加法報價策略。在商務談判中，商家有時怕報高價會嚇跑客戶，就把價格分解成若干層次漸進提出，使若干次的報價最后加起來仍等於當初想一次性報出的高價。

差別報價。在商務談判中針對客戶性質、購買數量、交易時間、支付方式等方面的不同，採取不同的報價策略。

對比報價。向對方拋出有利於本方的多個商家同類商品交易的報價單，設立一個價格參照系，然后將所交易的商品與這些商家的同類商品在性能、質量、服務與其他交易條件等方面做出有利於本方的比較，並以此作為本方要價的依據。

數字陷阱。賣方在分類成本中「摻水分」，將自己製作的商品成本構成計算表給買方，用以支持本方總要價的合理性。適用條件：商品交易內容多，成本構成複雜，成本計算方法無統一標準，對方攻勢太盛的情形。

綜合報價技巧。包括附帶數量條件的報價技巧、附帶支付條件的報價技巧、附帶供貨時間的報價技巧、附帶成交時間的報價技巧。

【小案例】

有位性急的手錶批發商，經常到農村去推銷商品。一次他懶得多費口舌去討價還價，心想都是老顧客了，可以按與上次的成交價相差不多的價錢出手。他駕車來到一個農場，走進公路邊的一家商店，進門就對店主人說：「這次，咱們少費點時間和唾沫，乾脆按我的要價和你的出價來個折中，怎麼樣？」

店主人不知道他葫蘆裡賣的什麼藥，不置可否。

他以為這是同意的表示，就說：「那好！價錢絕對叫你滿意，絕對不摻水分，你只要說打算進多少就行了。趁今天天氣好，咱哥倆省下時間釣魚去！」他的報價果然好得出奇，比上次的成交價還低不少。心想對方肯定高興，便一廂情願地問：「照這個價錢，你打算進多少？」哪知對方答道：「一只也不進！」這可把他弄懵了，問道：「一只也不進？你在開玩笑吧，這個價錢可比上次低了一大截呀！你說實話，要多少？」店主說：「你以為鄉下人都是老憨？你們這些城裡來的騙子呀，嘴裡說價錢絕對優惠，實際上比你心裡的底數不知要高出多少呢？告訴你吧，無論你說什麼，我也是一只不進！」整整一個下午，兩人討價還價，直到日落西山才成交。成交價比他原來所說的「絕對令對方滿意」的價錢又低了一大截，這趟生意做下來，他不但一分錢沒有掙到，反而倒賠了汽油錢。

思考：

1. 如此報價的問題出在何處？
2. 對手錶之類的產品應當採用哪種技巧？

【實訓模塊 3】 磋商準則

練習

2013 年 11 月，臺風「海燕」突襲海南三亞，造成眾多農產品企業生產與運輸遭受損失，A 公司即其中一家。地處三亞市田獨鎮的 A 公司按協議約定，應該在 11 月 18 日前將 550 噸反季節蔬菜運抵上海，交付 B 公司。由於臺風造成延期交貨，B 公司要求 A 公司退還預付款 10 萬元，並賠償失信於其他蔬菜批發商的損失 10 萬元。

同學們請分成兩組，分別代表 A 和 B 公司進行交涉。要求談判中遵循條理準則、禮節準則、重複準則。

【知識點】

磋商總體而言是談判各方面對面討論、說理、討價還價的過程，它包括諸如價格解釋與評論、討價、還價、小結等多個階段，在各個具體階段之中有其特有技巧和準則，同時磋商作為一個總的過程，也有其準則。

一、條理準則

條理準則，即磋商過程中的議題有序、表述立場有理、論證方式易於理解的原則。條理準則包含兩個構成部分：邏輯次序、言出有理。

（一）邏輯次序

邏輯次序即磋商的議題先後符合客觀邏輯，決定著談判目標啟動先後與談判進展層次。

談判內容具有整體性與個性，整體性要求縱觀全局，個性則要求區分差異。個性是體現在整體性中的個性，而不是孤立的個性。兩者之間相互依存，相互影響。在由個性組成的整體性中，具有個性的組件均具有其客觀固有的談判先後次序。

邏輯次序除有橫向次序外，還有縱向次序，即內在的次序，不僅如此，縱橫兩種不同的次序邏輯又演繹出深向的層次。這樣，在邏輯次序中含有邏輯層次，從而在磋商過程中，談判手既要在整體上注意邏輯次序，又要在次序上，注意進展的層次。

（二）言出有理

言出有理指磋商過程中表述在理，論證方式明白，言之成理，讓聽者感到信服。在磋商中，有理包括人為的理由與事實上的理由。人為的理由，指通過人的主觀加工使某件事具有道理；而事實的理由則為客觀存在的事物依據。

言出有理還表現在談判磋商中達理、邏輯嚴謹、通俗易懂。達理，指以層次分明的論述準確地表達自己的立場與理由，並使聽者理解所言為何物。所謂邏輯嚴謹，指論述層次分明，且層次之間有明確的內在聯繫，兩者互相支持，使論述具有雄辯力度。

所謂通俗易懂,指論述時選詞造句、講話用語應在對手的文化、藝術理解力的範圍內。

二、客觀準則

客觀準則指磋商過程中說理與要求具有一定的實際性。只有具備實際性的說理才具有說服人的效果,只有符合實際的要求才會有回報的可能。

(一) 說理的實際性

說理的實際性即說出的道理有真實感和可靠性。在實務談判中,有兩種手段可實現這個原則:推理與實證。

當對手不配合,不提供足夠資料讓談判者瞭解真實情況時,邏輯推理就是解開真實的鑰匙。簡單地說,推理手法是從分析表面現象及內部聯繫出發,歸納出對事物本質的判斷和認識,從而支持自己立場的思維論證方法。

實證即利用一切可供運用的真實資料說明問題。資料可以是文字、圖片,也可以是眾所周知的事實。一般地講,對手在實證面前多半會承認說理的實際性,當然,至於會在多大程度上改善條件則是另一回事。

(二) 要求的實際性

磋商過程中的任何要求應具有合理與可能性。這一原則集中體現在「量」的兼顧性和客觀性上。具體地說,任何文字、立場、數字反應的要求均為「量」的要求,但談判各方對「量」的衡量有其不同的尺度,「量」的合理性與可能性在談判中融合了雙方的立場與追求,故「量」有兼顧性,否則即為不可能實現的「量」。同時「量」要有其客觀性,不客觀的「量」是不實際的。

三、禮節準則

磋商既是爭論也是協商,在激烈爭論的同時,應相互尊重、諒解妥協。這就要求談判者保持禮貌的行為準則,這一準則要求嚴於律己、尊重對方、松緊自如,且貫徹始終。

律己指磋商中己方約束個性的做法和思想。談判中,律己主要體現在約束個人性格,嚴格要求自己,確保工作質量上。

尊重對方指對待談判對手的態度,用語禮貌,且讓對方感到受尊重,即便觀點有分歧,也不失風度與分寸。

松緊自如指磋商中能動地應對雙方觀點對立,相互僵持的局面,以及為達到談判預定目標而故意施加壓力的程度。談判中難免出現緊張氛圍,但懂禮貌的人會在緊張中不失節制。反過來,也可為了需要製造緊張,以施加心理壓力,實現追求的效果。

四、進取準則

進取準則指爭取於己有利的條件,千方百計說服對方接受自己條件的精神與行為。進取的準則主要體現在兩方面:高目標與不滿足。

進取準則要求談判手制訂較高的目標。高目標帶來的問題是高要價,導致實現難

度大。對於這一問題，優秀談判手往往以強詞取信於理，取信於人，其強詞是以基本尊重事實，即尊重交易的客觀價值為基礎的。

不滿足的原則，指磋商過程中不受影響於一事一時之得，而是在實現一個目標之後緊接著衝向另一高度目標的精神。不滿足可體現在實現橫向目標上，也反應在實現縱向目標上。橫向目標包括不同類的項目目標，諸如技術、法律、商業、服務等，實現一個再衝向另一個；縱向的目標包括各項目不同階次的目標，登上一個臺階後邁上另一臺階而毫不放松。

五、重複準則

重複準則指在磋商中對某個議題和論據反覆應用的行動準則。磋商中不要怕重複。重複的談判是深入的準備。重複準則在應用中主要體現在議題安排和觀點應用兩個方面。

議題安排，指在重複準則下，單次談判的內容可重複安排進議程的做法。議題的重複安排可以是明示的，也可是單方運用的。明示重複安排，即雙方議定重複討論。重複安排議題時，其次數與時機應得當。衡量的標準為客觀需要和雙方態度。客觀上已談得差不多了，再重複會以為要推翻前言；雙方反對或造成對抗情緒時，應暫放重複的議題。

觀點應用的重複準則，指在磋商中針對對方尚未松口的條件，反覆申訴自己的觀點，以推動對手立場的做法。這是一種「自衛策略」，因為它是對手不聽、不採納自己觀點與論證材料的自然反應，也是談判手耐心與意志的反應。如不等對方回應即自動放棄自己的觀點和論證，等於退卻與讓步。

【實訓模塊4】 讓步技巧

練習

在未來的工作和生活中，未必每個人都會遇到正式商務談判，但是如何討價還價，迫使對方讓步卻是每個人都曾經經歷過的事情，日常的購物經歷即是如此。

選擇10位同學，其中兩兩配對，每隊同學選擇不同的角色，練習不同的場景，其中每隊兩位同學中，一位扮演賣方一位扮演買方。假設每個場景的賣方都在做促銷活動，價格靈活。預設的場景分別是：

1. 化妝品專賣店推銷員向女士推銷防曬霜。
2. 雅戈爾西服專賣店售貨小姐向男士推銷新款夾克。
3. 鞋店銷售向女士推銷新款涼鞋。
4. 雪佛蘭汽車4S店推銷員向來賓推銷老款雪佛蘭景程轎車。
5. 炎熱的夏天，推銷員向顧客推薦青島啤酒。

思考：在這些談判中，讓步技巧有何異同？

【知識點】

商務談判整個過程就是一個討價還價的過程，在討價還價中，讓步是一種必然、普遍的現象。如果談判雙方都堅守各自價格，互不讓步，那麼協議將永遠無法達成，雙方所追求的利益也就無從實現。一般來說，討價還價中的讓步應該是有原則、有步驟和有方式的讓步。

在商務談判中需要遵循的讓步原則包括：維護整體利益、選擇讓步時機、確定讓步幅度和步驟。讓步應有明確的利益目標，即使是很小的讓步也要使對方感到艱難，盡量避免失誤。

一、讓步策略

於己無損策略。通過做一些無關痛癢的讓步，滿足對方的心理平衡，產生誘導。

以攻對攻策略。在讓步前對對方提出附加條件，反守為攻。比如買方要求賣方降價，則賣方提出增加購買數量，即運用薄利多銷策略。

強硬式讓步策略。起初堅持，態度強硬，最后一刻讓步一步到位，促成交易。對方會感覺來之不易，倍加珍惜。

坦率式讓步策略。進入讓步階段就亮出底牌，誠懇務實、提高效率、爭取時間、爭取主動。容易給人得寸進尺的機會和產生仍有利益空間可挖的感覺。

穩健式讓步策略。步步為營，控制讓步節奏。風險低，討價還價中考慮周全，但很耗費時間和精力。

以遠利謀近惠的讓步策略。這種策略需要長遠的眼光。

互惠互利的讓步策略。以自己讓步換取對方讓步。

二、常見讓步方式

談判雙方必須認識到，讓步是商務談判雙方為達成協議所必須承擔的義務。有經驗的談判高手往往以很小的讓步換取對方較大的讓步，並且讓對方感到心滿意足從而愉快接受。相反，如果對讓步的處理不當，有時即使做了較大讓步，對方仍不滿意，甚至影響談判的成功。可見，讓步是需要講究藝術的，值得好好研究。

第一種讓步方式——冒險型讓步。這是一種在讓步最后階段一次性讓出可讓利益的方法。這種方法讓步態度果斷，有大家風範，適用於對談判的投資少、依賴性差的一方。採用這種方法有可能在談判中獲取較大利益，但由於開始階段寸步不讓，有可能失去談判夥伴，具有較大的風險。

第二種讓步方式——刺激型讓步。這是一種等額的讓出利益的策略，在國際上稱為「色拉迷」香腸式談判讓步。這種讓步的優點是：平穩、持久、步步為營，不輕易讓人占了便宜，有益於雙方充分討價還價，在利益均沾的情況下達成協議。遇到性情急躁或無時間久談的對手，會占上風，削弱對方的討價能力。這種讓步的缺點是：由於每次讓利的數量有限、速度又慢，極易使人產生疲勞感、厭倦感，同時鼓勵有耐性

的一方耐心等待，期待進一步的讓步。此種讓步方法在商務談判中應用得十分普遍，更適用於缺乏談判知識或經驗以及涉足一些較為陌生領域的談判方，因為他們不熟悉情況，故不宜輕舉妄動，以防因急於求成而在談判中失利。

第三種讓步方式——誘發型讓步。這種談判看似在逐步增大讓步，誘使對方積極談判，但是也鼓勵對方得寸進尺，繼續討價還價，無休無止。

第四種讓步方式——希望型讓步。這種方法以合作為主，競爭為輔，誠中見虛，柔中帶剛。採用這種方法對買方具有較強的誘惑力，逐輪減少，總有余地有希望，談判成功率高。但同時也容易給對手造成軟弱可欺的印象。

第五種讓步方式——妥協型讓步。這是一種由大到小、主次下降的讓步策略。這種方法比較自然、坦率，符合商務談判中討價還價的一般規律，適用於商務談判中的提議方。很容易被人們接受，一般不會產生讓步上的失誤。但是由於讓步越來越小，終局時情緒不會太高。

第六種讓步方式——危險型讓步。這種讓步，太急於求成，過於充分讓步急於成交，但是其后卻不再讓步，最后僅僅是做表態性的讓步，往往會讓對方感覺不舒服，容易導致談判失敗，比較危險。當然也可能是持有這種思維的一方本就無意長期談判，早就有失敗則退出的打算。

第七種讓步方式——虛偽型讓步。這種談判一開始大幅度讓步，最后又出現反彈。這種方式奇特巧妙操縱買方心理，誠意和讓步均已經到達極限，有可能獲得對方較大回報，但是如果遇到貪婪的對手，會刺激對手變本加厲，得寸進尺導致談判陷入僵局。

第八種讓步方式——低劣型讓步。這是一種一次性讓步的策略，這種方法態度誠懇、務實、堅定。適用於本方處於談判劣勢或雙方之間比較友好的談判。採用這種方式有可能打動對方採取回報行為達成交易；但是也有可能給對方傳遞一種有利可圖的錯誤信息，導致對方期望值大增，使談判陷入僵局。

沒有一種談判方式是最優的，只有根據談判雙方的力量對比、需求變化、市場環境的改變等，抓住對方的漏洞，尋求有利時機，才能獲取最大的談判效益。

三、談判的有效讓步

無論採用何種讓步方式，總的來說要讓整個討價還價過程變得有效，否則就做了無用功。在讓步中應該謹記：不要做無端的讓步；讓步要恰到好處；在次要問題上可根據具體情況首先做出讓步；不要承諾同等幅度的讓步；一次讓步的幅度不宜過大，節奏也不宜太快。

遵循讓步的基本準則：以小換大、幅度要遞減、次數要少、速度要慢。

遵循讓步的思路：確定讓步的條件；列出讓步的清單；製造出一種和諧的洽談氣氛；制訂新的磋商方案；確定讓步的方式；選擇合適的讓步時機。

【實訓模塊 5】控製談判心態

練習

教師設計一個銷售談判的橋段，甲方代表新西蘭某奶製品企業到中國西南地區開拓市場，乙方代表西南最大的乳製品代理商，選出 10 位同學分成兩組，各自代表一方。在談判中乙方利用 2013 年 8 月新西蘭乳製品質量問題、在中國合作企業的隱瞞某些事實、進行商業賄賂等問題，極盡所能打擊對方，迫使甲方在公關宣傳上有大的投入，在利潤上有大的讓步。乙方一定要挑動情緒，而甲方則態度謙卑，進退自如。如果對奶製品不熟悉，也可以由指導教師選擇類似橋段來進行練習。目的是考驗同學們面對對方情緒化策略的應對能力。

【知識點】

控製談判心態關鍵是要有一個良好有效的溝通和較好的態度。注意尊重對方，化解對方蓄意破壞己方情緒的策略，盡量避免形成僵局。

一、談判中的良好溝通

在整個談判溝通中需要做到準確、清晰、簡潔、活力。即表達要準確、臨危不亂，不能被對方的討價還價和刁難亂了方寸；思路要清晰，無論對方採用何種策略，都要有清醒認識，知道這是對方的策略，不一定是真實意圖的表達，需要透過現象看本質；語言要簡潔，言多必失，當對方希望你出漏洞時，更需要冷靜下來，用簡潔的語言來應對，該說就說，不該說就注意傾聽；整個團隊要有活力，要團結不能產生內部分歧。

二、避免形成僵局

（一）保持平常心

心態直接決定你在談判中的成效，在談判中不妨做到以下幾點：

「飽而不貪」。談判是一個雙贏的結局，不能只想到自己利益，利潤空間差不多即可，更多時候是蓄水養魚。如總想一次性將對手利潤空間壓榨乾淨，以後對方甚至整個行業都不會有人願意與你合作。

「饑而不急」。作為一個有經驗的談判高手，需要穩重、有耐心，盡量做到喜怒不形於色。所謂有能耐的人，往往就強在比常人更有忍耐心。

「荒而不慌」。當己方處於劣勢，幾乎沒有牌可出的時候，往往就是「山重水復疑無路，柳暗花明又一村」出現時，此時無招勝有招。日本人最善於採用「沉默是金」的談判策略，就是典型的「荒而不慌」，明明是走投無路，卻讓你丈二和尚摸不著頭腦。

「爭而不鬆」。內緊外鬆，該爭取的一定要爭取，態度要端正，表面要謙恭，但是內心努力的弦時刻要緊繃。

(二) 注意控製和調節情緒

情緒是人腦對客觀事物能否滿足自己需要產生的一種態度體驗。人的情緒對人的活動有著相當重要的影響。能夠敏銳地知覺他人情緒，善於控製自己情緒，巧於處理人際關係的人，才更容易取得事業成功。

一般情況下，談判人員不僅要對自己的情緒加以調整，對談判對手的情緒也應做好相應的防範和引導。商務談判人員個人的情緒要服從商務談判的利益，進行情緒的調控，不能讓它隨意宣洩。談判人員要有堅定的意志力，對自身的情緒進行有效控製，不管談判是處於順境還是處於逆境，都能很好地控製自己的理智和情緒，而不是被談判對手所控製或引導。當然，這並不是說任何時候都需要表現出謙恭和溫順的態度，而是要在保持冷靜清醒頭腦的情況下靈活地調控自己情緒，把握分寸，適當地表現強硬、靈活、友好或妥協等。當年赫魯曉夫在聯合國大會上用皮鞋敲桌子「示怒」，並不是真正到了怒不可遏的地步，而是想借此來加強其發言效果。

處理談判問題要注意運用調控情緒的技巧。在與談判對手的交往中，要做到有禮貌、通情達理，將談判的問題與人劃分開來。在闡述問題時，側重實際情況的闡述，少指責或避免指責對方，切忌意氣用事而把對問題的不滿發洩到談判對手個人身上，對談判對手個人指責、抱怨，甚至充滿敵意。當談判雙方關係出現不協調、緊張時，要及時運用社交手段表示同情、尊重，彌合緊張關係，清除敵意。

在談判過程中提出己方與對方不同的意見和主張時，為了防止對方情緒的抵觸或對抗，可在一致的方面或無關緊要的問題上對對方的意見先予以肯定，表現得通情達理，緩和對方的不滿情緒，使其容易接受己方的看法。當對方人員的情緒出現異常時，己方應適當地加以勸說、安慰、體諒或迴避，使其緩和或平息。情緒調控要注意防止出現心理挫折，如出現則要及時進行調控。

精明的談判人員，都有一種小心調控自我情緒的習慣，並能對別人談話中自相矛盾和過火的言談表現出極大的忍耐性，能恰當地表述自己的意見。他們常用「據我瞭解」「是否可以這樣」「我個人認為」等到委婉的說法來闡述自己的真實意圖。這樣的態度會使本來相互提防的談判變得氣氛融洽、情緒愉快。

對談判對手有意運用的情緒策略，則要有所防範和有相應的調控反制對策。針對對手的情緒策略，可以採取相應的策略與情緒反應。

(三) 持有欣賞對方的態度

在談判中，談判人員要善於發現對方的優點，在適當的時候、適當的地點，採用合適的話題來表揚對方，如：「別人都說你有這些優點，依我看，你還有另外的優點⋯⋯」對方聽到這出人意料而又合乎情理的表揚，會產生一種特別的喜悅感，他或她相應地也會以欣賞的態度來看待你，這樣有利於談判工作的進展。說話時目光要平視對方，要使用誠懇、平靜的語氣，千萬不可使用過頭的話去奉承或譏諷對方。

（四）拋棄陳見，正視衝突

許多談判人員把僵局視為失敗，企圖竭力避免它，不是採取積極措施加以緩和，而是消極躲避。在談判開始之前，就祈禱能順利地與對方達成協議，完成交易，別出意外或麻煩。特別是當其負有與對方簽約的使命時，這種心情就更為迫切。這樣一來，為避免出現僵局，就事事處處遷就對方，一旦陷入僵局，就會很快地失去信心和耐心，甚至懷疑起自己的判斷力，對預先制訂的計劃也產生了動搖，還有的人後悔當初……這種思想阻礙了談判人員更好地運用談判策略。事事處處遷就的結果，就是達成一個對己不利的協議。

三、尊重對方，認可對方價值

（一）要隨時尊重對方並保持清醒冷靜

在談判中，考慮到人的尊重需要，要注意尊重對方。尊重對方是指態度、言語和行為舉止上具有禮貌，使對方感到受尊重。尊重就是要注意自己言談舉止的風度和分寸。談判時見面不打招呼或懶得致意，臉紅脖子粗地爭吵、拍桌子，當眾摔東西或閉起眼睛蹺起二郎腿不理不睬，這些行為都會傷害對方的感情，甚至使對方覺得受到侮辱，不利於談判。考慮到對方的尊重需要，即使在某些談判問題上占了上風，也不要顯出「我贏了你輸了」的神情，並在適當的時候給對方臺階下。然而，尊重對方並不是屈從或任對方侮辱，對於無禮的態度、侮辱的言行應適當地反擊。但這種反擊不是「以牙還牙」的方式，而是以富有修養的針對性的批評、反駁，以嚴肅的表情來表明自己的態度和觀點。

注意保持冷靜、清醒的頭腦。保持清醒的頭腦就是保持自己敏銳的觀察力、理智的思辨能力和言語行為的調控能力。當發現自己的心緒不寧、思路不清、反應遲鈍時應設法暫停談判，通過休息、內部相互交換意見等辦法使自己得以恢復良好的狀態。在談判中會出現形形色色的反對意見，其中包括那些不合理的反對意見。在這種情況下，談判人員一定要謹慎從事，切不能以帶憤懣的口吻反駁對方的意見。從心理學的角度看，商務談判雙方的供求決定都受理智和感情的控製，如果談判雙方對某些議題出現爭吵或冷嘲熱諷，即使一方的意見獲勝也難以使對手心悅誠服，對立情緒難以消除，無法達成協議。因此，談判人員應注意研究對方的心理狀態，變爭吵為傾聽，對立狀況就可能化解。然後，再用對方可以接受的語氣委婉地說服他，使談判順利進行。如心平氣和地對對方說：「這些情況我們都認可，您能否換個角度來分析……」利用事實根據來證明所談判內容的正確性，可以解除與轉化對方的疑慮和不同見解。

要始終保持正確的談判動機。商務談判是為追求談判的商務利益目標，而不是追求虛榮心的滿足或其他個人實現，要防止為對手的挖苦、諷刺或恭維迷失了方向。處理問題遵循實事求是的客觀標準，避免為談判對手真真假假、虛虛實實的手腕所迷惑，對談判事務失去應有的判斷力。

（二）語言適中，語氣謙和，積極探尋對方的價值

語言要適中是指談判者與對方洽談業務時既不多講，也不能太寡言。談判者不多

說話的好處有：一方面，可以減輕對方的負擔；另一方面，可以有更多的時間傾聽對方的意見，以此探尋和觀察對方的談話動機和目的，為制訂對策提供基礎。談判者不太寡言的好處有：一方面，可以滿足對方自尊心的需要；另一方面，可以將自己的看法、意見反饋給對方，試探對方的反應。此外，談判者不太寡言還可以形成對等的談判氣氛。在談判中，聲調運用要適當。古希臘的哲學家亞里士多德在《修辭學》一書中指出，什麼時候說得響亮，什麼時候說得柔和，或者介於兩者之間；什麼時候說得高，什麼時候說得低，或者不高不低……這都是關係到演講成敗的關鍵問題。概括來說，談判人員在談判中忌盛氣凌人、攻勢過猛、以我為主，也忌含糊不清、枯燥呆板。

　　人被承認其價值時，即使是小小的價值也總是喜不自勝。因此，在談判中經常認定對方的價值，就成為使對方產生好感、增強合作意識的重要因素。在積極探索、認定對方價值的同時，還要設法使對方充分感覺那個價值實在值得珍惜，從而促使對手對自己向來忽視的價值給予充分的認識，從中創造出對認定價值的一方有利的談判環境。

　　例如，中國北方某市在開發經濟項目時，與一美籍華人洽談一個合資經營化纖的項目。起初，由於該華商對我方政策、態度不甚瞭解，戒心很大。我方由主管工業的副市長親自出面與之談判。在會談過程中，我方態度友好坦率，肯定了對方為家鄉發展做貢獻的赤子之心，明確指出國家的發展需要華商的大力支持，我方政策是歡迎華商回國投資，給投資項目以優惠政策。該華商十分感動，打消了原有的顧慮和擔心，最后與我方簽訂了意向書。

【實訓模塊 6】 把握談判對手風格

練習 1

在談判中瞭解雙方的談判風格非常重要，知己知彼方能百戰不殆。瞭解自己屬於哪種談判者可以讓自己在以后的談判中揚長避短，發揮良好。為此不妨做一個心理測試。

你是哪一種談判者？

1. 你讓秘書晚上加班兩個小時完成工作，可她說她晚上有事。

　　黑桃：這是她自己的問題，她自己想辦法解決。你是她的上司，她沒有權力討價還價。

　　紅桃：那就算了，你自己加班把工作做完，反正你算明白了，誰都是不能指望的。

　　方塊：你詢問她有什麼要緊事，她說她的孩子獨自在家，於是你建議說你願意給她介紹一個臨時保姆，費用由你來出。

　　梅花：你退了一步，讓她加班一小時，而不是兩小時。

2. 你在和上司談判加薪問題。

　　方塊：你先陳述自己的業績，然后把自己真實期望的薪水數目說出來。

黑桃：你強硬地說出一個數目，如果他不答應你就準備辭職。

　　梅花：你提出一個很高的數目，然後準備被他砍下一半——那才是你真實期望的數字。

　　紅桃：你等他說出數目，因為你實在不願張口。

　3. 多年來你一直在男友的父母家度過除夕夜。

　　紅桃：你覺得很委屈，可有什麼辦法？生活的習俗就是如此。

　　梅花：好吧，但大年初二或初三他一定要陪你回你的父母家。

　　方塊：你利用春節假期安排了一次國外旅行，這樣一來，他就無法要求你回他父母家過除夕了。

　　黑桃：你整個除夕晚上都悶悶不樂。

　4. 忙了整整一個星期，你終於可以在週末好好休息了，可這時男友建議你們和他的朋友一起去跳舞。

　　紅桃：他難得想跳舞，你不願意讓他失望。

　　黑桃：反正你不會去，他願意去的話就自己去。

　　梅花：你建議把跳舞改成聚餐。

　　方塊：你說你很疲倦也很抱歉，然後建議下個星期再一起約朋友去跳舞。

　5. 你10歲的侄子總讓你給他買這買那，這次他想要個小摩托車。

　　梅花：你說你最多給他買輛兒童自行車。

　　黑桃：你斷然拒絕，沒什麼可商量的。

　　紅桃：你讓步了，這樣他就不會再纏著你了。

　　方塊：好吧，但他應該先去學駕駛。

　6. 你的男友拒絕和你分擔刷碗的家務。

　　方塊：你耐心地解釋說你希望他分擔一些家務。

　　梅花：如果他一周能刷一次碗，你就很滿意了。

　　紅桃：他不願意就算了，還是由你自己來刷。

　　黑桃：你不能容忍一個不做家務的男人，要不他答應，要不就走人。

　7. 你在餐廳用餐，鄰座的客人在吸菸，菸都飄到了你這邊。

　　黑桃：你大聲提出抗議：「現在的人怎麼都這麼不自覺！」

　　方塊：你微笑著對他解釋說菸味嗆到你了。

　　梅花：你請求侍者給你換張桌子。

　　紅桃：你默默忍受著，可一晚上都不開心。

　8. 凌晨三點，你的鄰居家裡還在開派對。

　　紅桃：你用棉球把耳朵塞住。

　　黑桃：你打電話給110報警。

　　方塊：你馬上去他家敲門，說你需要睡眠。

　　梅花：你也去加入他們的派對。

　9. 和男友從電影院走出來，他想吃泰餐，而你想吃日本菜。

　　梅花：今晚吃日本菜，下次吃泰餐。

黑桃：就吃日本菜，否則就各自回家！
紅桃：好吧，那就吃泰餐吧，如果他真的這麼想吃。
方塊：既然你們都想去異國情調的餐廳那不如去吃印度餐。

10. 你約一個朋友一起看服裝秀，演出已經開始了，她還沒有到。

梅花：你自己進去看。
黑桃：你把她的票賣掉了，這能給她一個教訓。
方塊：你不停給她的手機打電話詢問她到哪裡了。
紅桃：你一直等著她。

11. 你的同事在會議上吸菸。

紅桃：你什麼也沒說，因為擔心他會記恨你。
黑桃：你對他說他至少應該學會尊重別人。
梅花：你對他說應該盡量少吸一些菸，這對他的健康有好處。
方塊：你建議休息一會，讓想吸菸的人吸一支。

12. 你新買的洗衣機壞了……

梅花：你氣憤地打電話給廠家，要求退貨或折扣。
紅桃：你自責是不是自己沒有按照程序操作。
方塊：你給「消費者協會」寫信，狀告廠家。
黑桃：你去售后服務部大吵大鬧。

[**測試結論**]

方塊最多：

你是具有合作態度的談判者

你認為在所有的人際關係中，衝突是不可避免的。你知道如何控製自己的情緒，面對對方的提議表示尊重，盡量避免爭吵、個人攻擊和威脅。你的傾聽和善解人意是實現你自己目標的最有力手段。

你的目的：找到樂觀的、讓大家都滿意的解決方案。

結果：你能找到最佳途徑，既解決了問題，又多交了一個朋友。

梅花最多：

你是一個妥協派的談判者。

你認為只要事情能夠得到解決，雙方都應該做出讓步，就像在市場上討價還價的時候，只能謀取一個中間數值。根據談判對方性格特點，你輪番使用胡蘿蔔和大棒。有時候強硬，有時候和解，你的偶像是所羅門國王。

你的目的：在雙方利益的中間找到一個妥協點。有時更靠近你，有時更靠近他。

結果：這個方法可以幫助你解決一個問題，但無法從根本上解決。其結果很可能是你和對方都不滿意，你們都沒有達到自己的目的，只是找到了一個可憐的解決辦法而已。

黑桃最多：

你是個控製型談判者。

你喜歡飛舞的盤子和摔得啪啪響的門，或者說，你喜歡贏！對你來說，一切談判

都是力量的較量，只有堅持到底才能獲勝。你一定要求對方讓步，拒絕聽新的建議，為了維護自己的利益，你可以用牙咬，用指甲抓，不惜使用威脅和暴力。

你的目的：在力量的較量中取勝。

結果：當然，你有時候會贏，可更多的時候，你的態度會使你的談判者更加抵制，並在未來長時間裡與你對抗。

紅桃最多：

你是個順從型的談判者。

你實在太好說話了，在所有的談判中你都會讓步，因為你害怕衝突，願意讓對方滿意，維持你們的關係。為此你不惜犧牲自己的利益，忽視自己的意願，在心中默默咀嚼失望和苦澀。

你的目的：不要讓對方發怒，只要滿足了他的條件，你就能獲得安寧。

結果：不僅你自己感到鬱悶，對方也會進一步提出條件，而不是像你設想的那樣感激你的善良。

思考：

談判風格測試結果符合你的性格特點嗎？你在現實生活中採取的談判風格與測試結果相同嗎？你打算維持還是改進你的談判風格？

練習2

分組討論，如何應對「控製型、妥協型、順從型、合作型」風格的談判對手？

【知識點】

所謂談判風格，主要是指在談判過程中，談判人員所表現出來的言談舉止、處事方式以及習慣愛好等特點。由於文化背景不一樣，不同國家、地區的談判者具有不同的談判風格。

一、掌握對手談判的風格

談判場上的每一個人，都可能有自己不同的方式，不可能一套談判技巧適用於所有的人。所以我們要掌握更多的談判技巧來面對更多的人。我們首先要瞭解我們的客戶到底是一個什麼樣的風格。

二、談判風格的類型

針對談判風格分類，不同專家的觀點因標準不同而有所不同。

（一）根據合作程度不同

合作型。合作型風格的人，對待衝突的方法：維持人際關係，確保雙方都能夠達到個人目標。他們對待衝突的態度：一個人的行為不僅代表自身利益，而且代表對方的利益。當遇到衝突時，他們盡可能地運用適當的方式來處理衝突、控製局面，力求實現「雙贏」目標。

妥協型。妥協型風格的特點不是雙贏，而是要麼贏一點，要麼輸一點。他們在處理衝突時，既注重考慮談判目標，又珍視雙方關係。其特點是說服和運用技巧，目的是尋找某種權宜性、雙方都可以接受的方案，使雙方利益都得到不同程度的滿足，妥協型風格意味著雙方都採取「微輸微贏」的立場。

順從型。採用順從型風格的人，對待衝突的態度是不惜一切代價維持人際關係，很少或不關心雙方的個人目標。他們把退讓、撫慰和避免衝突看成是維護這種關係的方法。這是一種退讓或「非輸即贏」的立場，其特點是，對沖突採取退讓—輸掉的風格，容忍對方獲勝。

控製型。採用控製型風格的人對待衝突的方法是，不考慮雙方的關係，採取必要的措施，確保自身目標得到實現，他們認為，衝突的結果非贏即輸，談得贏才能體現出地位和能力。這是一種典型的支配導向型的方式。

(二) 根據談判中決策果斷性與情感性不同

客戶的風格，可以還從兩個層面來分析，一個是他果斷與否這個層面，果斷還是不果斷，積極還是不積極，強勢還是不強勢；第二個是情感的層面，是比較以人為主呢，還是比較以事情本身為主呢。一個做事的層面，一個做人的層面。針對一個顧客，要從兩個方面去瞭解他的風格。做事就看的果斷面，做人就看他的情感面，從這兩個層面來分析他的談判風格。從這個角度看，所有的客戶又都可以劃分為四種風格。

第一種風格，果斷又不帶情緒，又稱為務實型的客戶。當你跟他談判的時候，這種人很樂意學習，以結果為導向。任何談判，只看最后帶來什麼結果。如果結果是他要的，他就談，他就會給出條件。如果結果不是他要的，你給他再多的東西都沒有用。實際型的人最討厭講得天花亂墜，而且跟他亂開玩笑的人，因為他覺得他的時間非常寶貴，你還跟他浪費時間，跟他攀親帶故，他會受不了。這種人，任何東西都是分秒必爭，一分一秒都在做事情，在做家務的時候，都要聽學習的錄音帶。而且一邊聽學習的錄音帶，一邊可能還聯絡顧客。

這類顧客，速度很快。跟這種人談判的時候，一定要知道他有什麼特色，有什麼作風。一般來說，他們有幾個特徵：第一，可能會過濾電話，一般人他不跟你談，如果你是重要人物、重點人物，他就跟你談；第二，跟你談工作的時候，會在很正式的環境，因為大家就是來做事的；第三，如果某個活動他自己有機會可以完全參與、完全感受，他才會去；第四，思維嚴謹，也相當有組織性，只要這是事實，有明確的證據，他就做決定。

第二種風格，雖然果斷，可是有情緒，有情感，屬於外向型的人。外向型的人很容易受鼓勵，也很愛鼓勵別人。很喜歡開玩笑，跟大家打成一片。對他來講，最怕給他一堆無聊的數字，因為他對數字特別沒有概念，更喜歡那些情緒化的東西。

外向型的顧客的特點是：第一，對人友善，態度比較開放。不會有很多繁文縟節，喜歡跟別人打交道，對每個人都很溫暖，很親切，喜歡跟大家在一起，不怕跟你說「不」。他覺得我們是好朋友，這個東西我不喜歡，我就要跟你講，很直接，也會兼顧情感。第二，人很不錯，做事情的時候，決定得也很快，可是比較沒有組織性，對數

字沒有概念。你跟他談事情的時候，你要跟他談美好的未來，勾畫一片非常美麗的遠景，只要感覺對了，一切就都對了；感覺沒了，一切就沒了。所以你唯一的工作，就是留住他的感覺。

第三種風格，不果斷，可是情緒化，這種人我們稱為和善型，或友善型的人。喜歡跟別人接觸，有耐心，喜歡瞭解別人，關心周遭所有的人。聲音不大，也沒有太多跟別人爭執的時候。永遠喜歡跟大家在一起，默默支持大家，共同地決定。這種人比較害怕別人用很嚴格、很大聲的語氣跟他說話。因為他平常就已經是一個比較內向，或者比較不那麼主動的人。他做事情的時候，可能速度比較慢，所以你不能對他要求太嚴厲。

和善型的人的特點是如果在原來熟悉的圈子裡面，他覺得很安全，任何東西都會相信你。如果他覺得不安全，他就會比較粗心。還有，不管對人對事，他都希望發展成比較好的關係。他可能不會自己跑去創業，但是他可以成為辦公室裡面，一個很好的高級主管，幫你把所交代的事情都處理好。和善型的人，比較害怕改變現狀，如果你跟這樣的人談生意的話，你要慢慢來，表達出對他的關心，一步一步地讓他信任你。

第四種風格，既不果斷，又不情緒化，這種人我們稱為分析型的人。當你跟他談判的時候，他需要大量很完整的數據和資料。就像一個科學家、會計師、律師一樣，任何東西都要完備的證據，才來跟你談。如果沒有完整的證據，他不會貿然地相信你。這種人最怕遇到沒有條理、沒有組織的人，海闊天空、說過就忘的人。分析型的人，最怕遇到外向型的人。外向型的人一切跟著感覺走，分析型的人一切看著數據辦，完全不一樣。他們正好相反，分析型的人什麼東西都問得很清楚。如果你問分析型的人現在幾點，你可能會問你，你問的是美國時間，還是北京時間。任何東西他都要弄得清清楚楚。分析型的人，有可能任何東西都相信設備、相信數字、相信證據。所以你跟分析型的人談判的時候，數字、證據要準備得多一點，你準備得越多，越容易成交。東西準備得越複雜，他越喜歡。還有分析型的人可能很有好奇心，他們喜歡不斷地吸收資訊，永遠覺得吸收的東西，還不足以讓他做出足夠的判斷。這類人往往很嚴謹，很守時，如果你遲到，他連你遲到幾分幾秒，從哪個方位走進來，都會非常清楚。所以如果我們跟這種所謂的分析型的人談判的話，你要注意到，他很容易分心，他在跟你講這個事情的時候，可能已經想到下一個事情了。你要把握在更短的時間之內，做有效的成交。

【實訓模塊7】談判時間控製

練習

美國人科肯受雇於一家做國際業務的公司，擔任很重要的管理職位。不久后他向上司請求見識一下大場面，出國談判，使自己成為一個真正的談判者。上司派他去日本。他高興得不得了，認為這是命運之神幫助他給予好機會。他決心要使日本人全軍覆沒，然后進軍其他國際團體。

一踏上日本，兩位日本朋友迎了上來，護送他上了一輛大轎車。他舒服地靠在轎車后坐的絲絨椅背上，日本人則僵硬地坐在前座的兩張折疊椅子上。

「為什麼你們不和我一起坐呢？后面寬敞。」

「不，你是一位重要人物，你顯然需要休息。」

「對了，你會說日語嗎？在日本我們都說日語。」

「我不會，但我希望學幾句。我帶了一本日語字典。」

「你是不是定好了回程時間，我們到時候可以安排轎車送你到機場。」

「決定了，你們想得真周到。」

說著把機票交給了日本人，好讓轎車知道何時去接他。日本人沒有立即安排談判，而是讓這位美國朋友用一周時間遊覽了整個國家，從天皇的皇宮到東京的神社都看遍了。介紹日本文化、日本宗教，每天晚上花4個小時半跪在硬板上，接受日本傳統的晚餐款待。當問及何時開始談判時，日本人總是說時間還多，第一次來日本要先多瞭解日本。

到第十二天，他們開始了談判，並且提早完成去打高爾夫。第十三天，又為了遲到的歡迎晚會提前結束。第十四天早上，正式開始重新談判，就在談判的緊要關頭，時間已經不多，要送他去機場的轎車到了。他們全部上車繼續商談。就在抵達終點的一剎那，為了回去有個交代，他們完成了交易。結果科肯被迫向日本人做出較大的讓步，自己慘敗而歸。

思考：

1. 美國人談判失敗的原因是什麼？
2. 如果你是科肯，應該怎麼樣做？
3. 如果科肯來到中國，你與他談判，你會怎麼做？
4. 這個例子給我們什麼啟示？

【知識點】

一、樹立時間觀念，選好談判時間

時間觀念是快節奏的現代人非常重視的觀念。對於談判活動，時間的掌握和控制很重要。談判開始之前準時到達，表示對談判對方有禮貌。無故失約、拖延時間、姍姍來遲等，這些行為產生的都是負效應，只有準時，才能體現出交往的態度和對對方應有的尊重。

談判時間選擇適當與否，對談判效果影響很大。一般來說，應注意以下幾種情況：

避免在身心處於低潮時進行談判。例如夏天的午飯后、人們需要休息的時候不宜進行談判；去異地談判或去國外談判，經過長途跋涉後應避免立即開始談判，要安排充分的休整時間。

避免在一周休息日后的第一天早上進行談判，因為這個時候人們在心理上可能仍未進入工作狀態。

避免在連續緊張工作後進行談判，這時，人們的思緒比較零亂。

避免在身體不適時（特別是牙痛時）進行談判，因為身體不適，很難使自己專心致力於談判之中。

避免在人體一天中最疲勞的時間進行談判。現代心理學、生理學研究認為，下午4時至6時是人一天的疲勞在心理上、肉體上都已達頂峰的時候，容易焦躁不安，思考力減弱，工作最沒有效率，因此在這個時候進行談判是不適宜的。

在貿易談判中，如果是賣方談判者，則應主動避開買方市場；如果是買方談判者，則要盡量避開賣方市場，因為這兩種情況都難以進行平等互利的談判，不要在最急需某種商品或急亟出售產品時進行談判，要有一個適當的提前量，做到「凡事預則立」。

二、把握談判的時間「死線」

所謂談判時間，就是指談判過程中涉及的時間量的總和，包括談判期限、談判所用時間、談判協議生效時間、談判協議有效期等。談判時間適當與否，對談判結果影響很大，不可掉以輕心。

在談判中把握好談判時間「死線」比較重要。談判是一個有特定開端和結束的事件，有固定的時間結構。例如，某職員找經理商談，為什麼工作年限已到卻沒有加薪。假設進辦公室談話時間是上午9點，而10點該經理要趕去某地方參加會議，那麼這個職員的談判時間限定就是10點，而這個時間節點就成為談判必須結束的「死線」。如果你能把握這個死線，那麼你就應當在這個「死線」的關鍵時刻，給對方施加壓力或施展計謀、策略，達到預期目的。一般而言，談判的關鍵讓步會在「死線」前臨界點發生。

在談判中雙方都希望能摸到對方的「死線」，爭取主動，與此同時，都會對「死線」嚴格保密。當然也有例外，有些人在某些時候故意把自己的「死線」告訴對手，也可以成為一種談判的策略。比如 A 公司在出售某項專利技術時，由於該技術比較先進，不止一家公司願意購買。A 公司與 B 公司進行出售此項技術的談判，A 公司就明確告訴對方，C 公司約定次日上午9點到公司談技術轉讓事項。如果不能在下班前和 B 公司簽約，則合作事項取消，A 公司將謀求和 C 公司合作。一般來說，這樣做採用的是稻草人談判策略，但是也不排除真有此事。這樣對 B 公司而言就是一種壓力，明確時間「死線」也能為談判增加籌碼。

三、商務談判中爭取時間的方法

利用充分的準備來爭取時間。實現採取行動，特別是在時間壓力起作用之前就採取措施，做好充分準備贏得時間空檔。

利用電話爭取時間。在一時無法判定對方開出的條件是否對自己有利，或對方提出一個讓己方為難的問題時，可以事先和同事或助手約定暗號，發出暗號後，借外出接電話的機會進行盤算，爭取時間。

利用翻譯爭取時間。在國際商務談判中，即便自己懂外語，最好也請翻譯隨同，在翻譯間歇進行思考。

利用款待爭取時間。中國人好客全球聞名,對來訪人員進行款待,是搞好談判雙方關係的一種手段,也是消耗對方時間的一種有效策略。

讓對方重複問題。明明聽明白了對方的話,但是還沒有想到應對方法,不妨請對方再講清楚點,這樣可以利用短時間來繼續思考。

提供干擾材料耗費對方時間。如果自己時間緊,不妨在重要材料中摻雜一些干擾性的、不太重要的文件給對方,贏得思考時間。

事先安排一個健談的人,短話長說,贏得他人的時間。

【實訓模塊 8】 僵局成因與僵局製造

練習

分組討論下列問題:
1. 在談判中製造僵局的必要性和重要性。
2. 在談判中主動製造僵局的前提條件。
3. 談判中製造僵局有何風險,如何化解?

【知識點】

一、僵局種類

按照不同的標準,有不同僵局分類。

(一) 按照出現時間劃分

初期僵局。在談判初期可能會由於準備不足或溝通不暢造成誤會,甚至可能會使另一方在感情上受到巨大的傷害,導致談判在開局階段就陷入僵局,使整個談判草草收場。

中期僵局。談判中期是談判的實質階段,雙方在談判中存在利益衝突,使得談判難以達成一致。中期僵局往往此消彼長,反覆出現,形式多樣。由於雙方要求差距過大,或都不願在關鍵問題上讓步,中期僵局就會導致談判夭折。

后期僵局。在談判后期雙方已就大多數重大原則問題達成一致,但仍有驗收、付款等執行細節問題有爭議。如果對這些問題掉以輕心,同樣會讓前面的談判前功盡棄。所以在該階段,不妨顯得大方點、寬容點,稍做讓步便可順利結束談判。

(二) 按照出現僵局時談判內容劃分

談判的內容林林總總,不盡相同,但是其中最具有代表性的有四種僵局,即價格僵局、技術僵局、驗收僵局和違約僵局。幾種僵局中價格僵局是出現頻率最高,最實質性的僵局,價格僵局會影響其他的僵局;技術僵局主要是雙方在技術方面的約定不能達成一致;驗收僵局則是因為驗收機構、驗收時間、驗收方式、驗收標準以及如何

驗收不能達成一致造成意見分歧；違約僵局主要是在談判后期針對如何認定違約的標準和一旦違約如何進行賠償產生分歧。

二、僵局成因分析

（一）根本原因

談判雙方的利益對立是產生僵局的根本原因。從表面上看導致談判僵局產生的原因很多，情況也比較複雜，但是其深層次的原因是談判雙方存在利益上的對立。而其他的態度、禮儀、言語等僅僅是淺層的影響因素。可以想像一個迫切需要購入對方的原材料投入生產的購買方，會因為一些雞毛蒜皮的原因而放棄談判嗎？吹毛求疵的目的也是為了讓對方讓步，甚至威脅退出談判也僅僅是一種手段而已。

儘管僵局產生的根本原因是利益對立，但是解決問題卻不一定是利益上全力讓步，而是要利用談判者的聰明才智、謀略和技巧來進行化解。談判成功帶來的共同利益一定會替代之前的任何利益衝突。發展才是硬道理！

（二）僵局產生的十大具體原因

一是立場爭執。有時候雙方對談判的深層次利益關係被談判的立場和觀點分歧所掩蓋，談判變成了意志力的較量。雙方各不相讓，各執己見，必然會引起衝突，而當衝突激化時就會造成僵局。解決的辦法就是正視立場，有時候立場不是問題，利益才是王道。

二是強迫手段。談判的一方實力實在強大，根據談判的需要可能會向對方強硬施加壓力故意製造僵局，而另外一方則不接受，自然就形成了僵局。這種強迫手段，是強勢者常用的策略之一。

三是溝通障礙。談判應該是雙向溝通，但是實際操作中，有些談判雙方卻像鐵軌一樣平行，各行其是，無法交叉，「雞同鴨講」，形成僵局在情理之中。溝通常見障礙的有三種。

第一種是文化背景差異引起的障礙。如一次談判中翻譯把中國某「國家二級企業」直接翻譯成 Second-class Enterprise，而對方總裁一聽認為是二流企業，找借口就離開了。

【小案例1】

一個到日本去談判的美國商務代表團，碰到一件尷尬的事：直到他們要打道回府前，才意識到了貿易業務遇到了語言障礙，沒有達成協議的希望。因為在談判時，就價格的確定上，開始沒有得到統一，談判快要告一段落時，美方在價格上稍微作了點讓步，這時，日本方面的回答是「Hi!（嘿）」。結束后，美方就如釋重負地準備「打道回府」。但結果其實並非如此。因為日本人說「嘿」，意味著「是，我理解你，但我並不一定要認同你的意見。」

第二種可能是聽清楚卻理解錯了。比如在設備談判中「附帶維修設備配件」，中國人喜歡理解成所有設備都有配件，其實可能只是部分配件。聽清楚卻理解錯誤在生活中常見，這需要一定的語言功底，還要注意當時的語言環境和情境。

【小案例2】

马路上，一辆车的引擎出了问题，司机检查发现是电池没电了，于是，他拦住了一辆过路的汽车请求帮助。那辆车的司机很乐于助人，同意帮助他重新发动汽车。「我的车有个自动启动系统，」抛锚汽车的司机解释说，「所以你只要用大概每小时30公里至35公里的速度就能启动我的车子。」「做好事」的司机点点头，回到他的车中。驾车者也爬入自己的车，等着那位「助人为乐者」帮助发动汽车，可他等了一会儿，没见汽车上来，便下车看个究竟。但当他转过身时，发现事情糟了：「助人为乐者」正以时速35公里的速度撞向他的车。结果是造成了18,000元的损失。

第三种是在传递中信息逐步失真或理解出现偏差。这种信息传递中失真的现象是由于信息传递者的过滤，每个人都因为自身素质原因，对每件事物的理解不一样，当继续往下传的时候并不是原样下传，而是传递自己加工以后的信息。

【小案例3】

在缅因州中心港口，当地流传着10年前沃尔特·科罗恩凯特首次将他的船驶入港口时的情景。这位豪放的水手看到不远处的岸边有一小群人向他挥手致意，心里十分高兴。他模糊地听到对方的呼喊声：「你好，沃尔特！」

当他的船驶近港口时，人越聚越多，仍然在呼喊：「你好，沃尔特！你好，沃尔特！」

因为对这样热烈的欢迎十分感激，他摘下了白色的船长帽；挥动着回礼，甚至还鞠躬答谢。就在抵达岸边前一会儿，他的船忽然搁浅了。人群一片肃静。深知水性的他马上明白了，原来人们喊叫的是：「水浅！水浅！」

四是人员素质。个人的作风、知识经验、策略技巧不同也会造成谈判中僵局出现。

五是合理要求的差距。有时候谈判还没有开始也许就意味着谈判失败，谈判中都没有错，只不过每个人都从自己的角度出发，有自己的利益要求。而这些利益到最后是无论如何也无法调和的，无论如何努力总有很大差距，无法达成共识。这有点像在过去没有乳化剂的年代里，水和油无论你如何去操作，它们始终很难融合在一起。

六是双方用语不当，造成感情对立，彼此受到伤害。祸从口出，一时的嘴上快感，会让对方无法接受，形成僵局。

七是形成一言堂。不顾对方的反对意见，总是以自己的意见压倒对方。往往在谈判中产生的很多僵局，或多或少都有这方面的原因，一方总是滔滔不绝，无视对方的存在，不给对方辩解的机会，引起反感，最后对方不和你谈，主动退出，不当你的听众，用脚投票。

八是外部环境发生变化。谈判中环境发生变化，谈判者对己方做出的承诺不好食言，但又无意签约，采取不了了之的拖延，使对方忍无可忍，造成僵局。例如，在购销谈判中，市场价格突然会发生变化，或是一种同类型新产品投入市场等。如果按原承诺办事，企业就会蒙受损失；若违背承诺，对方又不接受，从而形成僵局。

九是枯燥呆板的谈判方式。某些人谈判时非常紧张，如临大敌，说起话来表情呆板，过分地讲究针对性和逻辑性。而这种对抗性强的谈判氛围，极可能降低对方达成此次谈判的信心。于是当谈判中有了较小的争执时，对方会认为己方最初就缺乏诚意，

這不過是其推托之辭,於是他也堅持己見而不鬆口,以致談判陷入僵持狀態。

十是缺乏必要的策略和技巧。儘管商談雙方可能已經在較多方面都十分注意,但有時也會因表達、討價還價等方面缺乏一些技巧而使談判僵持不下,無法進展。

三、製造僵局

製造僵局就是利用對方無意的失誤,故意顯得生氣,並借此迫使對方為他們的失誤買單,做出應有的讓步。製造僵局如同其他技巧一樣,是值得考慮採用的。瞭解僵局形成的原因,想人為製造僵局就會很容易。當然沒有任何技巧是永遠適用的,在沒有上司支持的情況下,即使這種戰略有效,談判者也往往不願冒險造成談判陷入僵局。上級如何才能幫助他的職員使用這種戰略技巧呢?他必須改變職員視僵局為失敗的觀念,而把僵局看做全盤計劃中的一種戰術加以運用;提供合作和耐心,使他能夠打破僵局而獲勝。更重要的是要向他們保證,僵局並不等於失敗。告訴談判者應該具有不怕因僵局而引起別人懷疑他們的商業談判能力的勇氣。

這種技巧是對雙方實力和決心的嚴格考驗。在打破僵局后,買方和賣方的態度一定會變得緩和些,如果雙方仍然保全了面子的話,那就更容易達成協議了。所以那些願意嘗試這種戰略的人,往往都能夠達成更有利的交易。不過,這是個帶有高度危險性的技巧。有時候僵局會就此僵住,以致永遠無法打開。

【實訓模塊9】避免僵局的方法

練習

美國華格納電子公司向日本一家小企業——三澤公司提議雙方合作開發某種半導體元件,其原因是三澤公司雖然是一家小企業,但卻擁有世界上先進的半導體元件生產技術。但是,三澤公司出於技術自主性和合作的可行性等不確定因素的考慮,遲遲不肯同意與美國公司合作。美方在一次有日方人員出席的會議中說:「如果有必要的話,本公司擁有併購三澤公司的實力。」三澤公司的董事長對自己的公司懷有深厚的感情,一聽此話,立即決定放棄與美國公司的合作。

思考:
1. 產生該結果的主要原因是什麼?
2. 如你是美方代表,該如何避免這樣的結局。
3. 如果想挽回不利局面,美方該怎麼做?

【知識點】

有效避免僵局的方法通常包括:

一、把人與問題分開

(一) 處理好談判者「人的問題」

談判實際上是人與人之間的一種溝通過程。因此，一個基本事實是與你溝通的不是對方的「抽象代表」，而是活生生的人。是人，就會有情緒、有需求、有觀點。然而，談判活動的這一人性層面，有時是很難預測的。如果不能迅速地覺察和妥善處理對方的人性層面的反應，會給談判帶來致命的危害。

人在談判過程中，會產生兩種表現。一方面，談判過程中會產生互相都滿意的心理，隨著時間的推移，建立起一種互相信賴、理解、尊重和友好的關係，會使下一輪的談判更順利、更有效率。人們自我感覺良好的心理狀態與給別人留下一個好印象的願望，會使他們更注意其他談判者的利益。另一方面，人也會變得憤憤不平、意志消沉、謹小慎微、充滿敵意或尖酸刻薄。他們感到自我受到威脅，從個人私利的角度看待世界，並常常把自己的感覺與現實混在一起，他們歪曲了你的原意，而誤解會增加偏見，並導致互相對抗的惡性循環。因為無法對可能的解決辦法做出合理探討，最後將以談判失敗告終。

做到把人與問題分開處理，需要從看法、情緒、誤解這三個方面著手。當對方的看法不正確時，應尋求機會讓他糾正；對方情緒太激動時，應給予一定的理解；當發生誤解時，應設法加強雙方的溝通。在談判中，不僅要這樣處理別人的「人的問題」，也應該同樣處理自己「人的問題」。在思想上要把自己和對方看做同舟共濟的夥伴，把談判視為一個攜手共進的過程；在方法上，要把對方當做「人」來看待，瞭解他的想法、感受、需求，給予應有的尊重，把問題按照其價值來處理。

(二) 處理好實質利益與關係利益的關係

每個談判者都希望達成滿足自己實質利益的協議，這是他進行談判的動機。除此之外，談判者還有與對方的關係利益。一個古董商既希望在買賣上牟利，又想把顧客變為一個長期客戶。如果能滿足雙方利益，談判者至少希望保持一種能接受協議的工作關係。但是，在實際談判中，這兩方面往往會糾纏在一起，很多人易於把人與問題混在一起。有些話可能僅指問題而言，但聽起來卻像是一種對個人的攻擊。

實際上，討論實質性問題與保持良好的工作關係並不是互不相容的。只要談判各方能夠在心理上準備按照合理的利益來單獨處理這些問題，把關係的基礎放在明確的認識、清楚的表達、適當的感情和向前看的觀點之上，關係利益和實質利益的問題就容易處理了，這樣也就會避免因人的感情問題而造成僵局。

二、平等地對待對方

(一) 站在對方立場上看問題

從對方的立場上估計形勢是十分困難的，但又是談判者應掌握的最重要的技巧之一。光認識到對方與自己看問題有差別是不夠的，如果你想對別人產生影響，你還需要瞭解對方觀點的力量，認識對方確信的感情力量。為了達到這一目標，你要先把自

己的判斷放在一邊，試探對方的想法。他們會同你一樣強烈地認為自己的想法是正確的。理解他們的觀點並不等於同意他們的觀點。對別人思想方法的理解會使你修正對形勢的看法，但這並不是理解別人觀點所付出的代價，這是一種收益。

（二）不要因為自己的問題去責備別人

人們易於讓對方為自己的問題承擔責任。「你們公司從來不負責任，每次為我們工廠檢修發電機時，總是糊弄人，它又壞了。」責備別人是人們很容易採取的形式，特別是在你覺得對方確實應負責任時。但是即便責備是有道理的，它也總是產生相反的效果，對方在你的攻擊下會採取防衛措施來反對你所說的一切。他們或是拒絕聽你的話，或是反唇相譏。但如果換一種口氣，效果就大不一樣：「你檢修的那臺發電機又壞了。這個月已經壞了三次，第一次壞時，它整整停了一個星期。我們廠需要連續運轉的發電機，我希望你能告訴我們如何才能減少發電機停轉時的損失。我們是該換一個修理公司，還是向製造商提出訴訟或是採用其他方法？」

（三）討論各自的認識

一個消除認識分歧的方法是把它們擺出來，與對方討論這個問題。只要每一方不是從己方所看待的問題上去責備另一方，而是以坦白、誠懇的態度來對待，那麼這樣的討論就會帶來對方所需要的理解，並認真聽取你的意見。反之亦然。

人們常常在談判中把對方的認識當成無關緊要的東西，當成與協議無關的東西。恰恰相反，與別人進行明確、有說服力的交流，會使別人喜歡聽取你想表達的意見，這可以說是談判者的最佳投資。

（四）保全面子，使你的建議與他們的價值觀相符

在談判中，人們固執地堅持己見，不是因為桌面上的建議根本無法接受，而是因為他們在感情上過不去，不給人以向對方讓步的印象。如果能把內容層次化、概念化，以求得公正結果，對方就可以接受了。保全面子可把協議、原則和談判者的自我形象協調起來，其重要性不應被低估。

三、不要在立場問題上討價還價

（一）著眼於利益而不是立場

許多談判者容易在各方問題的要求上發生衝突，既然他們的目標是取得一致的立場，自然會思考、討論要求和問題——在談判過程中經常形成僵局。這樣，雙方就無法解決根本利益的問題。

談判中的基本問題不在於立場上的衝突，而在於各方需要、願望、憂慮和擔心上的衝突。在談判中，雙方應著眼於問題的解決，而不是斤斤計較於對方的看法和判斷。為了將面對面的態勢變成肩並肩的情形，雙方可明確表示：「我們都是經商的人，只有努力滿足你的要求和你所代表的利益，才能達到有利於我們的協議。反過來也是一樣。讓我們攜起手來，一起想方設法為滿足我們大家的共同利益而努力吧。」

(二) 強調利益而不是在立場上妥協

當你從相反的立場背後尋找驅動的利益時，你常會發現既滿足你的利益，又滿足對方利益的選擇。協調利益而不是在立場上妥協，是因為在相反的立場背後，存在著比衝突利益更多的共同利益。我們常常認定對方的立場與我們相反，那麼其想法也必然是相反的。如果我們要求維護自身的利益，那麼他們必然會攻擊我們。如果我們要求降低費用，他們必然要求增加。但是在許多談判中，仔細觀察基本利益就會發現共同利益與協調利益比衝突利益要多。

(三) 進行必要的利益討論

談判的目的在於滿足自己的利益。當你對此進行交流時，達到目的的機會便會增加。對方可能不知道你的利益是什麼，你也可能不知道他的利益是什麼。一方或雙方可能注意過去的恩怨而忽視未來的要求，或者都沒有傾聽對方的意見。如果你想讓對方考慮你的利益，就告訴他這些利益是什麼。只要你不以為對方的利益是次要的或不合理的，那麼你可以用堅定的態度表明自己的關切，以此表明你的坦率。

要使雙方的利益討論深入並取得成效，以下幾個方面是有必要注意的：

第一，把對方的利益作為問題的一部分，不能只關心自身利益，而忽視別人利益。要想使對方注意你的利益，就先表明你注意他們的利益。

第二，向前看，而不是向後看。我們太容易對別人過去的言行做出反應。人們在一些問題上存在分歧，就反覆地爭論，似乎只有這樣才能達成協議。事實上，這種爭論只是一種形式或純粹是一種消遣。

第三，要具體而靈活。在談判中，你應該知道將來的結果，並隨時準備吸收新的意見。要把重點從認定利益轉移到確定特定的選擇上，並保持對這些選擇的靈活性。

第四，對問題硬，對人軟。有經驗的談判者總是給予對方的人以肯定的支持，同時，對於該強調的問題則毫不含糊。這樣，既有利於問題的解決，也不會傷害感情。

四、提出互利的選擇

(一) 尋求共同利益

每一次談判都潛伏著共同的利益，它們可能不是非常明顯。問問自己：我們是否有保持關係的共同利益？是否有合作與互相得益的機會？是否有像公平價格那樣的雙方都同意的共同原則？共同利益是機會而不是天賜。要把共同利益明確地表現出來，將它系統地闡述為共同目標。強調共同利益會使談判更順利、更和諧。救生船的乘客帶著有限的食物，漂浮在汪洋大海中，對食物的分歧會從屬於到達岸邊的共同利益。

(二) 協調分歧利益

協議總是以分歧為基礎的，觀念上的分歧構成了交易基礎。許多有創見的協議反應了通過分歧而達成協議的原理。在利益上與觀念上的分歧可能會使你深受其益，使對方付出的代價減少。如果要把協調總結為一句話，那就是：尋求對你代價低、對對方好處多的東西，反之亦然。在利益、重點、觀念、預測和對風險的態度上的分歧使協

調成為可能。談判者的格言是：「在分歧中求生存。」

要使談判免於陷入僵局，還必須經常注意堅持使用客觀標準，如市場價格、慣例、科學的判定、職業標準、效率、法院裁定的價格、道德標準、習慣等。它們會以特有的公正性、客觀性使談判雙方達成一致協議。

【實訓模塊 10】 處理僵局技巧

練習

2001 年 9 月，中國內地某建築公司總經理獲悉澳大利亞著名建築設計師將在上海短暫停留，於是委派高級工程師作為全權代表飛赴上海，請大師幫助公司為某某大廈設計一套最新方案。全權代表一行肩負重任，風塵僕僕地趕到上海，一下飛機就趕到大師下榻的賓館，雙方互致問候後，全權代表說明了來意，大師對這一項目很感興趣，同意合作。然而設計方報價 40 萬人民幣，這一報價令中方難以接受，根據大師瞭解，一般在上海的設計價格為每平方米 6.5 美元，按這一標準計算的話，整個大廈的設計費應為 16.26 萬美元，根據當天的外匯牌價，應折合人民幣 136.95 萬美元，這麼算設計方要 40 萬人民幣的報價是很優惠的。全權代表說只能出 20 萬人民幣的設計費，解釋道：「在來上海之前，總經理授權我 10 萬元的簽約權限，您的要價已超出了我的權力範圍，我必須請示我的上級。」經過請示，公司同意支付 20 萬元，而這一價格大師認為接受不了，於是談判陷入了僵局。

思考：

1. 這次商務談判僵局產生的原因是什麼？
2. 如果你是中方全權代表，你將如何來突破僵局？

【知識點】

一、間接處理潛在僵局的技巧

所謂間接處理技巧，就是談判人員借助有關事項和理由委婉地否定對方的意見。其具體的辦法有以下幾種：

（一）先肯定，后否定

在回答對方提出的意見時，先對意見或其中一部分略加承認，然后引入有關信息和理由給予否定。例如，「我們不需要送貨，只要價格優惠！」根據分析，這種意見源於需方對利潤的追逐。對於這種意見不要直接予以答復，「你的意見有一定道理，但你是否算過這樣一筆帳，價格的優惠總額與送貨的好處相比，還是送貨對你更為有利。」

（二）先利用，后轉化

指談判一方直接或間接利用對方的意見說服對方。例如，「你方所購買商品的數量

雖然很大，但是要求價格折扣幅度太大，服務項目要求也過多，所以這筆生意無法做。」對此，需方可以這樣進行說服：「你提出的這個問題太實際了，正如你所說的，我們的進貨數量很大，其他企業是無法與我們相比的，所以我們要求價格、折扣幅度大於其他企業是可以理解的，也是正常的。再說，今後我們還會成為你的主要合作夥伴，這樣可以減少你對許多小企業的優惠費用。從長遠觀點看，這種做法是互惠互利的。」

（三）先提問，后否定

這種方法是談判者不直接回答問題，而是提出問題，使對方來回答自己提出的反對意見，從而達到否定原來意見的目的。這種方法的優點是可以避免與對方發生爭執，在使用時，首先必須瞭解對方提出反對意見的真正原因和生產經營情況，然后層層深入地進行提問，才能取得預期的效果。其次，提問時不要以審訊、質問式的談話方式進行，要採用委婉的方式提問。

例如，某運輸公司為了得到一家建築公司的訂單，派一名業務員前去洽談。托運方在考慮是否簽訂訂單時說：「我們不需要你們公司笨重的大型卡車，另一家運輸公司的中小型卡車適合我們的需要。」在這種情況下，業務員要達成交易，必須使對方認識到他們確實需要的是大卡車。業務員採用提問法來解決這一問題。

承運方：「請問你需要的運輸工具主要用來幹什麼？」

托運方：「我們是建築承包公司，當然是用來運輸建築材料，為施工服務了。」

承運方：「你們在確定需要車的型號時，看中的是以下哪些方面？是質量、速度、運載量，還是操作靈活性？」

托運方：「我們看重的是速度、運載量、操作靈活。」

承運方：「哦！原來你喜歡速度快、運載量大和操作靈活的車輛。」

托運方：「是的。」

承運方：「操作靈活是我公司大型卡車的優點之一，其他型號或牌號的車輛在這方面是無法比擬的。」

托運方：「是嗎？我要親眼看一看。」

承運方：「你們每天運載貨物的重量是多少？運輸里程是多少？」

托運方：「每天運載量大約18噸，運輸里程200公里。」

承運方：「在這種情況下，大型卡車每天需跑一趟，中小型卡車每天需要至少跑兩趟。」

托運方：「那是當然的。」

承運方：「你認為每天跑一趟，還是跑兩趟對你們單位更為有利呢？」

托運方：「讓我考慮一下……」

承運方：「怎麼樣，有什麼想法？」

托運方經過比較，認為大型卡車對自己更為有利。每天跑一趟，剩下來的時間還可以在工地做些其他服務。於是達成了交易。在整個談判過程中，業務員讓對方回答了他自己提出的反對意見。

（四）先重複，后削弱

這種做法是談判人員先用比較婉轉的語氣，把對方的反對意見復述一遍，再回答。復述的原意不能變，文字或順序可顛倒。該方法對解決潛在僵局行之有效，在使用時，要結合實際談判過程的具體情況，權衡利弊，視需要而定，尤其是注意研究分析對方心理活動、接受能力等，切忌不分對象、場合、時間而千篇一律地使用。

例如，談判一方說：「你廠的商品又漲價了，太不合理了！」回答方不妨這樣說：「是的，我們瞭解你的心情，價格同去年相比，確實高了一些，你不希望漲價……」對方說：「那是當然的了。」這時洽談的氣氛就會得到緩和，顯得比較溫和了，這實際上就意味著削弱了反對意見，我方接下來的辯護也就容易起到更好的作用。

二、直接處理潛在僵局的技巧

（一）以事服人

事實和有關依據、資料、文獻等具有客觀標準性，因而在談判過程中大量引用，能使對方改變初衷或削弱反對意見。但切忌引入複雜的數據和冗長的文件，否則便會作繭自縛。

例如，在一次商務談判中，買方指出，賣方的產品價格又上漲了。賣方趕緊解釋，根據本公司全球性的價格信息網反應，倫敦、東京、紐約等地的同類產品價格都有上升，其上升幅度超過了本公司。買方指出，根據我們的調查，貴公司的上升幅度已超過平均升幅。賣方拋出一個新的事實，因為本公司在產品結構上做了改進，若考慮這一因素，本公司的升幅的確低於平均升幅。買方無言以對。

（二）以理服人

用理由充分的語言和嚴密的邏輯推理影響或說服對方。在運用時要考慮對方感情和「面子」問題。如有一次，在廣州小天鵝飯店，中國某企業與加拿大的客商洽談一個項目。當談到雙方相互考察時，外商問我方怎樣安排考察。我方人員回答：「按照對等的原則，雙方各自安排 5 人，你們負擔我們什麼費用，我們也負擔貴方什麼費用。」加拿大客商聽了很不高興地說：「這不是對等，加拿大費用高，你們中國費用低。」我方人員又一次申辯：「雙方人員數量和考察時間是一樣的，這就是對等，符合國際慣例。具體到負擔接待費用的多少，各國的情況不一樣，就像你們吃西餐我吃中餐，不好用價格來平衡，不能說對等不對等。」這時，加拿大客商忽地站起來，一把抱住我方人員，並伸出大拇指「OK」起來，誇獎我方人員堅持對等原則不讓步的勁頭。協議就這樣達成了。

（三）以情動人

人人都有惻隱之心。當談判中出現僵局時，一方可在不失國格、人格的前提下，稍施伎倆，如說可憐話：「這樣決定下來，回去要挨批、革職、降薪水！」「您高抬貴手吧！」裝可憐相：有的日本商人在談判桌上磕頭、作揖等，從而博取對方的同情心，感動對方促成協議達成。

(四）歸納概括

這種方法是談判人員將對方提出的各種反對意見概括為一種，或者把幾條反對意見放在同一時刻討論，有針對性地加以解釋和說明，從而起到削弱對方觀點與意見的效果。

（五）以靜制動

在對方要價很高而又態度堅決的情況下，請其等待我方的答復，或者以各種借口來拖延會談時間。但「緩兵」不是「拖延」，表面是「靜」，實則是「動」，為的是主動進攻。拖延了一段時間后，對方可能耐心大減，而我方乘機與對方討價還價，達成談判目的。如深圳某公司與某港商就其引進機械設備的事宜進行談判時，對方提出了很高的開盤價。深方談判代表在談判桌上與對方展開了激烈的辯論，但由於港商態度堅決，談判沒有取得任何進展。深方如果沒有這種設備，擴大再生產的計劃就無法實現，如果答應港商的條件，深方則要被重重地宰一刀，這是深方所不情願的。就在深方進退兩難之際，公司談判代表突然宣布談判暫停，對港商的條件需要請示董事會，請求港商等待我方的答復。

一拖就過去了半個月。港商急了，再三請求恢復談判。深方均以董事會成員一時難以召集，無法達到法定人數，因此無法召開董事會討論這一問題為由拖延時間。又過了一個星期，港商又來催問，深方仍是如此答復。這下港商慌了手腳，急忙派人打聽消息，結果令其大吃一驚。原來該公司已經與日本一家公司商洽同類商品的進口問題，雙方對達成這筆交易很感興趣。時間就是金錢，港商眼看著可能要失去一個十分重要的市場馬上轉變了態度，表示願意用新的價格條件同深方繼續商談，深方看著目的已經達到，就同意了港商的要求。談判最終達成協議，深方大大節省了一筆外匯支出。

三、妥善處理談判僵局的最佳時機

第一，及時答復對方的反對意見。在談判中，對方因某個問題堅持其意見，不肯松口。如果此時不解決這個矛盾，將會影響下一步談判工作的進行。己方在考慮成熟后，可立即就對方的反對意見表明自己的態度，給他們一個肯定而滿意的答復。這樣一來，有助於談判工作繼續進行。

第二，爭取主動，先發制人。在談判中，如果事前發覺對方會提出某種反對意見，最好是搶在他前面把問題提出來，作為自己的論點，引導對方重新認識這個問題，可以有效地避免和消除僵局。例如，一家竹藝編織廠與外商洽談業務時，廠方代表發現外商對竹藝的色彩頗有微詞，他在外商發話之前提出：「我廠產品屬於中華傳統工藝，這種大紅大紫的色調正是傳統文化的象徵。如果換成其他淺色調，就可能失去民族特色，不足以吸引顧客的注意力。」外商仔細一琢磨，「對呀！這正是促銷的一個根源。」之后，外商就與該廠達成了協議。

先發制人的做法應善於察言觀色，隨時注意對方的態度，掌握好時間，可以避免爭論，避免僵局；同時還可使談判氣氛融洽，節省談判時間。

四、打破現實僵局的技巧

對潛在僵局採取以上技巧處理無效，潛在僵局就會發展成現實僵局。這時應該面對現實，採取有效的辦法打破僵局，使談判能夠繼續進行下去。

（一）推延答復

在談判中，有時碰到一些問題，當雙方僵持不下時，可以把它暫時擱置起來先討論別的問題，等條件成熟後再回頭解決這個問題。

（二）推心置腹

有些僵局雙方只要推心置腹地交換一下意見，就可化解一場衝突。例如，雙方都死守自己的立場不讓步，這時談判一方不妨這樣說：「你瞧，我們這種態度怎麼能解決問題呢？我們各有不同的利益和目的，為什麼不相互交換一下彼此的瞭解、彼此的感受和彼此的需要呢？」現實談判中有許多僵局是運用這種方法化解的。本來談判雙方是對立的，而有了交換意見的態度後，雙方就會轉為合作對手了，最終雙方會找出解決的辦法，雙方的需要都可獲得滿足。

（三）利用休息緩衝

當談判雙方精疲力竭，對某一問題的談判毫無進展時，可建議暫時休息，以便緩和一下氣氛，同時雙方可借此機會養精蓄銳，準備以良好的心情繼續談判。

一般情況下，休息的建議是會得到對方積極回應的。休息不僅有利於自己一方，對對方、對共同合作也十分有益。在僵局形成之前，建議休息是一種明智的選擇。如果在洽談中，某個問題成為絆腳石，使洽談無法順利進行。這時，聰明的辦法就是在雙方對立起來之前，馬上休息。否則，雙方為了捍衛自己的原則不得不互相對抗。只要我們的目標是「謀求一致」，那麼休息就是為了尋找解決雙方在洽談中碰到的問題的方法。雙方輔助談判的技術人員、商業界和金融界人員自由結合成小群休息閒聊，謀求他們取得某些積極成果的共同目的。在休息期間，己方要考慮的問題應該是明確的；研究怎樣進行下一階段的洽談；歸納一下正在討論的問題；檢查己方小組的工作情況或者對下面可能出現的僵局提出新的處理設想；同時要注意怎樣重新開談，考慮下一步的洽談方案等。

（四）權威影響

當談判遇到僵局時，可請出地位較高的領導者出席，表明對處理僵局問題的關心和重視；或是運用明星效應，向對方介紹社會知名人士使用本產品后有利於己方的言論。對方就有可能「不看僧面看佛面」，放棄原先較高的要求。例如，湖南一酒廠生產的「伏特加」酒要到美國市場上推銷，他們聘請了一位美國推銷專家，這位專家讓湖南這家酒廠把第一批生產出來的 1 萬瓶酒編成號。然后在「聖誕節」前夕準備了精美的賀年卡，分別寄給 100 多名美國著名的大企業家，並寫明「我廠生產一批新酒準備將編號第××號至第××號留給您，如果您要，請回信。」節日前夕能收到大洋彼岸的賀年卡，他們喜悅萬分，自然紛紛回信，並寄錢求購。然后，這位美國推銷專家拿著 100

名一流大企業家的回信，再去找批發商進行生意談判，結果一談即成，大獲成功。

（五）改變談判環境

正規的談判場所容易給人帶來一種嚴肅的氣氛。當雙方話不投機時，這樣的環境就更容易使人產生一種壓抑、沉悶的感覺。遇到這種情形，作為東道主，可以首先提出把爭論問題放一放，組織雙方人員搞一些輕鬆的活動，如遊覽觀光、出席宴會、運動娛樂等。在輕鬆愉快的環境中，雙方可以不拘形式地對某些僵持的問題繼續交換意見，寓嚴肅的討論和談判於輕鬆活潑的氣氛之中。

（六）變換談判組成員

在現代生活中，人們更加重視自己的面子和尊嚴。所以，談判一旦出現僵局，誰都不肯先緩和或做些讓步。及時變換談判組成員是一個很體面的緩和式讓步技巧。需要指出的是，變換談判組成員必須是在迫不得已的條件下使用，其次是要取得對方的同意。

（七）轉移話題

在談判中，當對方固執己見，並且雙方觀點相差甚大，特別是對方連續提出反對意見、態度十分強硬等不良情況出現時，常常需要採用轉移話題法，即為轉移對方對某一問題的注意力或控制對方的某種不良情緒，而有意將談話的議題轉向其他方面的方法。

轉移話題時，只有選用對方感興趣方面的話題，才能使風向轉變。例如，在工業界用戶中，與客戶休戚相關的因素有質量差異、價格、售後服務等，應該根據客戶的不同情況，選擇不同的話題，轉移談判的進程。在談判中，如果對方反對意見強烈，並不願繼續談下去，談判人員此時最明智的做法就是裝聾作啞，不去直接反駁對方，努力使談判繼續下去，用別的話題淡化對方的心理自衛反應。

（八）尋求第三方案

談判各方在堅持自己的談判方案互不相讓時，談判就會陷入僵局。這時破解僵局的最好辦法是，各自都放棄自己的談判方案，共同來尋求一種可以兼顧各方面利益的第三方案。例如，某大型企業開發出一種新產品，某小型企業的產品是為之配套的一種零件，兩個企業就這種新產品的配套問題進行談判，因價格問題產生僵局。大型企業出價每個零件 7 元，小型企業要價 8 元，各自互不相讓。大型企業的理由是若每個零件超過 7 元，就很難迅速占領市場。小型企業的理由是每個零件若低於 8 元，企業將會虧損。表面上看，雙方都要維護自己的效益，實際上，買賣做不成，雙方都談不上效益，做成買賣是雙方的共同願望。在這一前提下，雙方交換了意見，最後以每個 7.3 元達成協議。這樣的結果，大型企業解決了占領市場的難題，而小型企業雖然是微利供貨，但也同樣有了收穫，與這一大客戶建立了長期的合作關係，該種新產品一旦占領市場，可以提高本廠配套產品的知名度，還會有長期可觀的經濟效益。

（九）以硬碰硬

當對方通過製造僵局，給己方施加壓力，妥協退讓已無法滿足對方的慾望時，應

採用以硬碰硬的技巧向對方反擊，讓對方放棄過高的要求；可以揭露對方製造僵局的用心，讓對方自己放棄所要求的條件；必要時可以離開談判桌，以顯示自己的談判立場。如果對方真想與你談成這筆交易，他們還會來找你。這時，他們的要求就會降低，談判的主動權就掌握在你手裡了。

（十）問題上報

當談判陷於僵局后，採用上述方法又不能奏效時，談判雙方可將問題提交各自的委派者或上級主管部門，由其提供解決方案，或親自出面扭轉僵局。如賣方只給集成度為 3 萬個晶體管的集成電路技術，而買方要求可做 8 萬個晶體管的集成電路技術，雙方相持不下，這樣談判無法繼續進行。這時雙方均請示上級，並由政府的高級領導出面談。在他們討論並決定問題后，雙方談判人員再繼續談。

（十一）尋求第三方

當談判出現嚴重對峙，其他方法均不奏效時，可運用第三方進行協調。如某技術轉讓項目的談判中，賣方主談採取強硬態度，玩邊緣政策，買方夾包拂袖而去，使談判中斷。該公司所在國駐買方所在國使館商務參讚出面拜會買方主談的上級，使談判得以恢復，這裡外交官成了中間周旋人。

第三者的介入能夠找出顧全雙方面子的方法，不僅會使談判者比較滿意，也使雙方的組織者感到滿意。爭執中的雙方在第三者面前，無論採取怎樣強硬的態度都沒有關係，而他們所表現出的強硬立場，還可以滿足公司對他的期望。第三者的新建議或觀點容易被雙方所接受，使他們能夠一起合作以解決問題。

（十二）軟硬兼施

軟在己方做一下小讓步，或以遠利加以誘惑，或對對方進行耐心說服教育，或給足對方的面子。而硬體現在堅持立場，表示跟對方比決心與毅力，或對對方採用施加壓力的方法迫使對方就範。關鍵是運用「先禮后兵」的舉措感化對方，軟中有硬，硬中有軟，利益不能損害過大。

（十三）強制選擇

提出新的建議打破僵局時，拿出兩個對雙方都有利的成交方案。選擇余地不能過大，只能二選一。表達上要彬彬有禮、態度誠懇、有合作的高姿態讓對方難以拒絕，特別是在對方拿不定主意而猶豫的時候很有用。

（十四）代繪藍圖

主要是讓對方看到自己的利益，放棄不合理的要求和強硬的態度。在計算時要仔細認真，分析中肯讓人信服，關鍵是利用遠利的誘惑。

【問題思考】

1. 如何評價談判過程中開場陳述的重要性？
2. 開盤報價是高報價好還是低報價好？
3. 如何理解在談判過程中「退一步海闊天空，忍一時風平浪靜」？
4. 在談判中究竟應該保持何種心態？
5. 如何看到商務談判中的僵局？有人說「既然來談判，就必須誠實，必須有讓步，絕對不能製造僵局」，你如何理解？

實訓項目四　商務談判策略實訓

【實訓目的與要求】

1. 掌握開盤要價技巧要點。
2. 理解價格解釋的重要性和解釋原則。
3. 掌握討價還價技巧，並能在生活中運用。
4. 掌握先發制人與后發制人策略。
5. 掌握最后通牒策略。
6. 掌握談判中的提問技巧。
7. 掌握談判中的傾聽技巧。
8. 熟練運用讚美與幽默語言。
9. 掌握談判中說服的技巧。
10. 掌握商務談判中談判紀要與備忘錄的異同和重要性。

【實訓學時】

本項目建議實訓學時：4學時。

【實訓內容】

根據訓練項目要求，學習開盤、討價還價、先發制人與后發制人、最后通牒以及提問、傾聽、說服等技巧，還會做好商務談判記錄、紀要與備忘錄等常規工作。

【實訓模塊1】開盤(要價)技巧

練習

浙江新安股份有限公司是全國有名的農藥生產企業，產品以草甘膦等為代表，主要銷售歐美市場。A公司是歐洲總代理商，2013年由於受到中國政府針對生態環保相關政策影響，部分小企業關閉，供求關係發生變化。2013年11月份將進行2014年代理歐洲市場事宜談判，請組織2個小組的同學分別代表雙方進行報價的模擬談判。相關資料可以在網絡上收集，力求高仿真。

【知識點】

商務談判中所謂開盤要價，基礎就是定價，原理和理論和銷售管理中產品定價如出一轍。

一、定價影響因素

供求關係。開盤價格高低和談判雙方的供求關係有較大聯繫，當對方有求於己方時，可以適當提價，反之則應當考慮低價。在操作中要注意，供求關係不是一成不變的，而是受到市場因素影響的，所以在報價時需要充分瞭解市場，否則會貽笑大方。

成本因素。定價的高低有時候會受限於成本，特別是成本較高時，即便知道高價在和競爭對手搶占市場時處於劣勢，但是由於低於成本會直接帶來虧損，也只有硬著頭皮報高價，至少是成本價。在談判時就只有用質量和服務等來彌補成本高的不足。

心理因素。對方對己方企業信譽和產品的認知，以及對方談判對手心理素質和經驗等都會造成談判中的心理壓力。在談判中要善於讀人，解讀對手的心理，並進行有效分析，以便抓住對方的弱點進行攻擊。

對利潤追求。一般而言，追逐高利潤定價高，追求普通利潤則報價為市場均價。

對整個信息的瞭解情況。商場如戰場，而戰場的信息是瞬息萬變的，誰能提前瞭解信息，誰就能搶占先機。例如長虹集團在 20 世紀 90 年代為占領彩管市場，就對信息進行了錯誤分析，採用高價將市場彩管購買並囤積，形成階段性壟斷。像康佳、海爾、海信等競爭對手卻沒有跟進，而是根據國內外彩電市場和產品進行了充分的信息分析，開發新產品對同款電視進行替代。結果生產彩管的廠家幾乎沒有費力進行談判就將庫存的彩管全賣給了長虹，一個決策直接導致了長虹從興盛時期走向衰敗。

貨物新舊程度。定價高低還和貨物新舊程度有關，在生活中常遇到購買日用品的談判，新款服裝因為具有時令性，沒有折扣，賺取超額利潤。而過時服裝或庫存較長的服裝則進行虧損甩賣，如此低定價儘管有虧損，但是通過與新款上市時的利潤一對沖，仍然會有充裕的利潤空間。因此當產品從新變舊時，就應該採用低定價，及時回籠資金。

交貨期要求。一般來說需求方對交貨期要求越近，說明他在要貨的時間上越緊張，甚至「等米下鍋」，出售方要價就可以越高。

產品和企業信譽。企業的品牌信譽和產品質量口碑是企業無形資產價值的體現，這種無形資產是有價值的，是企業經過努力經營之後的增值，這個增值就要在價格上體現出來。反之一些沒有名氣的小企業或新產品，就會因為消費者不太接受而有一定的貶值。

附帶條件和服務。一些附帶條件和服務能帶來安全感和許多實際利益。人們往往願意「多花錢買放心，多花錢買便利」。現在很多行業的價格由於競爭關係，價格空間透明，用業內語言說，叫「價格做穿了」，單憑藉產品來賺錢難度比較大，有實力的企業會通過增加服務的方式來提升價格。

二、要價要讓對方感覺便宜

感覺便宜和真正便宜是兩回事，談判本身就是一個願打一個願挨的過程，所以關鍵是要讓對方感覺報價確實便宜，功夫在「感覺」上。

常用的方法有：強調質量、性能等使用價值，能為購買者帶來什麼效益或好處；對不同的客戶、不同的批量、不同的時間、不同付款方式採取不同的價格，讓不同的人能感受到與其他人不同；靈活處理買方的支付方式，比如用分期付款、延后付款、先用后付款等方式促進對方的購買慾望，讓購買方感覺風險降低，更願意支付稍高的價格；提供各種附加服務，讓購買者稱心，付錢也舒心；從同類企業、同類產品、同類服務、同類質量等方面進行價格比較；對一些價格比較高的商品，可以採用價格分割方式用較小的單位報價來降低高價格的感受，如茶葉以兩計價、黃金首飾以克計價等。

三、報價原則

1. 賣方開盤應該是最高的，買方開盤應該是最低的。習慣上談判就是一個討價還價的過程，所以需要有一個討價還價的空間。
2. 開盤價應當合情合理。在開盤報價時應該有充足理由證明己方的報價是合理的，沒有水分的。
3. 報價應當堅定、明確和清楚。對自己的報價合理性要充分自信，任何猶豫都會讓對方懷疑。
4. 不對報價做主動解釋和說明。一般只要對方沒有提，最好不做過多的說明，如何進行價格解釋，將在相關內容中講析。過多的說明容易露出破綻或弱點，所謂言多必有失。
5. 力爭先談項目價值再談報價。給對方一個心理預期，價格和價值是匹配的。
6. 注意用計量單位的大小造勢。賣方應當盡量化小報價計量單位，反之買方應當盡量化大計量單位。

【實訓模塊 2】 價格解釋

練習

「潤田翠」是江西某礦泉水品牌在其「潤田」品牌推出數年后的一個升級品牌，價格比原品牌高出一倍還多。在 2013 年年底進行的 2014 年度經銷商招商會上，老經銷商們對品牌加一個「翠」字即提價 1 倍難以接受。請查詢相關資料后分組討論，各組派同學代表該公司做出解釋。教師對各組表現進行評價。

【知識點】

價格解釋是報價之後的必要補充。

一、價格解釋意義

價格解釋是賣方主動對商品特點所做的介紹。賣方可以借此對報價的價值基礎、行情依據做出說明，可以應買方要求對報價做出準確解答，並充分表明所報價格的真實性和合理性，最終縮小與買方討價的期望值差距。

二、價格解釋技巧

有問必答。對方提出疑點和問題，應該坦誠、肯定做答，不能躲閃，否則授人以柄，給人以不實之感。儘管心裡不想講，但嘴裡可能說「貴方聽明白了嗎？」「是否要我重複？」滿臉笑容，一副自信坦然的樣子，給對手一種「你沒有隱瞞」的感覺。這個印象技巧有盾牌的作用，可以減緩對方情緒上的不滿，談判中對己方有利。

不問不答。沒有問到的問題，原則上不回答，以免言多必有失。有些人在談判中總是喜歡炫耀自己的口才，或怕別人不理解，怕別人被報價嚇跑，一開始就滔滔不絕，別人問的回答，沒有問的也主動透露，犯了多嘴的大忌。

避實就虛。價格解釋中應多強調自己貨物、技術、服務的特點，多談一些好講的問題，不成問題的問題。實在不行，承諾以後答復。

能言勿書。能夠口頭解釋的，不用文字；非要寫的，宜粗不宜細，能推遲的則不馬上講；能從側面應付的絕不把正面攤給對方，給自己留退路。在解釋中對價值大、利潤高的部分少涉及或涉及時不透澈，而對價值不大的部分介紹詳盡周到。

明暗相間。解釋的問題若明若暗，大看是那麼回事，小看又非如此。效果在解釋人「誠實可信」，而聽者是否識出真相，則要看其辨識能力了。

【實訓模塊 3】 討價還價技巧

練習

中國某冶金公司要向美國購買一套先進的組合爐，派一高級工程師與美商談判，為了不負使命，這位高工做了充分準備，查找了大量有關冶煉組合爐的資料，花了很大的精力對國際市場上組合爐的行情及美國這家公司的歷史和現狀、經營情況等瞭解的一清二楚。談判開始，美商一開口要價 150 萬美元。中方工程師列舉各國成交價格，使美商目瞪口呆，終於以 80 萬美元達成協議。當談判購買冶煉自動設備時，美商報價 230 萬美元，經過討價還價壓到 130 萬美元，中方仍然不同意，堅持出價 100 萬美元。美商表示不願繼續談下去了，把合同往中方工程師面前一扔，說：「我們已經做了這麼大的讓步，貴公司仍不能合作，看來你們沒有誠意，這筆生意就算了，明天我們回國

了。」中方工程師聞言輕輕一笑，把手一伸，做了一個優雅的請的動作。美商真的走了，冶金公司的其他人有些著急，甚至埋怨工程師不該摳得這麼緊。工程師說：「放心吧，他們會回來的。同樣的設備，去年他們賣給法國只有 95 萬美元，國際市場上這種設備的價格 100 萬美元是正常的。」果然不出所料，一個星期後美商又回來繼續談判。

工程師向美商點明了他們與法國的成交價格，美商又愣住了，沒有想到眼前這位中國商人如此精明，於是不敢再報虛價，只得說：「現在物價上漲得厲害，比不了去年。」工程師說：「每年物價上漲指數沒有超過 6%，一年時間，你們算算，該漲多少？」美商被問得啞口無言，在事實面前，不得不讓步，最終以 101 萬美元達成了這筆交易。

思考：
1. 對中方工程師談判討價還價技巧進行評價。
2. 如何理解討價還價前「知己知彼」的重要性？
3. 總結案例帶來的啟示。

【知識點】

一、議價前準備

首先，搞清對方是否有對價格讓步的權力，以及對市場價格是否進行瞭解。

其次，購買前再次檢查購買動機，明確是否非買不可。

最后，先貨比三家，比較使用價值、價格、質量等。

二、投石問路

買方可以做一些假設性的提問，探詢價格移動的機會。

假設的問題如：假如訂貨數量翻倍或減半，價格如何？假如簽約一年呢？用現金支付或分期付款呢？可以代加工嗎？買方提供技術，進行來樣加工呢？假如對產品全包呢？等等。

賣方要注意回答方式。

比如：仔細考慮后答復。不要對假定的價格馬上進行估價。通過問答找出買主真正想買的產品和批量。以對方訂貨為條件再給予答復。賣方以提出附加條件請買方考慮，做「反投石問路」，像馬上訂貨、要求最低批量、要求付款方式等。

三、討價還價技巧

不輕易讓步。盡量讓每次讓步有效和有回報，要循序漸進、步步為營、互惠互利。在討價還價過程中，輕易讓步會讓對方感覺你的空間還比較大，會激發他們的慾望，增加談判的難度。

遠利謀近惠。討價還價不一定總是在價格上玩你來我往的數字游戲，要適時地說服對方，著眼未來的長期利益，並且承諾一旦目前的價格談成，會在以後給予更多的優惠和讓利。

迫使對手讓步。一般而言談判者的利益包括可以捨棄的利益、應該維護的利益和必須堅持的利益三種。在適當時必須保留第三種利益，讓前兩種利益做出犧牲，迫使對手讓步。

拋磚引玉。先不管對方的詢價，而是舉例近期的成功交易案例，給出成交價格，作為參考，請對方提出合理價格，把價格的皮球踢給對方。

先造勢後還價。在對方開價後不急於還價，而是提出市場行情，分析以後的態勢，強調己方優勢和實力，構築有利於己方的形勢，然後再提出己方的要價。給對方造成客觀的心理壓力，迫使其做出價格讓步。

斤斤計較。疊加各種充分理由，降低每次還價的期望，要求對方在各個方面做出相應讓步，不在乎每次讓步大小，而是積小勝為大勝。

吹毛求疵。在暫時能接受的價格範圍內要想繼續擴大戰果，取得更多的利益，就買方而言不妨對賣方的產品提出較多質量要求，找出存在的瑕疵、服務不足以及和其他類似產品的差距等，利用「挑刺」來迫使對方做最后的讓步。使用這個技巧要注意不能無理取鬧，而要說得在理，證據充分。

【實訓模塊4】 先發制人與后發制人

練習

小案例1. 在某次交易會上，我方外貿部門與一客商洽談出口業務。在第一輪談判中，客商採取各種招數來摸我們的底，羅列過時行情，故意壓低購貨數量。我方立即中止談判，收集相關的情報，瞭解到日本一家同類廠商發生重大事故停產，又瞭解到該產品可能有新用途。在仔細分析這些情報以後，談判繼續開始。我方根據掌握的情報後發制人，告訴對方我方的貨源不多，產品的需求很大，日本廠商不能供貨。

對方立刻意識到我方對這場交易背景的瞭解程度，甘拜下風。在經過一些小的交涉之後，接受了我方的價格，購買了大量該產品。

小案例2. 某工廠要從日本A公司引進收音機生產線，在引進過程中雙方進行談判。

在談判開始之後，日本公司堅持要按過去賣給某廠的價格來定價，堅決不讓步，談判進入僵局。我方為了占據主動地位，開始與日本B公司頻頻接觸，洽談相同的項目，並有意將此情報傳播，同時，通過有關人員向A公司傳遞價格信息。A公司信以為真，不願失去這筆交易，很快接受我方提出的價格，這個價格比過去其他廠商引進的價格低26%。

思考：

1. 兩個案例帶來什麼啟示？
2. 如何評價先發制人與后發制人的優劣勢？
3. 先發制人與后發制人的應用條件和範圍是什麼？

【知識點】

一、先發制人

所謂先發制人就是在談判開始就壓住對手，揭對手短，增加對手心理壓力。比如：「你方在與某某公司的交易中因為交貨問題輸了官司，做了賠償，是怎麼回事，對我們會不會這樣？」

要領：直接抓住要害，必須是事實而不是道聽途說的，表達上要不傷害人和感情，不妨從關心人入手。適用於對方要價奇高或氣勢很厲害的情況，給予對手迎頭痛擊。

先下手採取主動者能夠把握事情進展，控製事情發展的方向，而后發者容易受到對方策略的限制，被對方「牽著鼻子走」。正可謂：先發者制於人，后發者受制於人。在商務談判中，率先提出方案的一方往往能夠掌握主動。誰先提出自己掌控的方案，誰就能掌握主動。

20世紀80年代，中國需要進口一種電動輪裝載機，為此，我方代表同美國公司的代表進行了談判。由於中國對這種裝備使用缺乏任何經驗，對這方面的資料掌握得也不夠多，在談判中顯得非常被動，遇到許多困難。

為了不在談判中吃虧，我方代表決定發揮先發制人的談判策略，從而控製談判的主動權，為我方爭取最大程度的談判利益。第二次談判開始，我方代表首先向對方介紹了中國煤炭工業發展遠景規劃和露天礦遠景規劃，按照遠景規劃，中國的煤炭工業非常需要進口大量的此類機械設備。

等我方介紹這些情況之后，美國一方展現出了濃厚的興趣，他們表示這個市場規模巨大。而后我方提出建議，由於我們對此種類型的裝載設備性能、指標等還不太瞭解，因此希望美國公司先拿出一臺裝載機在霍林河礦區試用，試用週期為10個月，然后根據試用的情況再決定取捨。如果試用結果令人滿意，我方就購買該設備並留下來繼續使用，如果試用結果不佳，美國公司就將裝載機運回去。同時我方代表還提出，機器試用期間的消耗元件均由美國公司無償提供，而裝載機所需要的燃料則由我方負責提供。

我方代表提出的這套方案，可以說對於美國公司非常的不利，而我方則沒有承擔任何的風險。僅僅需要為裝載機提供一些必需的燃料，就可以無償試用該設備至少10個月的時間。如果試用不成功的話，我方也不承擔任何的責任。美國公司只有運走他們的設備。而一旦試用得到滿意的效果，我方才考慮購買美國公司的機器。顯然這是一個相當不公平的方案。美國方面需要承擔一定的風險，因為一旦機器在試用期間出現問題，就由他們承擔全部責任。在整個談判過程中，儘管我方提出的方案暫時不會給美國公司帶來任何的利益，甚至有關條件還相當的苛刻和不合理，但是對方代表並沒有表示反對。他們將我方的誠意、試驗的目的以及未來中國的市場狀況報告給他們公司的總裁之后，決定同意我方的建議，接受我方的條件。這次談判獲得了意想不到的成功。

二、后發制人

所謂后發制人就是以傾聽為主，任憑對手如何做，自己冷靜地從對方的言語中找破綻和弱點，然后集中精力進行回擊。要領：要有耐心，對方越是表演得精彩，漏洞出現得越多，反擊的效果越好。關鍵是要攻擊要害。應對方法：表演適度，要謹慎，當對手太沉得住氣的時候要想法激怒他、挑戰他。

掌握情報，后發制人。在商業談判中，口才固然重要，但是最本質、最核心的是對談判的把握，而這種把握常常是建立在對談判背景的把握上的。

【實訓模塊 5】 最后通牒

練習

2013 年 5 月 9 日上午 10 時左右，臺灣漁船「廣大興 28 號」在屏東縣鵝鑾鼻東南方約 180 海里處遭菲律賓軍艦射擊，65 歲船員洪石成中槍死亡。之后，菲律賓軍艦仍繼續追趕、掃射臺灣漁船。該船逃命一個多小時后才脫險，但船上設備已遭嚴重損毀。馬英九的發言人李佳霏當天深夜在臺北召開記者會表示，臺灣當局向菲提出 4 項嚴正要求：第一是正式道歉，第二為賠償損失，第三是盡速徹查事實嚴懲凶手，第四為盡速啓動「臺菲漁業協議」談判。

李佳霏表示，從 2013 年 5 月 12 日零時算起，72 小時內若未獲菲方正面回應，臺灣當局將採取 3 項抗議措施：第一，凍結菲勞的申請；第二，召回臺駐菲「代表」；第三，要求菲律賓駐臺「代表」返回菲協助妥善處理本案。

8 月 7 日，菲律賓方面公布事件調查結果，並建議起訴射殺臺灣漁民的海岸警衛隊成員，臺灣當局則依殺人罪起訴菲律賓射殺臺漁民嫌犯。8 日，菲律賓方面派出總統特使赴臺道歉，臺灣當局也於當日晚間宣布取消對菲律賓的 11 項制裁措施。

思考：

1. 查詢資料，對該事件進行綜合分析。
2. 討論實施最后通牒的條件。
3. 實施最后通牒有哪些技巧？

【知識點】

無論是政治談判、軍事談判還是商務談判，使用最后通牒並不是一種常規的做法，它是一種在特定的環境中不得已而為之的策略。最后通牒中的最后出價和最后時限不但針對對方，同時也給己方套上了枷鎖，雙方在其中都沒有回旋的余地，所以很容易造成雙方尖銳對抗，導致談判破裂。所以，談判者在使用這一策略時，一定要在考慮成熟的情況下才能使用，否則后果不可收拾。最后通牒若成功，能有效地逼迫對方讓步，使己方獲取巨大利益；但若使用失敗，不僅與對方關係惡化，己方還喪失了寶貴

的市場機會，因此最后通牒是一把雙刃劍，使用時要慎之又慎。

一、最后通牒的實施

（一）實施最后通牒的條件

談判者知道自己處於一個強有力的地位，特別是該筆交易對談判對方來說，要比己方更為重要；或者其他競爭對手不具備同等條件，如果要繼續進行交易的話，對方只能找己方。這是運用這一策略的基本條件。

談判的關鍵時刻或最后階段才能使用最后通牒。一方面，當談判處於激烈交鋒時，己方不能讓步，否則可能在以后的談判中損失巨大，甚至使此次談判對己方毫無意義，為了逼迫對方讓步，己方可以發出最后通牒。另一方面，在談判最后階段，對方已在談判中投入了大量的人力、物力、財力和時間成本，一旦拒絕己方要求，這些成本將付之東流，並且其談判代表回去后還不好向企業交代；同時，只有到最后階段，對方才能知道此次談判可能給他們帶來的巨大利益，當意識到只要在最后一兩個問題上做出讓步即可獲得這些利益時，他們可能接受最后通牒。

最低目標是談判者必須堅守的最后一道防線。若對方所持立場是己方最低目標甚至低於最低目標，則此次談判對己方來講，意義不大。若僅僅甚至不能實現最低目標，即使發出最后通牒后使談判破裂，也毫不可惜。

己方提出的要求並不過分，在對方的最低目標之上，這時，己方發出最后通牒，不會引起強烈的對抗和反擊，對方可能會表明對己方的不滿態度，然后接受己方的要求。

當談判陷入僵局，對方給己方施加太大的壓力，己方無計可施，妥協退讓也無法滿足對方的慾望時，最后通牒往往是最后一個可供選擇的策略。此時，若最后通牒也無法迫使對方讓步，則只能接受談判破裂的結局。

（二）實施最后通牒的技巧

最后通牒最好由談判隊伍中身分最高的人來表述。發出最后通牒的人身分越高，其真實性也就越強。當然，改變的難度也就越大。

用談判桌外的行動來配合己方的最后通牒。發出最后通牒后，再以實際行動表明己方已做好了談判破裂的準備，如酒店結帳、預定回程的車、船、機票等，從而進一步向對方表明最后通牒的決心。

最后通牒的態度要強硬，語言要明確、毫不含糊，應講清正反兩方面的利害關係，不讓對方存有任何幻想。同時，己方也要做好對方真的不讓步而退出談判的思想準備，以免到時驚慌失措。

實施最后通牒前必須向自己的上級通氣，使其明白為何實施最后通牒，究竟是處於不得已，還是作為一種談判策略，否則，上級很可能由於不明真實情況，而對實施最后通牒橫加干涉，破壞己方的談判策略和步驟。

總之，實施最后通牒需要一定的條件和談判技巧，既要讓對方相信己方的最后通牒是真實可信的，又要讓對方無法還手，接受最后通牒的條件。

二、如何對付最后通牒

製造競爭。對方發出最后通牒，目的是逼迫己方讓步，答應其提出的條件。當對方存在競爭對手時，己方如果不理會對方的最后通牒，尋找其競爭對手，擺出與第三方談判和即將達成協議的架勢，對方的談判實力就會大大削弱，其最后通牒就有可能不攻自破。

反最后通牒。面對對方的最后通牒，如果己方的談判實力也很強，就可以反向對方發出最后通牒，以其人之道還治其人之身，打破對方的最后通牒。但是，使用時要注意發出最后通牒的條件，否則局面將越搞越糟，不可收拾，結果兩敗俱傷。

中斷談判。若己方不怕談判破裂或者發現對方實施最后通牒僅僅是談判的一種策略，就不妨中斷談判，靜觀對方變化，讓其明白實施最后通牒意味著談判破裂。在中斷談判時，可以向對方闡明談判成功與否對雙方的利弊得失，使之知曉其中利害；也可以向對方甚至對方的上級提出抗議，抗議對方對己方的態度和對談判沒有誠意的做法。這就把球踢給了對方，看其下一步行動。因為對方下一步最多是中斷談判，或者宣布談判失敗。在很多情況下，如果對方發現最后通牒對己方不起作用，就有可能採取某種補救措施，甚至降低出價，這樣，己方就掌握了談判的主導權。

調解人調解。在商務談判中，有些談判必須取得成果，而不能用中止或破裂來結束。當對方發出最后通牒導致談判陷入僵局時，為了盡快結束談判，己方不妨請一個與雙方沒有直接關係、威望較高的第三者作為調解人協調雙方的矛盾，使談判順利進行。調解人站在旁觀者立場對雙方的矛盾和共同利益進行分析，然后提出一個新的方案讓雙方討論。由於新方案照顧了雙方的利益，顧全了雙方的面子，因而較容易被雙方接受。對方一旦接受了調解人的方案，其發出的最后通牒也就無效了。

有效退讓。對於談判任何一方而言，坐在談判桌上的目的是為了談判成功達成協議，而不是抱著失敗的目的前來談判。因此，當對方發出最后通牒后，如果發現接受最后通牒而使協議達成所帶來的利益要好於因堅守原有立場而使談判破裂所帶來的結果，己方可以做出某些適當讓步。不過在做出讓步之前，應用恰當的語言，向對方表示對其做法的不滿態度，然后找一些體面理由作為己方讓步借口。千萬不能在未表明態度之前就做出讓步，這樣是在對方面前示弱，並可能鼓勵對方在以後的談判中用強硬的手段對付己方。

三、實施最后通牒失敗后補救

新指示法。一旦最后通牒失效，己方不妨向對方說，剛剛從上級那裡獲得了新的指示，可以在新的條件基礎上進行新一輪談判。這樣無形中就把最后通牒的失誤、條件變化的責任推到了上級的頭上。這種從上級那裡獲得的新指示可真可假，當然，也絕沒有那種傻乎乎的對手會問是真的還是假的。

換將法。最后通牒失敗后，為了消除對方的成見，緩和雙方緊張關係，可採用換將法。用新的一組談判隊伍取代以前的談判人員，這樣就在無形中使發出最后通牒的人和最后通牒一起成為過去，從而順理成章地開始了新一輪談判。更換談判人員，首

要的是更換談判的主談人或負責人，在級別上可以是平級，也可以是上級。

重新出價法。最后通牒失敗也就是對方拒絕了己方提出的交易條件。己方如果想挽救談判，使談判取得成功，往往要做出一些讓步。但有時己方由於某些客觀或主觀原因，不能妥協退讓，這時可以採取一種與原先出價本質不同的出價，即重新出價法，而不是在原來出價基礎上讓步。這種重新出價法可以是一種新的談判思路，也可以是一種全新方案。重新出價法是一種很好地保全最后通牒失敗方面子的補救方法。

【實訓模塊 6】 提問技巧

練習

針對以下各個問題的三種答案，選出一個最好的答案，並說出理由。
1. 這種產品的價格如何？
(1) 給出一個確定的報價　(2) 您要多少數量　(3) 您要何種品質的價格
2. 您有紅色的產品嗎？
(1) 有　(2) 您想要紅色的嗎　(3) 我們有6種顏色，其中包括紅色
3. 什麼時候您可以送貨？
(1) 給一個明確的送貨時間　(2) 您希望我們何時送貨　(3) 訂單的大小決定送貨時間
4. 我訂購多少才能打折扣？
(1) 說明一個特定數量　(2) 您希望訂多少數量的貨　(3) 說明各種數量與價格對照表
5. 你們何時有最新產品？
(1) 說明一個特定時間　(2) 您要我們的最新產品嗎　(3) 我還不知道
6. 你們的付款條件是什麼？
(1) 說明一個特定付款條件　(2) 您希望用什麼條件付款　(3) 付款條件大家可以商量

【知識點】

提問的目的是表達自己的觀點和感受讓別人思考，通過提問獲得自己不知道的信息和資料，控制談判方向和節奏。

一、提問類型

封閉式提問。將對方的思考限定在一定範圍內，引出肯定或否定答復的提問。如「請問貴方對我方的價格是反對呢還是接受？」

開放式提問。在廣泛領域引出廣泛回答，一般無法用「是」或「否」回答。「請問你對我公司的印象如何？」「貴公司對該產品的銷售前景如何看待？」「對我方提出的

價格,你方有什麼看法?」

婉轉式提問。在不知道對方虛實的情況下,可以採取婉轉語氣,既可能獲得信息,也可以避免被拒絕的尷尬。如銷售產品的業務員:「這種產品的功能還不錯吧?怎麼樣,請提提要求,順便評價一下。」

澄清式提問,也叫求證式提問。針對對方發言,重複,獲得自己判斷的求證。意在弄清楚對方說話的真實用意。「你剛才說……難道是指……」「您剛剛說上述情況沒有變動,是不是說明你們如期履約沒有問題?」

探索式提問。針對對方答復,進一步探明情況,或探測進一步的信息。「你剛才的回答是否說明如果我再追加購買量,價格還可以再下降5個點?」「你有什麼保證能證明貴方能如期履約呢?」

借助式提問。借助權威人士的觀點和意見影響對方。「我們請教了我們行業的權威張教授,你這個產品的成本應該不會超過100元,你是否應該再把價格降低一點?」

強迫選擇式提問。將自己的意志強加給對方,使對方在狹小的範圍內回答。「支付回扣在中國是個潛規則,希望貴方要予以注意,價格上不能再降低了?」「原來的協議你們是現在執行還是延后執行?我們可不想再拖了。」

【小案例1】

談判的語言技巧在營銷談判中運用得好可帶來營業額的高增長。某商場休息室裡經營咖啡和牛奶,剛開始服務員總是問顧客:「先生,喝咖啡嗎?」或者是:「先生,喝牛奶嗎?」其銷售額平平。后來,老板要求服務員換一種問法,「先生,喝咖啡還是牛奶?」結果其銷售額大增。原因在於,第一種問法,容易得到否定回答,而后一種是選擇式,大多數情況下,顧客會選一種。

【小案例2】

張軍想到一家公司擔任某一職務,希望年薪8萬元,而老板最多只能給5萬元。老板沒有說「要不要隨便你」這樣具有攻擊性的話,而是說:「給你的薪水,那是非常合理的。不管怎麼說,在這個等級裡,我只能付給你3萬元到5萬元,你想要多少?」很明顯,張軍只能選「5萬元」,而老板又好像不同意:「4萬元如何?」

張軍繼續堅持5萬元。其結果是老板投降。表面上,張軍好像占了上風,沾沾自喜,實際上,老板運用了選擇式提問技巧,張軍自己放棄了爭取8萬元年薪的機會。

引導(誘導)式提問。具有強烈暗示實質的提問。「談到這個地步,為了保證最低利潤,我想貴方應該予以4%的折扣,你一定會同意的,是嗎?」「違約要受懲罰,你說是不是?」

協商式提問。用商量的口吻和對方談條件。「你看我們的折扣定為3%是否妥當?」

多層次提問。含有多個主題,讓對方難以周全把握。「你能否將協議產生的背景、履約情況、違約責任和貴方的態度談談?」一般多層次的提問是為了轉移視線,並不期望對方能一一就所問問題進行回答。

二、提問時機

在對方發言完畢之后禮貌提問。瞭解信息要充分,提出的問題才切題,不讓對方

誤解。

在對方發言停頓、間歇時提問。當對方囉唆而不切題或不著邊際時，可以借此爭取主動，影響談判進程。「你剛才的意思是……」「第一個意思我明白了，那第二個呢？」

在自己發言前后提問。避免別人插話，不妨來個自問自答。「價格問題基本清楚了，那麼質量和售后服務呢？我先談談我們的觀點，然后再請你回答。」

在議程規定時間提問。大型談判有時候會有這種安排。不妨就對方可能的問題等進行假設，並精心準備。

三、不應該問的問題

帶有明顯敵對或敵意的問題。這樣的問題容易使談判直接走入死胡同，從禮儀角度和期望對方合作的意願來說也應該避免提如此低層次的問題。例如：「聽說你們黃董事長被帶走刑拘了，會不會影響我們的合作？」

有關雙方個人生活、工作方法問題。現代人也特別注重個人隱私問題，談到此類問題，除非特別熟悉，而且是在非正式場合，進行玩笑調節氣氛，一般要謹慎使用，以免引起對方不滿或反感。如：「聽說你們公司氣氛不太和諧？」

對方品質和信譽問題。如果你對對方還有嚴重質疑，認為他們還不足以取得你的信任，為了以后的履約，就應該避開這樣的談判對象。你可以強調遵守合同等細節，但是不能過分質疑對方產品品質和企業及個人信譽問題。一旦選擇和對方談判，就意味著你能接受對方的產品和服務，中間的討價還價也僅僅是為了贏得利潤空間，是一種手段。

故意表現自己或賣弄自己。一些談判經驗缺乏的談判者喜歡賣弄自己的知識，賣弄自己的談判技巧和語言功底，如果說得太多太虛反倒會弄巧成拙，被別人蔑視。或者由此帶來漏洞和把柄，被對方所利用。

四、答復技巧

不要徹底答復對方提問。有些問題本就不必回答；有些問題對方也僅僅是問問而已，不必全當真；有些問題涉及商業機密或企業機密，不能告訴對方。但是對應該回答的問題要給予正面回答，表示態度和誠意。

針對提問者的心理答復。要弄明白對方是想探聽虛實還是想得到確實的答案以盡快簽約，不到關鍵時刻不拋出自己的底。

不要過分確切答復對方提問。對很難答復或不便確切答復的問題，不妨避開鋒芒，給自己留個余地，不確切回答、模棱兩可或反問，以問代答。

降低提問者追問興致。當提問者發現答復有漏洞或自己不想讓對方總是抓住一個問題不放的時候，應想辦法降低提問者的追問興致。如：「這個問題暫時無法回答清楚，不妨討論下一個問題，現在討論為時過早。」

讓自己獲得充分的思考時間。不要追求所謂的對答如流，關鍵是要充分考慮，沉著思考，謹慎從事。也不要過於顧及對方催問。需要思考的時候不妨整理一下資料，

點支菸或喝點茶，做沉思狀，既不要冷落對方，又要給自己留夠思考空間。

禮貌拒絕不值得回答的問題。對浪費時間、與主題無關或作用不大的問題，不妨禮貌拒絕，免得被擾亂思路，失去自制力。可以一笑置之或者顧左右而言他，這是對不能不答，但是卻無從答起的問題做回答的最好辦法。

找借口拖延答復。當還沒有考慮成熟的時候，找借口拖延，資料不足，或需要請示，或者重申要求對方表述，或者上洗手間等。「對你所談的問題，我沒有第一手資料來作答，我想你也希望能得到圓滿的答復，但這需要時間，你說對嗎？」注意拖延不是拒絕！

【小案例】

有一次，一個貴婦打扮的女人牽著一條狗登上公共汽車，她問售票員：「我可以給狗買一張票，讓它也和人一樣坐個座位嗎？」

售票員說：「可以，不過它也必須像人一樣，把雙腳放在地上。」

售票員沒有給出否定答復，而是提出一個附加條件：像人一樣，把雙腳放在地上，卻限制了對方，從而制服了對方。

【實訓模塊 7】 傾聽技巧

練習

注意以下現象，看你符合幾點：
1. 不能全神貫註，心不在焉。例如，每次有漂亮的女士走過，眼睛總緊盯著她看。
2. 在與別人交談時會想像自己的表現，因此常錯過對方談話內容。
3. 當別人在說話時，自己常常想別的事情。
4. 總想去簡化一些聽到的細節。
5. 專注談話內容的某一細節，而不是對方所要表達的整體意義。
6. 聽到我所期望聽到的東西，而不是對方實際談話內容。
7. 被動地聽對方講述內容，而不積極回應。
8. 聽對方講，但不瞭解對方的感受。
9. 因個人的偏見而分心。例如，有人可能習慣說髒話，或做出一些你不喜歡的舉動，或許你容易被某種腔調激怒。
10. 在未瞭解事情全貌前，我已對內容做出了判斷。
11. 只注意表面的意義，而不去瞭解隱藏的意義。

通過這些測試，判斷自己是否是個有效的傾聽者？為什麼？

【小案例】

一個在飛機上遭遇驚險卻大難不死的美國人回家反而自殺了，原因何在？那是一個聖誕節，一個美國男人為了和家人團聚，興衝衝從異地乘飛機往家趕。一路上幻想著團聚的喜悅情景。恰恰老天變臉，這架飛機在空中遭遇猛烈的暴風雨，飛機脫離航線，上下左右顛簸，隨時隨地有墜毀的可能，空姐也臉色煞白，驚恐萬分地吩咐乘客

寫好遺囑放進一個特製的口袋。這時，飛機上所有人都在祈禱，也就在這萬分危急的時刻，飛機在駕駛員冷靜駕駛，終於平安著陸，於是大家都松了口氣。這個美國男人回到家後異常興奮，不停地向妻子描述在飛機上遇到的險情，並且滿屋子轉著、叫著、喊著……然而，他的妻子正和孩子興致勃勃分享著節日的愉悅，對他經歷的驚險沒有絲毫興趣。男人叫喊了一陣，卻發現沒有人聽他傾訴，他死裡逃生的巨大喜悅與被冷落的心情形成強烈的反差，在他妻子去準備蛋糕的時候，這個美國男人爬到閣樓上，用上吊這種古老的方式結束了從險情中撿回的寶貴生命。當你在傾訴時，卻發現無人傾聽，這種痛苦，無疑對你是很大的打擊。一個善於傾聽的人在他人眼中是一個很健談的人，夫妻之間如此，親朋好友之間更是這樣。懂得傾聽，不僅是關愛、理解，更是調節雙方關係的潤滑劑。每個人在煩惱和喜悅后都有一份渴望，那就是對人傾訴，希望傾聽者能給予理解與讚同，然而那位美國男人的妻子沒有做到，所以導致了悲劇發生。可以這樣說，傾聽是這個世上最美的動作。心理學研究表明，人在內心深處，都有一種渴望得到別人尊重的願望。傾聽是一項技巧，是一種修養，甚至是一門藝術。學會傾聽應該成為每個渴望事業有成的人的一種責任、一種追求、一種職業自覺，傾聽也是優秀經理人必不可缺的素質之一。

【知識點】

傾聽是一種技巧。越來越多的公司把傾聽別人講話的技巧看成是商界成功的必要條件。國外有些公司還特地為銷售管理等部門的人員舉辦如何提高傾聽技巧的培訓班。禮儀專家趙玉蓮將聽（Listen）做了分解，可以幫助我們正確理解在談判中如何傾聽。

L：Look，註視對方。

I：Interest，表示興趣，點頭、微笑、身體前傾。

S：Sincere，誠實關心，留心對方的說話，真心善良地回應。

T：Target，對牢目標，對方離題，馬上帶回主題。

E：Emotion，控制情緒，就是聽到過分言語，也不要發火。

N：Neutral，避免偏見，小心傾聽對方的立場，不要急於捍衛己見。

實際上，有效傾聽是可以通過學習而獲得的技巧。認識自己的傾聽行為將有助於你成為一名高效率的傾聽者。按照影響傾聽效率的行為特徵，傾聽可以分為四種層次。一個人從層次一成為層次四的傾聽者的過程，就是其傾聽能力、交流效率不斷提高的過程。

一、傾聽的四個層次

第一層次——心不在焉地聽。

傾聽者心不在焉，幾乎沒有注意說話人所說的話，心裡考慮著其他毫無關聯的事情，或內心只是一味地想著辯駁。這種傾聽者感興趣的不是聽，而是迫不及待地說。這種層次上的傾聽，往往導致人際關係的破裂，是一種極其危險的傾聽方式。

第二層次——被動消極地聽。

傾聽者被動消極地聽所說的字詞和內容，常常錯過了講話者通過表情、眼神等體態語言所表達的意思。這種層次上的傾聽，常常導致誤解、錯誤的舉動，失去真正交流的機會。另外，傾聽者經常通過點頭示意來表示正在傾聽，講話者會誤以為所說的話被完全聽懂了。

第三層次——主動積極地聽。

傾聽者主動積極地聽對方所說的話，能夠專心地注意對方，能夠聆聽對方的話語內容。這種層次的傾聽，常常能夠激發對方的主意，但是很難引起對方的共鳴。

第四層次——同理心地聽。

同理心地傾聽，這不是一般的聽，而是用心去聽，這是一個優秀傾聽者的典型特徵。這種傾聽者能在講話者的信息中尋找感興趣的部分，他們認為這是獲取有用信息的契機。這種傾聽者不急於做出判斷，而是去感受對方情感。他們能夠設身處地看待事物，總結已經傳遞的信息，質疑或是權衡所聽到的話，有意識地注意非語言線索，詢問而不是質疑講話者。他們的宗旨是帶著理解和尊重積極主動地傾聽。這種感情注入的傾聽方式在形成良好人際關係方面起著極其重要的作用。

【小案例】

美國著名的主持人林克萊特在一期節目上訪問了一位小朋友，問他：「你長大了想當什麼呀？」小朋友天真地回答：「我要當飛機駕駛員！」林克萊特接著說：「如果有一天你的飛機飛到太平洋上空時，飛機所有的引擎都熄火了，你會怎麼辦？」小朋友想了想：「我先告訴飛機上所有的人綁好安全帶，然后我系上降落傘，先跳下去。」

當現場的觀眾笑得東倒西歪時，林克萊特繼續注視著孩子。沒想到，接著孩子的兩行熱淚奪眶而出，於是林克萊特問他：「為什麼要這麼做？」他的回答透露出一個孩子真摯的想法：「我要去拿燃料，我還要回來！還要回來！」

案例中主持人確實與眾不同，他能夠讓孩子把話說完，並且在「現場觀眾笑得東倒西歪時」仍保持著傾聽者應具備的一份親切、一份平和、一份耐心。所以優秀主持人不僅要善於表達，也要善於聽。

事實上，大概60%的人只能做到第一層次的傾聽，30%的人能夠做到第二層次的傾聽，15%的人能夠做到第三層次的傾聽，達到第四層次水平上的傾聽僅僅只有至多5%的人能做到。我們每個人都應該重視傾聽，提高自身傾聽技巧，學會做一個優秀的傾聽者。作為優秀的傾聽者，通過對員工或者他所說的內容表示興趣，可以不斷地創建一種積極、雙贏的過程。

傾聽不是被動接受，而是一種主動行為。當你感覺到對方正在不著邊際地說話時，可以用機智的提問來把話題引回到主題上來。傾聽者不是機械地「豎起耳朵」，在聽的過程中腦子要轉，不但要跟上傾訴者的故事、思想內涵，還要跟得上對方的情感深度，在適當的時機提問、解釋，使得會談能夠步步深入下去。

傾聽，是一個渴望成功的人必須掌握的技能。當然，掌握傾聽的藝術並不難，只要克服心中障礙，從小節做起，肯定能夠成功。作為職業談判者，或經常面對談判工作的企業中高層經理，尤其要注重傾聽技巧的修煉，這樣你未來的談判工作將遊刃有余。

二、12 種提高傾聽技巧的行為

1. 目光接觸

當你說話時對方卻不看你，你的感覺如何？大多數人將其解釋為冷漠或不感興趣。雖然你只是用耳朵在傾聽，但是別人可以通過觀察你的眼睛來判斷你是否真的在聽。傾聽時面向對方的臉、嘴和眼睛，要有目光接觸，將注意力集中於對方面部。這能幫助你傾聽，同時能完全讓對方相信你在傾聽。

2. 要適時地點頭表示讚許，配合恰當的面部表情

有效的傾聽者會對所聽到的信息表現出興趣。通過一些非語言的信號，如表示同意的點頭、恰當的面部表情，可以讓說話的人知道你在認真地傾聽。

3. 不要做出分心的舉動和手勢

盡量避免做出讓人感覺你思想在遊走的舉動，這樣說話者就知道你確實是在認真地傾聽。在傾聽時，不要進行下面的行為：一直看表、心不在焉地亂翻檔案、隨手拿筆亂寫亂畫，這些舉動會讓說話者感到你很厭煩，對話題不感興趣，更重要的是，這表明了你並沒有集中注意力，因此很可能會漏掉說話者傳達的一些有效信息。

4. 分析自己所聽到的內容，並提出問題

讓對方相信你在注意傾聽時的最好方式，是發問和要求闡明對方正在討論的一些論點，適時用自己的話語查證對方。這樣做可以確保對傾聽內容的有效理解。避免誤會的最好方法就是：把主要意思用自己的話表達出來，讓對方加以證實。只有運用這樣的方法，你才能正確地溝通。在大部分工作環境中，傾聽者與說話者的角色常常在交換。有效的傾聽者能夠使說話者到傾聽者再回到說話者的角色轉換十分流暢。從傾聽角度而言，這代表著傾聽者正全神貫註於說話者談話內容。

5. 有效重複

就是說用你自己的話把說話者要表達的信息重新敘述一遍。有些人在傾聽時會這樣說：「你的意思是不是……」或者「我覺得你說的是……」這樣說的原因有二：一是因為有效重複是檢查你是否認真傾聽的最佳手段，如果你並沒有注意傾聽或者在思考別的內容，你一定不可能準確地敘述完整內容；二來這也是一種精確的控制機制。復述說話者的信息，並將此信息反饋給說話者，也可以檢驗自己理解的準確性。

6. 不要在傾聽中途打斷說話者

在你表達自己意見和態度之前，先聽完說話者的想法。在別人說話時不要試圖去猜測別人的意思，等到他講完，你自然就一切都明白了。

7. 少說為妙

大多數人都只願意傾訴自己的想法而不願意聆聽別人，很多人願意去傾聽，其目的也只是因為這樣可以換取別人對他的傾聽。儘管說的樂趣可能要遠大於聽的，因為沉默會讓人難受，但是一個好的聽眾懂得我們不可能同時做到聽和說這個道理。

8. 建立協調關係，對準焦點

瞭解對方，試著由他的角度看問題，試著將注意力集中於對方談話要點，努力地檢查、思索過去的故事、軼事和統計資料，以及確定對方談話的實質。

9. 抑制要爭論的念頭

你和你的對手之所以為對手，是因為你們之間必定有意見不一致的地方，打斷他的談話，會造成溝通的陰影。學習控製自己，抑制自己要爭論的衝動。

10. 不要猜測

猜測會讓你遠離你所要溝通的目標。所以，你要盡量避免對你的對手做猜測。不要猜測他想用眼光的接觸、面部的表情來唬住你。有時候猜測可能是正確的，不過最好盡可能避免，因為猜測常是溝通的最大障礙。

11. 不要立即下判斷

人們常會在一件事情還沒有搞清楚之前就下了結論，所以要保留對對手的很多判斷，直到事實清楚、證據確鑿。注意自己的偏見，即使是思想最無偏見的人也不免心存偏見。誠實地面對、承認自己的偏見，並且傾聽對手的觀點，容忍對方的偏見。

12. 記錄

做記錄不但有助於傾聽，而且有集中話題及取悅對方的優點。如果有人重視你所說的話並做了記錄，難道你不會感到受寵若驚嗎？

【實訓模塊 8】 說服技巧

練習

四川樂山天成公司是一家專門生產以凍干蔬菜為主打產品的高新農產品公司，公司的脫水香蔥長期出口日本，近年來，雙方貿易的可持續性發展緩慢。公司派出以外貿部經理小張為代表的團隊前往日本，與日本市場總代理 A 公司進行談判。假設你就是小張，你將如何說服對方繼續合作，並保持價格不變？

分組討論 10 分鐘，每組選一位代表闡述欲採用的技巧，時限 5 分鐘，教師即時進行點評。

【知識點】

所謂說服，即設法使他人改變初衷，心悅誠服接受你的意見。商務談判中就要想盡千方百計，改變他人觀點，接受己方條件。

一、說服的幾個環節

成功的談判應該重視三個價值標準：目標實現、成本優化、人際關係改善。其中人際關係改善能有效支撐談判成本優化和談判目標實現。

誠懇說服對方接受建議將獲得較多利益。建立良好的關係是為了利益，當然不能否認自己將獲利，但是不能把自己獲利放在第一位，而是要指出對方獲利才是最重要的，在滿足對方利益的同時滿足自己利益。

簡化對方接受說服的程序，趁熱打鐵，盡快確認，以免夜長夢多。當成功取得對

方信任，說服對方接受自己觀點時，要抓住時機，時間就是效益，盡快確認條款，簽訂相關協議。

二、說服的具體技巧

說服的技巧在不同場合、不同時間、針對不同對象、在不同情境下不盡相同。常用的具體技巧包括：先易後難，將容易達成一致的條件放在前面，為后面的談判做鋪墊；多提要求，盡量先施加隱性壓力，影響對方；好壞都考慮，但是應該先談好的情況，再談壞的情況；強調合同中對對方有利的條件，強調互相合作、互惠互利的可能性和現實性；精心設計開頭和結尾，最后結論要讓自己提出，不讓別人去揣摩；充分瞭解對方，以對方習慣的能夠接受的方式、邏輯去展開說服工作；不要奢望對方能一下接受你的建議，鋪墊在先，文火攻之；恰當地運用軟硬兼施或紅白臉策略等，一個寸步不讓、態度強硬，一個以理服人，保持良好形象；從雙方的生活、工作和興趣愛好、共同認識的人等來尋找共同語言，尋找雙方的認同點；換位思考，不能只考慮自己的理由；深入研究並分析對方心理、需求和個人性格特點等；保持耐心，不能操之過急；態度誠懇、平等並且不能隨意批評對方，曉之以理，動之以情，不必講太多大道理。

【實訓模塊 9】商務談判記錄、紀要與備忘錄

練習

請分組設計一份常用的談判記錄、紀要或備忘錄。

註：在模擬談判實訓中，設書記員做專職談判記錄。該記錄可作為小組談判成績的支撐材料之一。

【知識點】

一、商務談判記錄、紀要與備忘錄

商務談判記錄主要包括談判概況和談判內容兩大部分，其中概況包括名稱、時間、地點、主要人員、列席人員、主持人、記錄人等；談判內容包括記錄發言人的發言、談判所做的決議、結論等。談判記錄要求詳細到細節，按照談判順序進行，不必進行刻意整理和修改，必要的話需要主持人和記錄人在記錄文件右下角簽字，表示文字的真實性。記錄無須對方簽字，如果簽字就具備了備忘錄的性質。

談判紀要和備忘錄都是對談判雙方達成協議的重要發言內容的文字再現。紀要和備忘錄都要求記錄下要點，並按照一定結構進行整理，不需要過於詳細，可以不是原話，但是要如實表達出談判的準確意思。

備忘錄和談判紀要，要載明雙方的權利和義務，不管誰起草，都要出示給對方，

徵得同意並簽字方可生效；雖然法律效力較弱，但雙方簽字后可以成為雙方約束的憑據。對小宗買賣，備忘錄和紀要可以起到協議或合同的類似作用，而談判記錄沒有這種作用。對於期限較長的談判，備忘錄與記錄都可以對下次的談判議題和談判內容起到決定或參考作用；備忘錄和談判紀要的形成要以每次談判的記錄為依據。

二、商務談判紀要和備忘錄格式

商務談判對紀要和備忘錄格式並沒有特別嚴格的固定要求，只要將相關內容包含在內即可。下面僅提供兩個範例參考：

（一）商務談判紀要（範例）

×××股份有限公司（以下簡稱甲方）與×××股份有限公司（以下簡稱乙方）就建立合資公司一事於×年×月×日在×××公司本部舉行商洽，在「真誠合作、互利互惠、共同發展」的基礎上，就×××合作事宜達成如下共識：

1. 投資總額及註冊資本

雙方初步討論了合資公司的投資總額及註冊資本，分別為×××萬元和×××萬元。

2. 雙方出資比例及出資方式

（1）出資比例：雙方初步商定按甲方占合資公司註冊資本的51%，乙方占合資公司註資本的49%的出資比例建立合資公司。

（2）出資方式

甲方以土地作為出資的一部分，其餘以現金作為出資，如與×××高新技術產業開發區（以下簡稱為開發區）商談土地價格時，應有乙方代表同時參加。

乙方以技術轉讓費作為出資的一部分，其餘以現金形式出資，至於技術轉讓費的作價，由將來談判確定。

3. 公司名稱

×××有限責任公司。

4. 董事會及董事

董事會由雙方各出×名董事組成，共×人。

甲方建議董事會設董事長和副董事長各1人，由雙方每×年輪換擔任，第一屆董事會董事長由甲方擔任，副董事長由乙方擔任。為避免董事會表決時出現僵局，雙方對不同重要程度的事項的決策辦法在合資公司章程中確定。

5. 總經理及經理層

甲方建議合資公司設總經理和副總經理各1人，第一屆總經理由乙方提名，董事會任命，副總經理由甲方提名，董事會任命。對總經理、副總經理的提名權每×年輪換一次。

6. 合資公司的員工來源

甲方認為中國有十分豐富的勞動力資源，同時甲方承諾向合資公司提供部分熟練工人、精通業務的技術及管理人員。

7. 產品及零配件報價

略。

8. 商標

雙方初步商定合資公司的商標需重新設計，原則為：

（1）有利於合資公司的形象建立。

（2）有利於強化雙方現有商標在中國市場的影響力。

10. 產品銷售

（1）國內銷售。雙方認為在合資公司建立初期，合資公司產品由甲方現有的銷售網絡代理，但合資公司應逐步培養自己的銷售隊伍。

（2）海外銷售。乙方原則同意其海外銷售網絡代理銷售合資公司產品。

11. 合資公司年限

根據中國合資相關法律法規，雙方同意合資公司首期合作為×年，逾期雙方可協商延長。

12. 廠址

略。

  ××股份有限公司   ××股份有限公司
  代表：（簽字）   代表：（簽字）
                ×年×月×日

（二）商務談判備忘錄（範例）

×××股份有限公司（以下簡稱甲方）和×××公司（以下簡稱乙方）的代表，於×年×月在甲方公司本部就技術引進一事進行初步協商，雙方交換了意見，形成以下初步意向：

一、×××產品技術轉讓問題

合資雙方共同努力加快技術引進速度。先期可進行技術引進談判，若談判成功，雙方先簽訂合同，編寫可行性研究報告。

二、乙方合作意向

1. ×年×月，乙方組織一批考察團對中國生產企業進行考察之後，經董事會決定，只選擇甲方談技術轉讓或合資。

2. ×××公司董事會認為，主要以技術轉讓為主，基本上不與國內客車廠談合資，即使合資，也只是象徵性地投入非常少的資金。

三、甲方公司技術引進的意向

1. 甲方董事會已決定和外國公司進行技術合作，乙方是首先考慮的合作對象，並且認為若雙方不盡快進行談判，則會失去許多國內外的市場，因此甲方希望盡快在合作上有所進展。

2. 甲方談了和有關公司談判的進度情況，並承諾保留和乙方談判優先權。

四、甲方公司與乙方公司的合作方式

1. 雙方認為引進技術的合作，能生產最有國際競爭力的產品。這種國際間資源組合是產品成本降低的最有效途徑。

2. 雙方均不讚成「50%+50%」股份的合作方式。

3. 雙方認為開始合作時，最好以貿易方式進行。

4. 技術引進的主要產品為（略）。

五、這次洽談，雖未能解決主要的問題，但雙方都表達了合作的願望。期望在此後的兩個月內再進行接觸，以便進一步商洽合作事宜，具體時間待雙方磋商後再定。

    ×××股份有限公司   ×××公司
    代表×××（簽字）   代表×××（簽字）
                ×年×月×日

【問題思考】

1. 商務談判開盤技巧有哪些，如何讓對方感覺自己的付出值？
2. 何時可以進行價格解釋，如何解釋？
3. 討價還價有何技巧？
4. 如何把握好先發制人和后發制人的優劣和度？
5. 如何把握最后通牒的技巧？
6. 如何把握提問的技巧和答復？
7. 如何才能有效傾聽？
8. 在商務談判中記錄、紀要和備忘錄是什麼關係？

實訓項目五　國際商務談判實訓

【實訓目的與要求】

1. 掌握國際商務談判的特點。
2. 逐漸從自身做起，提升談判人員在國際商務談判中需表現出的素養。
3. 掌握影響國際商務談判的文化因素。
4. 掌握國際國內商務談判的技巧異同。
5. 領會綜合國力對國際商務談判的影響。
6. 掌握國際商務談判中支付方式及報價方式。
7. 掌握不同國家和地區商務談判的風格異同。

【實訓學時】

本項目建議實訓學時：4學時。

【實訓內容】

通過實訓項目掌握影響國際商務談判的各種因素，學會國際商務談判語言技巧、出口報價技巧、溝通技巧，理解商務談判跨國支付方式，瞭解綜合國力對國際商務談判的影響、主要國家和地區商務談判的不同風格以及包裝運輸條款等知識。

【實訓模塊1】國際商務談判概述

練習

小案例1. 曾經有這樣一個真實的例子。某些中國企業代表和不同專業的專家組成一個代表團去美國採購約3000萬美元的化工設備和技術，美方自然想方設法令中方滿意，其中一項活動是送給中方每人一個小紀念品。紀念品的包裝很講究，是一個漂亮的紅色盒子，紅色代表發達。可當大家高興地按照美國人的習慣當面打開盒子時，每個人的臉色卻顯得很不自然，裡面是一頂高爾夫球帽，但顏色卻是綠色的，談判因此而失敗。

小案例2. 張先生是位市場營銷專業的本科畢業生，就職於某大公司銷售部。他工

作積極努力，成績顯著，三年后升任銷售部經理。一次公司要與美國某跨國公司就開發新產品問題進行談判，公司將接待安排的重任交給張先生。張先生為此也做了大量細緻的準備工作，經過幾輪艱苦的談判，雙方終於達成協議。可就在正式簽約的時候，客方代表團一進入簽字廳就拂袖而去。是什麼原因呢？原來在布置簽字廳時張先生錯將美國國旗放在簽字桌的左側，項目告吹。張先生也因此被調離崗位。

思考：
1. 這兩個該案例為什麼會有這樣的結果？
2. 這兩個案例給我們的啟示？

【知識點】

國際商務談判是指在國際商務活動中，處於不同國家或不同地區的商務活動當事人為了達成某筆交易，彼此通過信息交流，就交易的各項要件進行協商的行為過程。國際商務談判是國際商務活動的重要組成部分，是國內商務談判的延伸和發展。可以說，國際商務談判是在對外經貿活動中普遍存在的，解決不同國家商業機構之間不可避免的利害衝突，實現共同利益的必不可少的手段。

國際商務談判既具有一般商務談判的共性，又具有特殊性。一般商務談判都是以經濟利益為目的，以價格為核心的談判，而國際商務談判具有自己的特點。

一、國際商務談判的特點

（一）政策性強

國際商務談判既是一種商務交易談判，也是一項國際交往活動，具有較強的政策性。因此在國際商務談判中，當事人可能會面對一個以上國家的法律、政策和政治權利等方面的問題。這些法律和政策可能是不統一的，甚至是彼此矛盾的。所以國際商務談判必須貫徹執行國家的有關方針政策和外交政策，同時還應注意國別政策以及執行對外經濟貿易的一系列法律和規章制度。

（二）影響因素複雜多樣

談判者來自不同國家和地區，處於不同的社會文化背景和政治經濟環境，他們的價值觀念、思維方式、行為方式、語言及風俗習慣也不盡相同，從而使得影響談判的因素更為複雜。國際商務談判者必須做到小心謹慎，在處理與當地商人的關係時，不能在不知情的情況下生搬硬套固定的文化模式，而需在深入瞭解當地文化基礎上做出現實假定。

（三）以國際商法為準則

由於國際商務談判的結果會導致資產跨國轉移，必然要涉及國際貿易、國際結算、國際保險、國際運輸等一系列問題，因此在國際商務談判中要以國際商法為準則，並以國際慣例為基礎。談判人員要熟悉各種國際慣例，熟悉對方所在國的法律條款，熟

悉國際經濟組織的各種規定和國際法。這些問題是一般國內商務談判所無法涉及的，應當引起國際商務談判人員的特別重視。

二、國際商務談判人員的關鍵素養

(一) 商務禮儀

一位優秀的國際商務談判者首先必須是一位紳士或淑女。作為一位商務談判者，必須在穿著、說話和做事方面顯得有教養，尊重別人。這樣你的談判對手才能尊重你，也只有在尊重的基礎上，談判才能進行下去，這是成功談判的第一關。

有人說「穿衣戴帽，個人所好」。在日常生活中這是對的，可在國際商務談判中，這卻有誤。有些人因為這個還付出了很大的代價。有一次某國內企業和德國人談一筆割草機的出口貿易，德國男士個個都西裝革履，女士個個都穿職業裝，而中方除部分人員穿西服外，大多數都穿休閒服，有的甚至穿工作服，此合同最終沒有簽成。其中一個重要原因是德國人認為中方不尊重他們。

(二) 知識豐富

國際商務談判對專業要求十分高，既要求談判人員具備廣博的綜合知識，又要求有很強的專業知識。具體要求如下：

廣博的綜合知識。除掌握中國和對方國家的外貿方針政策和法律法規外，還應當瞭解一些國際商貿和經濟知識。這些知識除了使你胸懷大局外，還會使你在和外商的閒談中獲得對方的尊重，從而加大你在談判中的分量。可遺憾的是很多談判人員在這些方面瞭解甚少，給外商留下了知識面狹窄的印象。

很強的專業知識。除對國際貿易知識、行業知識、標的物產品知識和國際市場知識熟練掌握外，還應該特別瞭解跨文化方面的知識。很多專家學者都把跨文化方面的知識歸為綜合知識，其實可以將其歸為專業知識，而且是國際商務談判人員的核心專業知識。

在練習的第一個案例中，美國商人的原意是簽完合同后大伙去打高爾夫球，但他們哪裡知道戴「綠帽子」是中國男人最大的忌諱。合同最終沒有簽成，不是因為他們罵我們，而是因為他們對工作太粗心，連中國男人忌諱戴「綠帽子」都搞不清，怎麼能把幾千萬美元的項目交給他們。

在練習的第二個案例中，中國傳統的禮賓位次是以左為上，右為下。而國際慣例的座次位序是以右為上，左為下。在涉外談判時應按照國際通行的慣例來做，哪怕是一個細節的疏忽，也能會導致功虧一簣、前功盡棄。

(三) 做事靈活

既然雙方能坐在談判桌前，就說明雙方有誠意來達成協議。凡是有實踐談判經驗的人都知道在這之前雙方已做了大量的準備工作，包括初步詢價、還價，甚至寄樣品並驗收樣品。如果僅僅在商務談判中某方堅持不必要的立場而導致談判破裂實在是得不償失，但在現實談判中確實有這樣的情況發生。

美國一家較大的貿易公司看中了中國某廠家生產的砂輪機，於是在樣品驗收后便派了三人組成的談判小組來中方談商務合同。可令美方費解的是中方一定要開立不可撤銷的即期信用證，理由是初次與美方做生意。美方解釋了他們公司的習慣做法均是不開信用證，並出示了他們的銀行信用及中方客戶名單。可中方廠長說啥也不聽，最后談判不歡而散。一條大魚就這樣眼睜睜地溜走了。事實上在國際貿易中使用信用證並不是非用不可，有經驗的商家都知道「信用證並不信用」，信用證詐騙比比皆是。最保險的信用是客戶的信用，所以如果事先調查好客戶信用，使用何種付款方式並不重要，也就是說作為賣方我們的目的是賣貨並安全收匯，並不是堅持用信用證，國際貿易中並不存在「行就行，不行就拉倒」的情況，一切事情都可以談。

（四）觀念獨特

如果你和你的談判對手有著相同的觀念，你永遠不會在談判中爭取到較大塊的蛋糕。只有具有獨特的見解或談判技巧，才能出奇制勝。這方面有一個經典的例子。

柯倫泰被任命為蘇聯駐挪威的全權貿易代表，當時蘇聯國內急需大量食品，柯倫泰奉命與挪威商人洽談購買鯡魚。挪威商人十分清楚蘇聯的情況，想乘機敲竹杠，索價十分高。柯倫泰竭盡全力與他們討價還價，但雙方差距較大，談判陷入僵局。柯倫泰心急如焚，她很清楚哀求是沒有用的。態度強硬只能導致談判破裂，經冥思苦想，終於心生一計。這天她又與挪威商人會晤，以和解的姿態主動做出讓步，只見她十分慷慨地表示：「好吧，我同意你們提出的價格。如果中國政府不批准這個價格，我願意用自己的薪金來支付差額。」挪威商人驚呆了，柯倫泰接著道：「不過我的工資有限，這筆差額要分期支付，可能要支付一輩子。如果你們同意的話，就這麼決定吧。」挪威商人們從來沒聽說過這樣的事，也沒有見過這樣全心全意為國效力的人。他們被她的行為感動，經過一陣子交頭接耳之后，終於同意降價，按柯倫泰原先的出價簽署了協議。

（五）幽默風趣

國際商務談判是一項耗時、費力，又十分枯燥的工作。有時為一個條款談幾天幾夜，唇槍舌劍、軟磨硬泡、無計不施，但仍然達不成協議；有時氣氛緊張；有時氣氛沉悶令人萎靡不振。這時聰明的談判者如果能用一個幽默的小故事打破這種僵局，使人重新振作起來，則實在是令人耳目一新。

（六）樂觀向上

國際商務談判充滿了變數，常常是談了幾天幾夜，可臨到最后卻突然因為一個小小的問題而破裂。這就要求談判者不屈不撓，有著積極樂觀向上的態度。下面這個小故事讓很多談判者銘記在心，有兩個人在沙漠中迷了路，走了幾天幾夜，彈盡糧絕，卻仍找不到路。其中一個人搜遍了所有包裹，只搜到半瓶水。嘆了口氣道：「唉！我們只剩下半瓶水了！」然后頹然倒下，再也沒有爬起來。而另一個人卻高興地說：「哈哈，我們還有半瓶水！」然后繼續前進，最后終於走出了沙漠。

121

【實訓模塊 2】 國際商務談判 5 要素

練習

主動查詢相關資料，討論中、日、美、德、韓、北歐、東南亞等國家和地區在國際商務談判中談判團隊選擇、決策方式、民族性格、文化噪音、翻譯選擇等方面的不同特點。

【知識點】

費雪在 1980 年出版的《國際談判》（*International Negotiation*）中提到當與來自另一文化背景的個體進行談判時必須考慮到談判團隊、決策方式、民族性格、文化噪音、翻譯人員的選擇 5 個要素。

一、談判團隊

費雪認為，在正式談判前，必須先瞭解談判團隊的構成，瞭解各自的文化背景並預測對手行為方式。文化是影響談判團隊構成的重要因素，不同國家在確定談判人員的選擇標準、數量、分工等方面都會有所不同。

西方社會通常權力距離較小，選擇談判成員時比較注重口才、專業水平、推理能力，與談判者在公司的地位無關。

而東方社會通常權力距離較大，地位象徵非常重要，所選擇的談判人員一般除了具備一定的社交能力外還擁有一定的地位和職務，因此所派談判人員的身分和地位應該與對方談判代表的身分和地位相當，否則，會被認為不尊重對方。

同時西方談判團隊人數較少，充分體現精幹的原則；在他們眼中，人多表示能力不足，缺乏自信。而東方談判團隊一般成員較多，以示重視，也便於分工。

二、決策方式

決策方式即團隊達成決定的方式。來自不同文化背景的談判團隊會有不同的談判方式，對協議形式、最終的決策者甚至律師是否需要參與決策的態度也大不一樣。

（一）談判方式

一般來說，談判有橫向和縱向兩種方式。橫向談判是採用橫向鋪開的方式，即首先列出要涉及的所有議題，然後對各項議題同時討論，同時取得進展。縱向談判則是確定所談問題後，依次對各個議題進行討論。在國際商務談判中，美國人是縱向談判的代表，傾向於以具體條款開局，對美國人來講，一次交易過程實際上就是針對一系列的具體條款而展開一系列的權衡和讓步。而法國人是橫向談判的代表，傾向於以總條款開局，對法國人來講，談判就是先就總條款達成一些共識，從而指導和決定接下

來的談判過程。

(二) 協議形式

文化因素同樣影響雙方達成協議的形式。一般來講，西方文化較傾向於一種非常細緻的合同，因為他們認為交易本身即合同，要求它能解釋所有可能發生的情況及應對方法，注重條款的嚴密性和完整性。相對而言，日本和中國更傾向總體化的合同，談判本身是建立一種良好的關係，如果有意想不到的情況，雙方依據相互的關係來解決。

(三) 律師存在與否

東方文化強調做事憑良心，一旦發生糾紛，首先想到的是輿論支持。西方人對於糾紛的處置一般採用法律手段，談判后的合同管理及后續交流都根據合同，一旦發生分歧，主張按正式途徑解決。這點以美、日尤為極端。美國人遇商務談判，特別是談判地點在外國的，一定要帶上自己的律師。而日本談判團裡一般不包括律師，他們認為事事同律師商量的人是不值得信賴的，甚至認為帶律師參加談判，是蓄意製造日后的法律糾紛。

(四) 最終決策方式

在談判中知道對方誰具有做出決策的權力，決策是怎樣做出來的非常重要。文化是影響決策方式的一個重要因素。決策方式總體上可以分為兩種：自上而下與自下而上。在西方，通常採取自上而下做出決策，談判的主要負責人具有完成任務時決策的所有權力和精力，這樣就可以盡快完成談判。而在東方，一般強調共同參與和群體決策，所有成員協商一致，自下而上集體決策，所以做出一項決策要花費較長的時間。

三、民族性格

文化會對一個民族的個體產生怎樣的影響？有著共同文化背景的集體是否具有一定的性格模式？馮驥才先生曾經說過一句話：「文化似乎不直接關係國計民生，但是卻直接關聯民族的性格、精神、意識、思想、言語和氣質。抽出文化這根神經，一個民族將成為植物人。」費雪也認為在一種共同文化下存在一種共有的性格模式，並且這種性格模式會極大地影響國際商務談判。不同的民族性格在談判中影響著談判的氣氛、節奏及手段。例如美國人堅持對事不對人的原則，在商務談判中直截了當，通常不用寒暄去建立人情氣氛。英國人較為保守，重視規則，只要他們認為某一細節沒有解決，絕不會簽字。中國人講求以和為貴，創造和諧的氣氛是談判的重要環節。

四、文化噪音

文化噪音包括一切打斷和影響有效信息傳遞的語言、行為及外部環境。其主要產生於非語言溝通，有些是很細微的事情，但不同文化的理解會很不一樣，甚至徹底相反。如絕大多數的國家都是以點頭方式來表示讚成的，但尼泊爾等國以搖頭表示肯定。除身體語言外，時空語言，甚至是語言的停頓等也會成為文化噪音。一般而言強調個

人主義的文化比強調集體主義的文化需要的個人空間更大，當私人空間遭到侵入，個體就會感到極端不安。有時一些語言理解上的差異也會讓一些話語成為文化噪音，例如「是與否」的使用。對於美國人，他們辦事乾脆利落，不兜圈子，與美國人談判，表達意見要直接，「是」與「否」必須清楚。日本人非常講面子，認為直接的拒絕會使對方難堪，甚至惱怒，是極大的無禮。

五、翻譯人員選擇

在國際商務談判中是否安排翻譯人員，這是需要慎重考慮的問題。除非對對方的語言非常熟悉，不僅是指字面的含義，還包括一些深層文化含義都很熟悉，幾乎達到母語水平，否則通常都會安排翻譯。因為翻譯通常是對對方語言及文化較為熟悉的專業人士，好的翻譯人員可以成為文化溝通的緩衝劑，幫助雙方瞭解彼此的文化差異，減弱文化差異帶來的負面影響；同時又可以提供一個充分的思考時間；而且在翻譯的過程中，談判者可以有一個觀察對方反應的機會；同時也避免了談判者將錯誤直接暴露給對方。

但翻譯人員不能慎重用詞，或由於受教育程度以及某些領域的專業知識的制約而造成未能理解提供的信息內容，又或信息傳遞過程中缺乏文化意識，都會使談判雙方產生誤解而出現爭執並因此使談判陷入僵局。

【實訓模塊3】影響國際商務談判的文化因素

練習

不同國家和地區的個人主義程度不同，目前國際上相對一致的個人主義由強到弱的排序是：美國──→澳大利亞──→英國──→加拿大──→丹麥──→義大利──→比利時──→瑞典──→法國──→以色列──→西班牙──→印度──→日本──→阿根廷──→巴西──→中國香港──→新加坡──→臺灣──→委內瑞拉──→中國大陸。

討論並說出你的觀點。

【知識點】

國際商務談判是一種跨文化的交際行為，它不僅是經濟領域的交流與合作，也是文化之間的交流和溝通。在跨文化商務談判中，不同國家的談判參與者就共同和衝突的利益進行磋商，通常將其作為一項總額為零的行為，一方獲利多就意味著另一方損益，因此雙方既有合作的一面又有衝突的一面。談判的任何一方在與對方合作的同時，都力圖贏得最大利益。

影響國際商務談判的因素很多，如國際經濟環境、政治環境、談判雙方的經濟實力、法律體制、文化及談判者的綜合素養等，而文化因素是最難以把握的。它是一個民族或群體在長期社會生產和生活中所形成的在價值觀念、宗教信仰、生活態度、思維

方式、行為準則、風俗習慣等各方面所表現出來的區別於另一民族或群體的顯著特徵。文化差異必然會引起文化衝突，從而在談判中產生障礙，進而導致談判的中斷甚至失敗。影響國際商務談判的文化因素主要有：

一、語言因素

語言是文化的核心，也是承載和傳承文化最主要的工具，因此民族的文化特徵無不通過民族語言體現出來。不同語言有其不同的特徵，例如漢語是重意合的語言，會話含義往往需要通過具體語境去理解和獲得，而英語是重形合的語言，語境依賴程度低於漢語，因此漢語屬於高語境文化，英語屬於低語境文化。

所謂高語境是指交際雙方具有很多的共同點和相似之處，交際信息隱藏於交際環境中或內在於參與交際的人本身，因此不需要把一切都清楚明瞭地以語言文字形式表達出來。而低語境文化正好與之相反，大部分信息都要通過文字清清楚楚地表達出來，人們更相信寫在紙上或說出口的信息，而不相信只能意會不能言傳的信息。在對話中要真正聽懂對方的話、避免誤解就要弄清這些話是怎麼說出來的。說話方式的不同，表達出來的意義也就不同了。如高語境國家喜歡委婉間接的說話方式，他們常常要考慮說話的場合、對象等語境要素，說出來的話往往不是字面意義所能表達的，而這對低語境國家的人來說是交際中的一大障礙，他們喜歡直來直去，開門見山。所以因表達不清而產生的誤解、衝突就可想而知了。中國會認為西方人太直白，而西方人會覺得中國人說話拐彎抹角，令他們費解。

二、思維方式

對中國人思維方式影響最大的三種哲學思想是儒家思想、道家思想和中國的佛教思想。這三種哲學思想都很重視悟性，即注重直觀感受與切身體會或直觀思考。因此中國人重領悟，言外之意，乃至重含蓄，追求韻致，往往採用螺旋式思維方式。

西方的哲學背景是亞里士多德嚴密的形式邏輯，以及從後來的16世紀到18世紀彌漫歐洲的理性主義。理性主義強調科學實驗，注重形式論證，對歐洲自然科學發展起了推動作用，表現在語言上即強調形態外露及形式上完整，因而英美國家的人更重視表達的確切性。因為看待外部世界的方式不同，不同文化的人們在思維模式上也必然存在著差異：東方文化重整體、重主體、重領悟，而西方民族重邏輯、重理性、重分析。

三、價值觀念

西方人非常重視個人主義取向，強調自我，在跨文化交際中表現出強烈的肯定和突出自我的色彩，西方這種肯定的突出自我的思想意識體現在行動上就是敢於標榜和突出自我，敢說敢為，敢於表現自己，表現出強烈的自我奮鬥和自我實現的進取精神。在美國人看來，中國人不習慣公開個人觀點，是因為中國人分不清對事與對人的區別。西方人發表個人見解是就事論事，對事不對人。此外，英美人對年齡、婚姻狀況、收入、宗教信仰等的種種禁忌，在很大程度上也都因他們身體力行個體主義，個體化意識根深蒂固的。

東方文化崇尚社團價值，中國文化是東方文化的代表，因此這種價值觀在中國得到了充分的體現。儒教極力推崇社會的有序與和諧；佛教也往往把個人看成是整個宇宙的一部分。孟子把道德和善作為人的真實本質，要求個人利益服從集體利益，甚至可以犧牲個人自由來保障社會利益。中國的很多諺語都體現了這種價值取向：「槍打出頭鳥」「人怕出名豬怕壯」「出頭的椽子先腐爛」等。人們不願意發表不同意見，要維護融洽、避免分歧，凡做事前都要考慮別人的看法。這在西方人看來是不可思議的。而且在中國，有時談判人員和決策者並不統一，談判者經常要將談判進程、情況向決策者匯報，以期進一步的指示。

四、風俗禮儀

特殊的國情、濃厚的文化傳統在交際中極易形成對該國度或文化的各種偏見。中國美食名揚天下，然而許多英美人士、尤其是基督徒，對於中國人幾乎所有動物都可入菜的習俗另有定論。根據基督教的教義，除了少數動物，如牛、羊、魚之外，大多數其他動物被視為不潔之物。中國人眼中的龍是權貴的象徵，而在西方卻代表邪惡。

五、時間觀念

在時間觀念上有單時制文化與多時制文化差異，所謂單時制文化是指一次只做一件事情，注重有序、整齊，要求做每件事都要有固定時間和地點，不喜歡被打斷。多時制文化意味著同時可以做很多事情，要照顧到周圍的每個人，允許被打擾，不限定某個時間段內只能做一件事情。所以在多時制文化中我們會經常看到敞開的辦公室大門，不斷鳴響的電話鈴聲與會議同時進行。

比如在中國我們常看到這樣的情景：一位領導正在辦公室接待一位來訪的客人，他一邊同客人聊天，一邊接聽電話並回答相關問題，在談話過程中會有其他工作人員進來請示事情或要求簽字。如果客人是中國人，他對此會習以為常；如果是單時制國家的人，他會感到自己受了冷落，因為這段時間應該是他所獨有的，而不應該是為他人服務的。

美國、瑞士、德國和澳大利亞人時間觀念強，生活節奏快，嚴格遵守時間規定，這與這些國家的技術、經濟發展水平有關。對於其他一些諸如拉丁美洲的國家阿根廷、巴西以及中東國家來說，談判被拖延是正常的事情。

六、團隊意識

中西方人士在談判過程中，其團隊意識分歧最突出的是個人主義和集體主義。由於經濟、政治、歷史進程、社會文化等造成東方國度相對比較重視集體主義，而西方發達國家相對比較重視個人主義。個人主義非常關心自己、最親密的家庭等，不關心集體，崇尚個人奮鬥；而集體主義則有嚴密的社會機構，有內外部群體之分，期望內部群體的關心並對集體忠心。個人主義強調英雄的作用，而集體主義則強調統一思維和觀念。

【實訓模塊4】 國際商務談判的語言技巧

練習

外交辭令被稱為「沒有錯誤的廢話」。外交辭令是適合於外交場合的話語。國與國交往在一些重要場合中，外交辭令非用不可。試著對如下周恩來的幾個經典外教辭令進行評析：

在一次招待會上，尼克松問周恩來總理：「總理閣下，中國好，林彪為什麼提出往蘇聯跑？」周恩來回答：「這不奇怪。大自然好，蒼蠅還是要往廁所跑嘛！」

一位西方女記者問道：「周恩來先生，可不可以問您一個私人問題？」「可以的。」周恩來微笑著回答，「您已經60多歲了，為什麼依然神採奕奕，記憶非凡，顯得這樣年輕、英俊？」周恩來溫和地笑了笑：「因為我是按照東方人的生活習慣生活，所以我至今都很健康！」整個大廳裡響起了經久不息的掌聲和喝彩聲，各國記者無不為周恩來的巧妙回答所折服。

一位西方記者提問道：「請問，中國人民銀行有多少資金？」這實際上是譏笑新中國成立初期的貧窮。周恩來正色道：「中國人民銀行貨幣資金嘛，有18元8角8分。」全場愕然，鴉雀無聲。周恩來以風趣的語調解釋說：「中國人民銀行發行面額為十元、五元、二元、一元、五角、二角、一角、五分、二分、一分的10種主輔幣人民幣，合計為18元8角8分。中國人民銀行是由全中國人民當家做主的金融機構，有全國人民作后盾，信用卓著，實力雄厚，它所發行的貨幣，是世界上最有信譽的貨幣之一，在國際上享有盛譽。」

【知識點】

一、國際商務談判語言的基本特徵

（一）客觀性

客觀性是指談判語言要尊重事實，反應事實，能使談判雙方相互產生「以誠相待」的印象，有利於談判雙方立場的接近。

（二）針對性

針對性是指談判時語言表述要始終圍繞主體，有的放矢。如針對某類談判，針對某次談判具體內容，針對某個談判對手及其具體要求。總之要圍繞重點，不枝不蔓，言簡意賅。

（三）邏輯性

邏輯性是指談判語言要符合思維規律，表達概念明確，判斷正確，推理嚴密，論證有說服力。提出問題要有的放矢，表述準確。敘述問題要清晰明瞭，注意銜接。回

答問題要切題,不要答非所問,思路要清楚。只有很強的語言邏輯性,才能說服和打動對方。

(四)規範性

規範性是指談判語言文明禮貌,符合商界特點和職業道德要求,清晰易懂,準確嚴謹。嚴禁粗魯污穢的語言,更不能用方言、黑話、俗語等類語言。不要講外行話,不要大聲吼叫(除非是技巧的應用)。

二、國際商務談判的語言使用

(一)商務談判中的外交語言

1. 外交語言特點

國際商務談判中外交語言具有可能性、圓滑性、緩衝性的特點。使用外交語言在談判中容易受到尊重,有利於弄清問題,進退有余地。外交式談判從不認為有「死局」。外交官認為,任何事物在一定條件下,都是可變的。外交式談判語言隨著豐富的談判議題、場所不斷變化,由談判人員不斷創造出來。

2. 典型外交用語

「很榮幸與您談判該項目。」

「此事可以考慮。」

「有關談判議程悉聽貴方尊便。」

「願我們的工作能為擴大雙方合作做貢獻。」

「有待研究。」

「我已講了我能講的意見。」

「請恕我授權有限。」

「可以轉達貴方要求。」

「此事無可奉告。」

「請原諒我有為難之處,不能滿足貴方願望。」

「既然如此,深表遺憾。」

「貴方做法,不像我們兩國政府所倡導的行動準則。」

「您的言行已違背了貴國政府對中國的友好精神。」

「您已說了我想說的意思。」

「我沒有這樣說,這是您的意思。」

「我們的談判大門是敞開的,在貴方請示過后,可隨時和我們聯繫。」

3. 外交語言在談判中的功效

(1)拉攏對方

使用外交語言使對方感到受人尊敬,並感到遇到了通情達理、涵養較好的對話人,容易產生與對方的親近感,有利於交流想法,增強談判的信心和希望,也可以承受交易條件上的較大分歧。

（2）擺脫僵局

在己方處在不利談判形勢中，為了迴避對方「是與否」的追逼，以外交語言搪塞對方抽身而出是有效的。

（3）爭取機會

外交語言可防止談判破裂。

第一，可以在進攻中爭取機會。婉言陳述對方所持立場的利弊，勸其「再考慮」，從而動搖對方立場，在規勸對方讓步中爭取機會。

第二，可以在相持中爭取機會。在雙方均處在既有理也無理、均有力量但又不想過多消耗的情況下，陳述共同利益之所在，可說服雙方同步走。

第三，可以在退卻中爭取機會。在對方論證有理，乙方不得不做出回應時，以退卻的姿態引發對方回應。如：「貴方所做的努力，我方充分理解，並願意考慮對方立場。同時也希望貴方對我方已講過的問題進一步考慮。」好像是退卻了，但又爭取到提出新的交易條件的機會。

（二）商務談判中的商業法律用語

商務談判中的商業法律用語泛指與交易有關的技術、價格、運輸、保險、稅收、產權、法人和自然人、商檢、經濟和法律制裁等行業習慣用語和法規條例的提法。

1. 特點

商務談判中的商業法律用語具有刻板性、通用性、嚴謹性。刻板性表現為商業法律用語表達商業利益簡單明瞭，毋庸置疑。通用性表現為在國際商務活動中習慣用統一的定義和用語來表述，有的已經符號化、規格化。嚴謹性表現為談判者的語言受到法律的約束，包括國內法和國際商法，法律的約束迫使人們經常引證法律條文。

2. 典型用語

國際商務談判涉及對有關國內、國際商業法律條文的使用。如《國際貿易術語通則》《世界貿易組織規則》《跟單信用證統一慣例》《聯合國國際貨物多式聯運公約》《國際商會調解與仲裁規則》等。

平時經常用到的商業法律用語，如產權、進出口、生產、成本、合資經營、三來一補、經銷代理、拍賣、債權債務等。

貿易業務中的常用語，如貨比三家、匯率、提貨、壓港、重複課稅、電匯、信匯、投保等。

商業法律用語是談判中的主體語言，涉及洽談的每一個議題，是談判手的最基本的語言工具。

3. 商業法律用語在談判中的功效

簡化理解。國際商務法律法規為全世界工商界提供了商業及法律方面的統一理解定義，使不同語言、不同文化傳統的談判者能理解對手的表達。

明確義務。交易雙方的債權債務關係、權利義務的劃分，只能用商業法律語言來確定。

提供交易手段。商業法律用語能告訴人們怎樣選擇交易方式，怎麼成交和怎麼執行，怎麼處理執行中出現的問題等。

【實訓模塊 5】國際商務談判中的溝通技巧

練習

四川峨眉山市金威利公司是一家知名的外資企業，主要做鞋類加工和代工，產品外銷。2014 年正好有一批運動鞋新產品欲銷往印度，印度的 A 公司比較感興趣，想做印度總代理。該公司員工素質較高，普遍用英文交流。

請設計一個橋段，並分組討論后派代表擔任金威利公司外貿部經理，和 A 公司先通過電話和郵件進行聯繫，然后邀約對方到位於峨眉山市的公司本部來詳談。

教師對不同小組進行點評並講解相關知識。

【知識點】

在國際商務談判中，溝通失敗的例子有很多，造成溝通失敗或障礙的原因除了語言表達上的氣勢太弱，聲音、表情或閱讀技能不足，遣詞造句不當外，還有就是缺乏相應的跨文化交際禮儀知識及技巧。下面將從電話、郵件、接待三方面以實際的例子來介紹國際商務談判中的溝通技巧。

一、電話的禮儀及技巧

隨著中國的入世，越來越多的外資企業進入中國市場，我們與外商接觸的機會隨之增多，西方人非常注重事前電話預約。怎樣撥打、接聽越洋電話呢？應該說些什麼？很多自以為能用英語進行簡單會話的人，在面對用英語通電話時就會變得手忙腳亂，不知所措，這時候電話英語的重要性可想而知。其實，用英語打電話有一定的模式及慣用語。舉個例子來說：

1. 電話的開場白：「你好，請找 Jack 接電話好嗎？我這裡是山東海化集團的張吉海。」對應的英文則是：

Hello, may I speak to Jack? (不能說 I want to find Jack.)

This is Ji Hai speaking from Haihua Group Shandong. (而不能說 I am Shandong Haihua Group Zhangjihai.)

2. 詢問對方是誰。中文一般都是「你好，請問哪裡找？」對應的英文則是：

Who is calling, please?

Who is speaking, please?

Who am I speaking to?

May I have your name?

3. 先打招呼，說句客套話，然后才進入主題，這是電話英語或者是英語會話的一定程序，也是對話、會話所不可或缺的。

早晨（上午）：Good morning. (早安！)

午后（下午）：Good afternoon.（午安！）

黃昏（晚上）：Good evening.（晚安！）

「Hi.」在打給好朋友或親近的人時，可以使用。在掛斷電話時，最後應該道別。如：

Good-bye.

Bye-bye!

See you later!

二、郵件禮儀及技巧

目前在與海外客戶的溝通中，電子郵件無疑是速度最快和最方便的。對於那些經常跟海外客戶聯繫的人來說，一定要掌握郵件的溝通技巧或者這個方面的禮儀，特別應注意以下幾點：

1. 當與不認識或不熟悉的人通信時，要使用正式語氣，盡可能使用適當的稱呼和敬語。知道姓氏的最好多用幾個 Mr.，如 Dear Mr. Harris，對於那些不清楚性別的可以用 Dear Sir or Madam 統一來表示。

2. 要使用簡單易懂的主題（Subject）準確傳達電子郵件要點。千萬不要發無主題的郵件，或者隨便找一個以前的郵件直接回復一下。以前的郵件是針對過去的某一件事情，郵件歷史和主題都和現在的事情無關，會導致對方一頭霧水，無法快速辨認，甚至顯得你很隨便，或者對客戶不是很重視。郵件主題不知道寫什麼的時候，可以寫上客戶公司名或自己公司名。

3. 對於郵件的字體，我們中文的 Windows 系統一般默認為宋體，但是如果用這個字體來顯示英文的話，其效果不是很好。西方人趨向於用 Verdana 或 Arial 的英文字體，這兩個字體可以將英文文字顯示得很圓潤，字體大小一般設置為 9 或者 10（或者是小四號字），便於任何人都能清楚地閱讀。

4. 在發送之前，一定要確認一下所寫的英文郵件有沒有拼寫錯誤，還要確認該發的附件有沒有上傳上去，這個是最容易忽略的。

5. 收到合法發件人（而非垃圾郵件發送者）的電子郵件時，即使無法立即提供一個完整的答復，也務必在 24 小時內向發件人確認收到郵件。如果您要外出 24 個小時以上，請使用自動回復功能。

6. 郵件簽名也是一個很重要的方面。簽名一般包括人名、部門名稱、公司名稱、聯繫方式等，切忌什麼都不寫，或者用個中文名字，除非客戶認識漢字，不然給人的感覺很糟糕。由於字體編碼的原因，世界各地的文字編碼目前無法統一，可以在本地正常顯示的中文漢字，在國外的電腦上就可能會顯示亂碼或者一些奇形怪狀的字符。導致客戶不知道你是誰，來自什麼國家的什麼公司。特別容易影響一些比較緊急的事情，最后得不償失。

7. 關於郵件的抄送，把郵件抄送給第二個人或者抄送給兩個以上的人（可能是客戶的同事或者主管、經理）時，你回復的時候要選擇「Reply All」（全部回復），而不要只回復發件的那個人。客戶發郵件選擇 Cc（抄送）的目的是希望多個人瞭解到目前

此事的進展情況，你有義務回復全部的人。

8. 回復客戶郵件的時候，不要把歷史記錄刪除，否則客戶記不清楚或者不知道先前發生的事情和交流的內容；也不要隨意改變郵件主題。一件事情或一個產品的郵件要保持一個郵件主題。

9. 關於附件的問題。在發附件之前，首先要確認自己的電腦沒有木馬或者病毒，想一想帶有電腦病毒的郵件發出去，客戶會是什麼樣的反應。其次，一般不要直接發送 Exe.的可執行文件，文件比較多的話，一般要用 Winrar.或者 Winzip.打個包，推薦用 Zip.格式的打包文件，因為對方即使沒有裝解壓縮的軟件，Windows XP 或者 Vista 本身都支持。在很大程度上，良好的電子郵件禮儀是基本常識，得體的商務電子郵件，會使企業贏得同樣的尊重。

三、接待外賓的禮儀及技巧

由於文化和生活習慣的不同，在跟外國人打交道時，其禮儀和技巧跟在國內有很大區別。

客人來到公司，可以帶他到會議室或者展廳裡面就座，不妨詢問下：Can I bring you something to drink?（您想喝點什麼？）或者簡單點：Coffee or tea?（咖啡還是茶？）一般來說，很多客人在中國的時間安排比較緊，早餐都吃得比較倉促，有的餐廳早上沒有咖啡供應，對於他們來說是很難受的，程度不亞於我們早上起來沒有刷牙就去上班的感覺。如果在正式談生意之前可以給他們來上一杯咖啡，不但有助提神，而且他們心情都會變得很好。當然，很多外國人不喜歡速溶咖啡，就像我們很多人不喜歡茶包泡的茶。如果是水的話，瓶裝的礦泉水最好。會議室裡與其放水果，不如放點小糖果，薄荷糖或者咖啡糖，小巧包裝的巧克力也不錯。外國人喜歡甜食，在中國的飲食不習慣會導致他們比較容易有饑餓感，這個時候，小糖果就起了大作用。

選擇餐廳不一定豪華，但是一定要乾淨。因為外出工作，身體非常重要，要是因為拉肚子干不了活，他們的中國之行就虧大了。菜式選擇之前一定要問：Do you have anything that you don't like?（有沒有什麼你是不吃的？）或者 What's your religion?（請問你的信仰是什麼？）這些問題其實很關鍵。很多有信仰的人，都是有忌諱的，如信仰穆斯林的人不吃豬肉，信印度教的人不吃牛肉，甚至還有素食主義者，連雞蛋都不吃，如是基督教則沒有太多的忌諱。

吃飯時一般餐廳都有刀叉，如果發現上菜的時候沒有刀叉，不妨詢問外國客戶是否要準備刀叉（Sir, do you want/need the folk and spoon?），徵得客戶的意見再讓服務員準備。有的客戶剛來中國很好奇，看中國人用筷子，他們也堅持用筷子。可以筷子和刀叉都上，看他們的偏好。由於公筷的使用也不是很普遍，上菜時大家先別動筷子，讓服務員先用公共的筷子把菜撥到外國客人的盤子裡（當然事先要詢問：Do you want to try this?），然后大家再一起吃。如果有甜食，放到最后上就最合適了。沒有的話，水果盤也可以湊合。對於大部分人來說，中國的啤酒度數比他們那邊的高得多，要是飯后還有工作的話，不妨叫度數低點，口感也比較適合他們的啤酒。要是對方不喝酒，可以要點可樂，或者100%純果汁。但是無論什麼時候都不要強迫客人喝白酒。我們的

白酒對於他們來說都是非常烈的，外國大部分所謂的白酒就是 10 度左右的白葡萄酒。喝酒時，不要勸酒，對方說能喝一杯，就給他一杯，兩杯就兩杯。擁有溝通技巧就可以說服別人，對生意上的商談也有可能達到極佳的溝通效果。而所謂溝通，正是一種使別人信服的藝術。真正懂得用心聆聽、用眼觀察的人，才能真正掌握溝通技巧的真諦。

【實訓模塊6】綜合國力對國際商務談判的影響

練習

分組討論，並回答以下幾個問題：
1. 一個國家的綜合國力包含哪些內容？
2. 綜合國力如何影響商務談判？
3. 當綜合國力不對等時，如何化解或應對？

【知識點】

進入 21 世紀以來，隨著經濟全球化步伐加快，中國與世界的交流合作更加密切。經濟全球化成為世界經濟發展的必然趨勢，它需要各國的企業打破國別經濟界限，樹立全球發展意識，積極參與國際交流與合作，以提高其國際競爭力。越來越多的政治、經濟、文化、法律等方面的差異對跨國商務談判產生巨大的影響。這些方面的差異實質上是各國綜合國力差異的體現，綜合國力的諸多差異容易造成談判衝突、終止甚至破裂。

綜合國力是指一個主權國家賴以生存與發展所擁有的全部實力及國際影響力的合力。綜合國力的內涵非常豐富，它的構成要素中既包含自然的，也包含社會的；既包含物質的，也包含精神的；既包含實力，也包含潛力以及由潛力轉化為實力的機制。綜合國力是一個國家的政治、經濟、科技、文化、教育、國防、外交、資源、民族意志、凝聚力等要素有機關聯、相互作用的綜合體。綜合國力也正是通過這些方面進而影響國際商務談判的。

一、綜合國力左右國際商務談判原則

國際商務談判的原則是平等性原則和互利性原則。國際商務談判不能以勝負輸贏而告終，要兼顧各方的利益。在國際經濟往來中，企業間的洽談協商活動不僅反應著企業與企業的關係，還體現了國家與國家的關係，相互間要求在尊重各自權利和國格的基礎上，平等地進行貿易與經濟合作事務。

為了更好地發展本國貿易，各國都想通過利用國際性組織或者地區性組織的規則來更好地為自己服務，以消除貿易壁壘，並在商務談判中占據有利地位。對於國際性或者地區性的組織，其規則的制定是在各成員國的共同參與之下完成的。規則的制定

需要一定的話語權，這需要有較強的綜合國力作為后盾，只有這樣才能達成對本國發展對外貿易有力的規則。這樣，綜合國力較強的國家將會在國際性或者地區性組織中占據重要地位，它們可以很容易地左右這些組織的規則並用之為自己服務，進而在國際商務談判占據主動。

二、綜合國力通過政治因素影響國際商務談判

國際商務談判既是一種商務交易的談判，同時也是一項國際交往活動，具有較強的政策性。由於談判雙方的商務關係是兩國或兩個地區之間整體經濟關係的一部分，常常涉及兩國之間的政治關係和外交關係，因此在談判中兩國或地區的政府常常會干預和影響商務談判。國際商務談判必須貫徹執行國家的有關方針政策和外交政策，同時，還應注意國別政策，以及執行對外經濟貿易的一系列法律和規章制度。

弱國無外交，國際商務談判亦是如此。看似平常的企業之間的商務談判無形之中卻夾雜著一國政策的影響，為了讓本國企業在國際貿易中占據有利位置，更多的國家實施保護性的貿易政策，同時在國際商務談判中對外國實施政治壓力，借此使談判的結果對本國企業有利。綜合國力較強的國家同時也擁有著較強的政治實力，它們可以很從容地在國際商務談判中發揮這一優勢，以更好地保護本國企業。

三、綜合國力通過經濟因素影響國際商務談判

一國的綜合國力是由多方面因素構成的，其中經濟實力占著重要的位置，在綜合國力的構成中發揮著重要的作用，在一國的國際商務談判中它起著最直接、最有效的作用。

在國際商務談判中，經濟實力較強的國家可以很好地利用這一優勢。它們可以在談判進行之前對其他國家在經濟上進行施壓，在談判進行的時候通過豐厚的經濟實力雇傭一批高素質的談判人員，以此在談判上占據有利位置。

四、綜合國力通過文化因素影響國際商務談判

文化因素在一國綜合國力中扮演著重要的作用，同時文化對人們的價值觀、思考問題的方式及解決問題的方法起著潛移默化的作用，換句話說一方文化塑造一方人。進行商務談判時，更多的是雙方人員的語言溝通。語言溝通和溝通方式差異將導致信息障礙，這將不利於談判的進一步進行。

文化還會影響談判人員的待客之道、談判風格。待客之道的差異將破壞雙方初步印象；談判方式差異將導致雙方不能正確理解讓步時機、成交時機；談判風格差異將可能破壞談判氣氛，引起爭端。只有在談判前盡可能瞭解可能出現的文化差異，在談判中正確處理文化差異，談判后針對文化差異做好后續交流，才能在國際商務談判中有所建樹，以避免在國際商務談判中屢屢敗北卻不知其然。

五、綜合國力通過法律因素影響國際商務談判

國際商務談判以國際商法為準則並強調談判雙方平等互利。法律因素是綜合國力

的一部分，法律比較健全的國家可以很好地利用本國的法律系統為本國企業服務。與此同時，較強的綜合國力還可以幫助本國企業在國際商法規則制定中擁有話語權，最終左右國際規則，以達到為本國企業爭取利益的目的。相反，綜合國力較弱的國家只會讓這些全球性法律規則成經濟強國屠宰弱國的工具。

六、綜合國力通過談判人員的素質影響國際商務談判

談判人員是進行國際商務談判的載體，他們分別代表著不同國家不同企業，為了完成自己的任務而奮鬥在國際商務談判的前沿。在綜合國力中，文化教育占據著重要的地位，通過文化教育可以為自己培養更出色的談判人才，然而較強的綜合國力才是發展文化教育事業的根本基礎。

談判者必須有廣博的知識和高超的談判技巧，不僅能在談判桌上因人而異，運用自如，而且要在談判前注意資料的準備、信息的收集，使談判按預定的方案順利地進行。

唯有較強的綜合國力作為基礎才可能培養出優秀的商務談判人才。

【實訓模塊 7】 商務談判跨國支付方式

練習

通過查詢國際貿易相關資料，討論：
1. 匯付、托收、信用證的特點、優缺點及應用範圍。
2. 信用證的種類和內容。
3. 信用證的收付程序及單證要求。
4. 信用證付款的注意事項。
5. 選擇支付方式應考慮的因素。

【知識點】

在國際商務談判中，簽約緊隨其后的就是款項支付，主要有匯付、托收和信用證。

一、匯付

匯付是付款人通過銀行，使用各種結算工具將貨款匯交收款人的一種結算方式，屬於商業信用。匯付分訂單付現和見單付現，見單付現根據付款方式又分為信匯、電匯、票匯。匯付業務涉及當事人有四個：付款人、收款人、匯出行、匯入行。

信匯。買方提出申請並交款付費給本地銀行，銀行開具付款委託書，通過郵政寄交賣方銀行，委託其向賣方付款，信匯費用低，速度慢。

票匯通常稱 D/D。買方向當地銀行購買即期匯票，自行寄給賣方，由賣方或其指定人持匯票向賣方所在地的有關銀行取款。債務人或買方填寫票匯申請書，將款項繳

本地銀行，即匯出行，由該行簽發一張以債權人（賣方）所在地的該行總分支行或代理行，即匯入行或解付行為付款人的即期匯票，交給債務人（買方）后，由其寄給賣方，憑票向付款銀行兌款的結算方式。

電匯（T/T）。匯入行應匯款人申請，通過拍發加押電報、電傳或 Swift 電文給國外的分行或代理行，指示其解付一定金額給收款人的一種匯款方式。特點：快捷、方便。屬於商業信譽，建立在互信基礎上。賣方能很快收到錢，安全性高。缺點：費用高、收手續費，還收相應的電訊費用。

匯付使用範圍。匯付的缺點是風險大，資金負擔不平衡。匯付結算方式完全是建立在商業信用基礎上的。因為以匯付方式結算，可以是貨到付款，也可以是預付貨款。如果是貨到付款，賣方向買方提供信用證融通資金，出口商有收不到貨款的風險。而預付貨款則是買方向賣方提供信用並融通資金，進口商有收不到商品的風險；不論哪一種方式，風險和資金負擔都集中在一方。

由於匯付結算方式的風險較大，這種結算方式只有在進出口雙方高度信任的基礎上才適用。一般只用來支付訂金貨款尾數、佣金歸還墊款、索賠理賠、出售少量樣品等也可以採用。在發達國家之間，由於大量的貿易是跨國公司的內部交易，而且外貿企業在國外有可靠的貿易夥伴和銷售網絡，因此，匯付是主要的結算方式。

二、托收

托收指由債權人開立匯票，委託銀行通過其海外分支行或代理行，向國外債務人收取貨款或勞務價值的一種結算方式。屬於商業信用，分光票托收和跟單托收。四個當事人：委託人、托收行、代收行、付款人。

根據交單條件的不同分：付款交單的 D/P 和承兌交單 D/A。這兩種方式多用於信用好的進口商，因為容易出現拖欠或拒付貨款的現象。

D/P 分兩種方式，一種是 D/P 即期，客戶馬上付款才能拿到單據，買方應憑賣方開具的即期跟單匯票，於見票時立即付款，付款后交單；另一種是 D/P 遠期，客戶保證在一定的時間付款（比如一個月），客戶資金緊張會這樣做。

買方對賣方開具的見票后××天付款的跟單匯票，於提示時應即予承兌，付款人做出承兌后，銀行還有收回單據，等到匯票到期后再做出付款提示，只有在付款方承擔付款責任後，銀行才會把象徵貨物所有權憑證的單據交給對方。

三、信用證 L/C

信用證（Letter of Credit, L/C）是一種開證銀行根據申請人（進口方）的要求和申請，向受益人（出口方）開立的有一定金額、在一定期限內憑匯票和出口單據，在指定地點付款的書面憑證。信用證把由買方承擔的義務轉化為銀行的付款義務，從而加入了銀行信用。

銀行承擔一定的付款責任，有審單義務，使結算程序更加嚴格、規範，對雙方而言，結算風險進一步得到控製，資金融通也更加便利。銀行既提供服務，又提供信用和資金融通，屬於銀行信用。優點：風險性小，是一種單證交易，對出口方收款有銀

行保證，進口商也可在發貨見單后承付，利於促成貿易。不完善的地方是買方不按時按要求開證，故意設陷阱，使賣方無法履行合同，甚至遭降價、拒付、收不回貨款等損失。賣方造假單使之與信用證相符，欺騙買方貨款。信用證費用較高，業務手續繁瑣，審證、審單技術性強，稍有失誤，就會造成損失。

　　缺點：雙方承擔一些銀行費用，時間週期長，費用高，影響交單。
　　使用情況：大金額的交易，第一次交易的客戶，落后國家或客戶信譽度不好。
　　要求：必須單證一致，單單一致。

【實訓模塊 8】 主要國家和地區商務談判風格

練習

查詢資料並分組討論美國人、德國人、日本人、韓國人、阿拉伯人、俄羅斯人、法國人、英國人、拉美人和華僑商人的談判風格，並說出理由。

不同的商人	談判風格	注意事項
美國人		
德國人		
韓國人		
阿拉伯人		
俄羅斯人		
法國人		
英國人		
拉美人		
華僑商人		

【知識點】

來自不同國家或地區的客商處於不同的歷史背景和政治經濟制度，其文化背景和價值觀念也存在著明顯的差異。因此，他們在商務談判中的風格也各不相同。在國際商務談判中，如果不瞭解這些不同的談判風格，就可能鬧出笑話，產生誤解，既失禮於人，又可能因此而失去許多談判成功的契機。如欲在商務談判中不辱使命，穩操勝券，就必須熟悉不同背景下商人不同的談判風格，採取靈活的談判方式。

一、美國人

在美國歷史上，大批拓荒者曾冒著極大的風險從歐洲來美洲，尋求自由和幸福。

頑強的毅力和樂觀向上勇於進取的開拓精神，使他們在一片完全陌生的土地上建立了新的樂園。他們性格開朗、自信果斷、辦事乾脆利落、重實際、重功利、事事處處以成敗來評判每個人，加上美國人在當今世界上取得的巨大經濟成就，這就形成了美國商人獨特的談判風格。

乾脆直爽，直截了當。美國商人在談判中習慣於迅速將談判引向實質階段，不兜圈子，不拐彎抹角，不講客套，並將自己的觀點全盤托出。他們對談判對手的直言快語很欣賞，如果對方換個角度或從某個側面也令其心服，最終將達成妥協，皆大歡喜。

重視效率，追求實利。美國人習慣於按照合同條款逐項進行討論，解決一項，推進一項，盡量縮短談判時間。他們十分精於討價還價，並以智慧和謀略取勝，他們會講得有理有據，從國內市場到國際市場走勢，甚至最終用戶的心態等各個方面勸說對方接收其價格要求。

全盤平衡，一攬子交易。美國人在談判某一項目時，除探討所談項目的品質規格、價格、包裝、數量、交貨期及付款方式等條款外，還包括該項目從設計到開發、生產工藝、銷售、售後服務以及為雙方能更好地合作各自所能做的事情等，從而達成一攬子交易。

同美國人談判，是與非必須認清楚，如有疑問，要毫不客氣地問清楚，不要拐彎抹角，不要抹不開面子，以免日后造成糾紛。

二、德國人

德國人的特點是倔強、自信。他們辦事謹慎，富有計劃性。他們敬業精神很強，工作重視效率、追求完美。德國能在短短幾十年內在世界經濟中再度崛起，是同他們這種自強不息的民族奮鬥精神分不開的。

嚴謹認真，準備周密。德國人在談判前準備充分，對所要談判的標的物以及對方公司的經營、資信情況等均進行過詳盡認真的研究，掌握大量翔實的第一手資料，以便在談判中得心應手，左右逢源。他們的企業技術標準十分精確具體。所以他們在購買別國的產品時往往用自己國家的標準來衡量（作為選擇標準）。讓他們相信你的產品質量這點很關鍵。

缺乏妥協性和靈活性。德國人在談判中審慎穩重有余，而適當的妥協性和靈活性不足。如果我們對出口商品報價過高，他們可能會覺得雙方的價格相距太遠，不值得進一步探討，從而可能使我們失去一次貿易機會。相反，他們一旦報出價格，那這個價格幾乎不可更改。德國商人很少討價還價，即便是有，討價還價的餘地也會很小。他們特別講究效率，信奉「馬上解決」，討厭「研究研究」「考慮考慮」等拖拉現象。

重合同、守信用、審慎、穩重。德國人在簽訂合同之前，往往要仔細研究合同的每一個細節，並認真推敲，感到滿意后才會簽訂合同。合同一經簽訂，他們會嚴守合同條款，一絲不苟地去履行。他們不輕易毀約，同樣，他們對對方履約的要求也極其嚴格。

談判之前準備充分。將研究談判的標的產品的所有方面信息，包括資產、管理狀況、生產能力等，不喜歡與信譽差的、短視的、唯利是圖的公司交易。

在乎頭銜。初次會面可能拘謹或含蓄，甚至不友好，但是熟悉以後會很好。強調自己提出的方案的可行性而不輕易讓步，即使讓步也限於很小範圍內，因為自己的報價是合理的。

談判中正式而嚴肅，尊重高層（要預約）。不謀求正式談判以外的私下交易；討價還價要合理，避免過分要求，建議要具體而切實，分析要精確仔細；對交易會的業務很感興趣；喜歡啤酒和足球的話題；避免談及政治。

三、日本人

日本人深受中國傳統文化的影響，儒家思想已深深地沉澱於日本人內心深處，並在行為方式上處處體現出來。日本是一個島國，資源缺乏、人口密集，具有民族危機感。這就使日本人養成了進取心強，工作認真，事事考慮長遠影響的性格。他們慎重、禮貌、耐心、自信地活躍在國際商務談判的舞臺上。

講究禮節，彬彬有禮地討價還價。日本商人走出國門進行商務談判時，總希望對方能前往機場、車站或碼頭迎接，迎接人的地位要等同或略高於日本商人的地位。他們經常說說笑笑地討價還價，體現了一種禮貌在先，慢慢協商在後的指導思想，使談判在友好的氣氛中進行，以便達成協議。

注重建立和諧的人際關係。日本人把與誰做生意同怎樣做生意看得同樣重要。他們往往將相當一部分時間、精力花在人際關係中，願意與熟悉的人做生意並建立長期友好的合作關係。他們不習慣直接的、純粹的商務活動，如果有人不願意開展人際交往活動而直接進入實際性的商務談判活動，就會欲速則不達。

商品的質量至關重要。日本人在商務談判中首先著眼於商品的質量、包裝和生產工廠，而后才會談及價格。當然，價格問題也很重要，但必須是以符合要求的質量標準且能提供優質服務為前提。在他們心中，產品的質量、優質的服務和可接受的價格這三個要素缺一不可。一旦他們與你做成了第一筆生意，而且很順利，他們就會繼續與你合作下去，即使再有其他貿易公司報以更優惠的價格，他們也不會輕易轉向那家公司。

四、韓國人

韓國是一個自然資源匱乏，人口密度很大的國家。韓國以「貿易立國」，近幾十年經濟發展較快。韓國商人在長期的貿易實踐中累積了豐富的經驗，常在不利於己的貿易談判中占上風，被西方國家稱為「談判的強手」。

進行充分的諮詢準備工作。談判前，韓國人通常要對對方進行諮詢瞭解，如經營項目、規模、資金、經營作風以及有關商品的行情等。一旦韓國人與你坐在一起談判，那麼可以肯定地說，他已對這場談判進行了周密的準備。

注重禮儀，創造良好的談判氣氛。韓國人十分注意選擇談判地點，他們一般喜歡選擇有名氣的酒店進行會晤，並且特別重視談判開始階段的氣氛。見面時總是熱情地與對方打招呼，向對方介紹自己的姓名、職務等。當被問及喜歡用哪種飲料時，他們一般選擇對方喜歡的飲料，以示對對方的尊重。

巧妙地運用談判技巧。韓國人常用的談判方法有兩種，即橫向式談判和縱向式談判。前者是先談主要條款，然后談次要條款，最后談附加條款；后者即對雙方共同提出的條款逐條協商，達成一致后，再轉向下一條款進行討論。有時也會兩種方法兼而用之。他們還時常使用「聲東擊西」「先苦后甜」「疲勞戰術」等策略。有些韓國商人直到最后一刻仍會提出「價格再降一點」的要求。

五、阿拉伯人

由於地理、宗教和民族等方面的影響，阿拉伯人以宗教劃派，以部落為群。他們性情固執，比較保守，家族觀念及等級觀念很強，不輕易相信別人，整個民族具有較強的凝聚力。

先交朋友，后談生意。阿拉伯人通常要花很長時間才能做出談判的決策。他們不希望通過電話來談生意。當外商想向他們推銷某種商品時，必須經過多次拜訪，有時甚至第二次、第三次拜訪都接觸不到實質性問題。與他們打交道，必須先爭取他們的好感和信任，建立朋友關係。只有這樣，下一步的交易才會進展順利。

對討價還價情有獨鐘。在他們看來，沒有討價還價就不是一場嚴肅的談判。無論是在大商店還是小商店均可討價還價，標價只是賣主的報價。在商務談判中更是如此，他們甚至認為，不還價就買走東西的人，還不如討價還價后什麼也不買的人受賣主的尊重。

通過代理商進行商務談判。幾乎所有阿拉伯國家的政府都堅持讓外國公司通過代理商來開展業務，代理商從中獲取佣金。一個好的代理商對業務的開展大有裨益。他可以幫雇主同政府有關部門取得聯繫，促使有關方面盡早做出決定，幫助安排貨款的收回，勞務使用、物資運輸、倉儲等諸多事宜。

六、俄羅斯人

俄羅斯人固守傳統，缺乏靈活性。提出的要求往往很極端，要有心理準備，計劃與審批需要繁復的程序。

對技術細節感興趣。俄羅斯人特別重視談判項目中的技術內容和索賠條款，對圖紙的索取很苛刻，這與這個昔日的技術強國的傳統有關。

善於在價格上討價還價。準時，但是進展速度慢，要有耐心準備好詳細資料，隨時準備使用拖延戰術，沒有必要期望建立長期的關係，因為他們的要求可能會很極端。

避免談政治。

七、法國人

法國人喜歡建立個人之間的友誼，並且這種友誼將影響生意。特別關注個人關係和生意關係的緊密聯繫。喜歡在社交場合交往，而不是在家裡宴請朋友。談論話題與法國浪漫情調有關，範圍廣，避免談論政治、金錢和私事。

堅持在談判在中使用法語。這是一般原則性問題，最大的讓步也許就是不用法語。陳述要規範，高信息量，理性和克制。談判進入要點要簡短。一般很坦誠公開。

偏愛橫向談判，不喜歡苛刻的交易。喜歡先勾畫輪廓，再達成原則性協議。喜歡簽署大概內容，如果以後執行對自己不利則毀約重新談。

重視個人力量。很少集體決策，他們的機構明確簡單，個人權力很大，效率高。

嚴格區分工作與休息時間。8月是度假的季節，一般全國都放假，不做生意。

八、英國人

不輕易與對方建立個人關係。保守，傳統而具有優越感。英國人的自由和平等是形式上的，平民與貴族仍然不同，在交往中注重對手的身分和業績、經歷等。對談判不如日本人、美國人那樣看重。對談判本身準備也不充分，不夠詳細周密，善於簡明扼要闡述立場，陳述觀點。談判中更多的是沉默、平靜、自信和謹慎，而不是激動冒險和誇誇其談。不喜歡風險大的、利潤大的買賣。

一般不能按時交貨，不能保證合同的按期履行，但是產品的質量、性能優越。和英國人談判一定要在延遲交貨的條款上寫上重罰的條款。缺乏靈活性。既固執又不願意花費很大力氣。不喜歡太多討價還價。

避免談政治或宗教，避免談私人問題，不要開美國人的玩笑，別嘲笑他們，避免將英國與美國比較，要紳士不要放肆。注重追求生活的秩序與舒適，注意各種規矩，守時，相對忽視勤奮和努力。在談話中要使用「British」（英國的）而不是「English」（英格蘭的）。

九、拉美人

拉美國家大多屬於非工業化國家，生活節奏慢，這邊的人意識不嚴謹。要表現出對他們的風俗習慣、信仰的尊重與理解，爭取他們的信任，堅持公平友好互利。看重朋友關係，商業交往帶有感情成分。注意關係的建立比談判本身更加重要。

拉美國家政治複雜，衝突很多，部分地區社會治安較差。避免談論政治。不對巴西人講西班牙語；避免對巴西人談論阿根廷；避免開種族玩笑；避免使用「OK」手勢，這裡的「OK」是猥褻的手勢，相當於中國的中指。

重視合同實施，經常要求修改合同，履約率不高，特別是付款，最好要求用美元付款可以避免通貨膨脹帶來的負面影響。不同國家外匯管制不同，所以對外匯要有具體的細緻的條款。

根據不同國家的特點進行安排。巴西人好娛樂，重感情，喜歡討價還價，耍心眼，特別是針對不熟悉的人；注意對政府的溝通，找一個代理人。智利、巴拉圭和哥倫比亞人做生意保守。

十、華僑商人

華僑分佈在世界許多國家，他們鄉土觀念很強，勤奮耐勞，重視信義，珍惜友情。由於經歷和所處環境的不同，他們的談判習慣既與當地人有別，也與國內有所不同。

作風果斷，雷厲風行。在商務談判中，他們從不優柔寡斷，看準了就幹。他們富於冒險精神，敢於正視困難，對前途充滿了信心，善於抓住每一個商貿機會。

善於討價還價。華僑商人有一套巧妙的討價還價辦法，從不以一次讓價為滿足，總是一而再，再而三地討價還價，直到該商品不能再降價為止。他們認為談判雙方都很精明，談判的時候應當「有小便宜就占」。他們這種敬業精神和積極穩妥的現實風格，使得他們在創業道路上勇往直前，碩果累累。

華僑老闆親自出面談判，即使在談判之初由代理人或雇員出面，最后也要由老闆拍板才能成交。

以上介紹的只是世界主要貿易國家或地區不同商人的主要談判風格，我們應從中悟其真諦。當然，隨著當今世界經濟一體化和通信的高速發展，以及各國商人之間頻繁的往來接觸，他們相互影響，取長補短，有些商人的風格已不是十分明顯了。因此，我們既應瞭解不同國家和地區商人之間談判風格的差異，在實際的商務談判中更應根據臨時出現的情況隨機應變，適當地調整自己的談判方式以達到預期的目的，取得商務談判的成功。

【實訓模塊 9】出口報價技巧

練習

討論：出口報價與國內貿易報價有何異同？

項目	相同點	不同點
出口報價		
國內報價		

【知識點】

國際商務談判報價和國內貿易報價有些許差別。國內客戶距離近，文化相同，體制相同，談判時可以面對面進行近距離溝通。這裡的距離包括自然距離和心理距離。在國際商務談判中，會更多依賴郵件、網絡等，一旦報價，解釋起來沒有當面方便，所以報價需要更科學合理。報價太高，容易嚇跑客戶，報價太低，客戶一看就知道你不是行家裡手，不敢冒險與你做生意。對老客戶報價也不容易：他會自恃其實力而將價壓得厲害，以至在你接到他的詢盤時，不知該如何報價——報得太低沒有錢賺，報得太高又怕他把訂單下給了別人。國際商務談判至少要掌握常見的 5 種報價技巧。

一、報價前充分準備

首先，認真分析客戶購買意願，瞭解他們的真正需求，擬出一份有的放矢的報價單。有些客戶將價格低作為最重要的因素，一開始就報給他接近你底線的價格，那麼贏得訂單的可能性就大。廣州市某進出口公司的曾先生說：「我們在客戶詢價后到正式

報價前這段時間，會認真分析客戶真正的購買意願和意圖，然后才會決定給他們嘗試性報價（虛盤），還是正式報價（實盤）。」

其次，做好市場跟蹤調研，清楚市場最新動態。由於市場信息透明度高，市場價格變化更加迅速，因此，出口商必須依據最新行情報出價格「隨行就市」，買賣才有成交可能。現在一些正規的、較有實力的外商在香港、內地都有辦事處，對中國內外行情、市場環境都很熟悉和瞭解。這就要求出口公司自己也要信息靈通，要經常去收集貨源信息，對當地一些廠家賣價要很清楚。

二、選擇合適價格術語

在一份報價中，價格術語是核心部分之一。採用哪一種價格術語實際上就決定了買賣雙方的責權、利潤的劃分，所以出口商在擬就一份報價前，除要盡量滿足客戶的要求外，自己也要充分瞭解各種價格術語的真正含義並認真選擇，然后根據已選擇的價格術語進行報價。

選擇以 FOB 價成交，在運費和保險費波動不穩的市場條件下於自己有利。但也有許多被動的方面，比如：由於進口商延遲派船，或因各種情況導致裝船期延遲，船名變更，就會使出口商增加倉儲等費用支出，或因此而遲收貨款造成利息損失。出口商對出口貨物控製方面，在 FOB 價條件下，由於是進口商與承運人聯繫派船的，貨物一旦裝船，出口商即使想要在運輸途中或目的地轉賣貨物，或採取其他補救措施，也會頗費一些周折。

在 CIF 價出口的條件下，船貨銜接問題可以得到較好的解決，使得出口商有了更多的靈活性和機動性。在一般情況下，只要出口商保證所交運的貨物符合合同規定，所交單據齊全、正確，進口商就必須付款。貨物過船舷后，即使在進口商付款時貨物遭受損壞或滅失，進口商也不得因貨損而拒付貨款。就是說，以 CIF 價成交的出口合同是一種特定類型的「單據買賣」合同。

一個精明的出口商，不但要能夠把握自己所出售貨物的品質、數量，而且應該把握貨物運抵目的地及貨款收取過程中每一個環節。對於貨物的裝載、運輸及貨物的風險控製都應該盡量取得一定的控製權，這樣盈利才有保障。一些大的跨國公司，以自己可以在運輸、保險方面得到優惠條件而要求中國出口商以 FOB 價成交，就是在保證自己的控製權。

在現在出口利潤普遍不是很高的情況下，對於貿易全過程的每個環節精打細算比以往任何時候更顯重要。國內有些出口企業外銷利潤不錯，它們的做法是，對外報價時，先報 FOB 價，使客戶對本企業的商品價格有個比較，再詢 CIF 價，並堅持在國內市場安排運輸和保險。他們很坦誠地說，這樣做不但可以給買家更多選擇，而且有時在運保費上還可以賺一點差價。

三、利用合同其他要件

合同其他要件主要包括付款方式、交貨期、裝運條款、保險條款等。在影響成交的因素中，價格只是其中之一，如果能結合其他要件和客戶商談，價格的靈活性就要

大一些。例如，對於印度、巴基斯坦等國家或地區的客戶，有時候你給其 30 天或 60 天遠期付款的信用證條件，或許具有很大的吸引力。

還可以根據出口的地域特點、買家實力和性格特點、商品特點來調整報價。根據銷售淡旺季之分，或者訂單大小也可以調整自己的報價策略。

四、以綜合實力取勝

報價要盡量專業一點，在報價以前或報價中設法提一些專業性問題，顯示自己對產品或行業很熟悉、很內行。所以報價前，一方面要考慮客戶信譽，另一方面對自己的產品和質量要有信心。在與新客戶打交道時，讓客戶瞭解清楚自己的情況很重要，比如請他們去工廠參觀，讓他們瞭解自己的運作程序，這樣客戶下單時就更容易下決心。

同時，通過你的報價，瞭解和熟悉該行業的外商能夠覺察到，你是否也是該行業中的老手，並判斷你的可信度，過低的價格反而讓客戶覺得你不可信、不專業。

最後，在對新客戶報價前，一定要盡量讓他瞭解你的公司實力和業務運作模式。只有對你和你的公司具有充分信心，客戶才有可能考慮你的交易條件，這一點很多沒有經驗的出口商常常忽略。雖然目前很多外商到處比價詢盤，但良好的公司形象和口碑能夠幫助你吸引和留住客戶。

五、選擇合適的報價渠道——以網上貿易為例

在進行網上貿易時，可直接進行報價。阿里巴巴網上報價功能只提供給「誠信通會員」使用。當你有感興趣的求購信息，直接填寫完「報價單」發送後，為了讓採購商迅速收到您的反饋，可以通過以下方式：

在「報價單」中選擇「手機短信」，將報價內容發送到對方手機上，或短信提醒對方查看報價。最快速地將你的報價信息傳達給採購商，取得進一步的意向商談，從而避免報價不及時，失去潛在客戶。

當 E-mail 或系統留言收到客戶詢價單時，可選擇直接通過 E-mail 或回復留言進行報價。

可以利用貿易通及時進行網上報價，把握商機。如果向你詢價的採購商在線，你可以馬上與他洽談。詳細瞭解對方的採購需求和進一步核實對方身分及意向程度。可隨時向對方進行報價，並獲得對方對價格的反饋；如果採購商召開網上會議談生意，還可通過貿易通進行多方商務洽談。

【實訓模塊 10】 包裝運輸條款

練習　提單破綻案例分析

2001 年 3 月，國內某公司（以下簡稱甲方）與加拿大某公司（以下簡稱乙方）簽訂一設備引進合同。根據合同，甲方於 2001 年 4 月 30 日開立以乙方為受益人的不可撤銷的即期信用證，要求乙方在交單時，提供全套已裝船清潔提單。

2001 年 6 月 12 日，甲方收到開證銀行進口信用證付款通知書。甲方業務人員審核單據后發現乙方提交的提單存在以下疑點：

1. 提單簽署日期早於裝船日期。
2. 提單中沒有「已裝船」字樣。

根據以上疑點，甲方斷定該提單為備運提單，並採取以下措施：

1. 向開證銀行提出單據不符點，並拒付貨款。
2. 向有關司法機關提出詐騙立案請求。
3. 查詢有關船運信息，確定貨物是否已裝船發運。
4. 向乙方發出書面通知，提出甲方異議並要求對方做出書面解釋。

乙方在收到甲方通知及開證銀行的拒付函后，知道了事情的嚴重性並向甲方做出書面解釋，片面強調船務公司方面的責任。在此情況下，甲方公司再次發函表明立場，並指出，由於乙方原因，設備未按合同規定期限到港並安排調試，已嚴重違反合同並給甲方造成了不可估量的實際損失。要求乙方及時派人來協商解決問題，否則，甲方將採取必要的法律手段解決雙方糾紛。乙方遂於 2001 年 7 月派人來中國。在甲方出具了充分的證據后，乙方承認該批貨物由於種種原因並未按合同規定時間裝運，同時承認了其所提交的提單為備運提單。最終經雙方協商，乙方同意在總貨款 12.5 萬美元的基礎上降價 4 萬美元並提供 3 年免費維修服務作為賠償並同意取消信用證，付款方式改為貨到目的港后以電匯方式支付。

思考：

1. 跨國貿易的貨物運輸方式是什麼？
2. 運輸單據怎樣分類？
3. 不同海運提單的區別及應用範圍是什麼？

【知識點】

一、國際商務中的運輸方式

（一）海洋運輸

海洋運輸是國際貿易中最常用的運輸方式。
其優點是：①通過能力大；②運量大；③運費低廉；④適貨性強。
缺點是：①運速慢；②易受天氣影響；③風險較大。

（二）班輪運輸

班輪運輸也稱定期船運輸。特點：「四定一負責」，即航線、停靠港口、船期、運費率固定，承運人負責裝和卸。

租船運輸。租船方式的主要種類：定程租船、定期租船、光船租賃。

班輪運費的計算標準包括：按貨物的毛重（重量噸，W）；按貨物的體積（尺碼噸，M）；按貨物的價格（A. V. 或 Ad. Val）；按貨物重量或尺碼從高計收（W/M）；

按貨物的重量、尺碼或價值三者從高計收（W/M or A. V.）；按貨物重量或者尺碼選擇其高者，再加上運費計收（W/M plus A. V.）；按每件貨物作為一個計費單位收費；臨時議定運價（Open Rate）。

（三）鐵路運輸

鐵路運輸特點：一般不受氣候條件的影響，運量大、速度快、具有高度的連續性，風險小、手續簡單。

鐵路營運方式包括國際鐵路聯運和國內鐵路運輸。

（四）航空運輸

航空運輸是現代化的運輸方式，運輸速度快，貨運質量高，不受地麵條件的限制。空運方式包括班機運輸、包機運輸、集中托運、急件專遞等。

（四）管道運輸（Pipeline Transport）

管道運輸是指貨物借助管道內高壓氣泵的壓力輸往目的地的一種運輸方式，適用於液體和氣體貨物的運輸。

特點主要為建設投資大，營運成本低。在美國、俄羅斯、歐洲、中東、北非等地區廣泛應用管道運輸天然氣和石油，中國起步晚，但發展較快。

（五）集裝箱運輸（Container Transport）

集裝箱運輸的特點包括提高裝卸效率，加速船舶週轉；提高運輸質量，減少貨損貨差；節省各項費用，降低貨運成本；簡化貨運手續，便利貨物運輸；變單一為成組運輸，促進 IMT 發展。

根據裝運用途不同，集裝箱分類包括：

1. 干貨集裝箱（通用集裝箱）（Dry Cargo Container）

使用範圍極廣，占全部集裝箱的 80% 以上。這種集裝箱通常為封閉式，在一端或側面設有箱門。干貨集裝箱通常用來裝運文化用品、化工用品、電子機械、工藝品、醫藥、日用品、紡織品及儀器零件等，不受溫度變化影響的各類固體散貨、顆粒或粉末狀的貨物都可以由這種集裝箱裝運。

2. 散貨集裝箱（Bulk Container）

一種密閉式集裝箱，有玻璃鋼制和鋼制兩種。前者由於側壁強度較大，故一般裝載相對密度較大的散貨，后者則用於裝載相對密度較小的貨物。散貨集裝箱頂部的裝貨口應設水密性良好的蓋，以防雨水侵入箱內。

3. 冷藏集裝箱（Reefer Container）

專為運輸如魚、肉、新鮮水果、蔬菜等食品而特殊設計的。

目前基本上分兩種：一種是集裝箱內帶有冷凍機的叫機械式冷藏集裝箱；另一種箱內只有隔熱結構，箱端壁上設有進/出氣孔，箱子裝在艙中，由船舶的冷凍裝置供應冷氣，叫做外置式冷藏集裝箱。

4. 罐狀集裝箱（Tank Container）

專用以裝運酒類、油類（如動植物油）、液體食品以及化學品等液體貨物。這種集

裝箱有單罐和多罐數種，罐體四角由支柱、撐杆構成整體框架。貨物一般由罐頂裝貨孔進入，由排出孔靠重力自行流出，或由頂部吸出。

5. 開頂集裝箱（Open-top Container）

沒有鋼性箱頂的集裝箱，但有由可折疊式或可折式頂梁支撐的帆布、塑料布或塗塑布制成的頂篷，其他構件與通用集裝箱類似。這種集裝箱適於裝載大型貨物和重貨，如鋼鐵、木材，特別是像玻璃板等易碎的重貨，利用吊車從頂部吊入箱內不易損壞，而且也便於在箱內固定。

6. 框架式集裝箱（Plat Form Based Container）

沒有箱頂和側壁，甚至連端壁也去掉，而只有底板和四個角柱的集裝箱。這種集裝箱可以從前後、左右及上方進行裝卸作業，適合裝載長大件和重貨件，如重型機械、鋼材、鋼管、木材、鋼錠等。框架式集裝箱沒有水密性，怕水濕的貨物不能裝運，或用帆布遮蓋裝運。

7. 牲畜集裝箱（Pen Container）

用於裝運活家禽和活家畜。為了遮蔽太陽，箱頂採用膠合板覆蓋，側面和端面都有用鋁絲網制成的窗，以求有良好的通風性。側壁下方設有清掃口和排水口，並配有上下移動的拉門，可把垃圾清掃出去。還裝有喂食口。牲畜集裝箱在船上一般應裝在甲板上。

8. 汽車集裝箱（Car Container）

運輸小型轎車的專用集裝箱。其特點是在簡易箱底上裝一個鋼制框架，分為單層和雙層兩種。因為小轎車的高度為 1.35~1.45 米，如裝在 8 英尺（2.438 米）的標準集裝箱內，其容積要浪費 2/5 以上。因而出現了高度為 10.5 英尺（3.2 米）的雙層集裝箱。

9. 服裝集裝箱

在箱內側梁上裝有許多根橫杆，每根橫杆上垂下若干條皮帶扣、尼龍帶扣或繩索，成衣利用衣架上的鉤直接掛在帶扣或繩索上。這種服裝裝載法屬於無包裝運輸，它不僅節約了包裝材料和包裝費用，而且減少了人工勞動，提高了服裝的運輸質量。

10. 組合式集裝箱

又稱「子母箱」，它的結構是在獨立的底盤上，箱頂、側壁和端壁可以分解和組合，既可以單獨運輸貨物，也可以緊密地裝在 20ft 和 40ft 箱內，作為輔助集裝箱使用。它拆掉壁板後，形似托盤，所以又稱為「盤式集裝箱」。

還有一種是國際多式聯運（IMT），以集裝箱為媒介，把海/陸/空各種傳統的單一運輸方式有機地結合起來組成一種國際間的連貫運輸。

構成條件包括一個多式聯運合同、一份多式聯運單據、一個聯運經營人、全程單一的運費費率、兩種以上的運輸方式。

二、裝運條款

（一）裝運時間

裝運時間與交貨時間不同。裝運時間有不同規定，包括具體時間、收到信用證后

的若干天或月、收到信/電/票匯后的若干天或月、近期裝運或「立即裝運」。

近期裝運要注意掌握表述，如貨物不得遲於（或於）2006年7月30日裝運；最遲裝運日期是2006年7月30日；列明貨物在2006年7月30日或在該日以前裝運/發送；不遲於2006年8月31日從中國大連裝船至日本神戶。

（二）裝運港和目的港

裝運港和目的港包括港口明確（選港）、不接受內陸城市、裝卸港的條件、國外重名港口（E. g. Victoria）等。

（三）分批裝運和轉船

1. 分批裝運

在合同中如沒有規定不準分批裝運，視為可以；如果信用證中規定了每批裝運的時間和數量，若其中任何一期未按規定裝運，則本期及以后各批均失效；運輸單據表明同一運輸工具、同一路線、同一目的地，即使其表面上註明不同的裝運日期及不同的裝運港，將不視作分批裝運。

2. 轉船

《跟單信用證統一慣例》規定：未明確規定禁止轉船的視為可以。

（四）裝運通知

裝運通知要明確買賣雙方責任，做好船貨銜接工作；裝卸時間指允許完成裝卸任務所約定的時間，一般以天數或小時數來表示。

（五）裝卸率

裝卸率指每日裝卸貨物的數量。裝卸率的具體確定，一般應按照習慣的正常裝卸速度掌握實事求是的原則。裝卸率的高低關係到完成裝卸任務的時間和運費水平，裝卸率規定過高或過低都不合適。

（六）滯期費/速遣費

滯期費（Demurrage）：在規定的裝卸期間內，如果租船人未能完成裝卸作業，為了彌補船方的損失，對超過的時間租船人應向船方支付一定的罰款。

速遣費（Dispatch Money）：如果租船人在規定的裝卸期限內提前完成裝卸作業，則所節省的時間船方要向租船人支付一定的獎金。速遣費一般為滯期費的一半。

三、運輸單據

運輸單據是承運人收到承運貨物后簽發給托運人的證明文件，是交接貨物、處理索賠與理賠以及向銀行結算貨款或進行議付的重要單據。

（一）海運提單（Ocean Bill of Lading，B/L）

海運提單是貨物承運人或其代理人收到貨物后，簽發給托運人的一種證明。這是貨物收據/物權憑證/托運人與承運人之間的運輸契約的證明。

海運提單的基本內容包括提單的正面內容，如托運人、收貨人、被通知人、收貨

地或裝貨港、目的地或卸貨港、船名及航次等；提單的背面內容，如運輸條款等。

海運提單的分類。根據標準不同，有如下分類：

1. 貨物是否裝船：已裝船提單（Shipped B/L）和備運不清潔提單（Unclean B/L）。
2. 有無外表狀況不良批註：清潔提單（Clean B/L）和提單（Received for shipment B/L）。
3. 收貨人的填寫：記名提單（Straight B/L）、指示提單（Order B/L）和不記名提單（Barer B/L）。
4. 運輸方式：直達提單（Direct B/L）、轉船提單（Transshipment B/L）和聯運提單（Though B/L）。
5. 內容的繁簡：全式提單（Long form B/L）和略式提單（Short form B/L）。
6. 提單有效性：正本提單（Original B/L）和副本提單（Copy B/L）。
7. 其他：艙面提單（On deck B/L）、過期提單（Stale B/L）、倒簽提單（Ante-dated B/L）和預借提單（Advanced B/L）。

（二）鐵路運輸單據

鐵路運輸單據包括國際鐵路聯運運單（國際鐵路聯運）和承運貨物收據（港澳國內鐵路）。

（三）航空運單

航空運單是承運人與托運人之間簽訂的運輸契約，也是承運人或其代理人簽發的貨物收據。航空運單正本一式三份，分別交托運人、航空公司和隨機帶交收貨人，副本若干份由航空公司按規定分發。航空運單還可以作為承運人核收運費的依據和海關查驗放行的基本單據。

【問題思考】

1. 國際商務談判有何特點？
2. 描述作為國際商務談判人員的關鍵素養。
3. 怎麼理解國際商務談判的5要素？
4. 影響國際商務談判的文化因素有哪些？
5. 國際商務談判與國內商務談判的溝通技巧有何異同？
6. 如何理解綜合國力對國際商務談判的影響？
7. 商務談判有哪些跨國支付方式？
8. 不同國家和地區商務談判風格有何異同？
9. 出口報價有何技巧？

實訓項目六　商務談判交易實訓

【實訓目的與要求】

1. 通過訓練瞭解影響成交的因素，把握談判結束時機。
2. 通過模擬訓練逐漸掌握及時成交技巧。
3. 掌握協議簽訂的格式和常用內容條款。
4. 掌握簽約技巧及簽約注意事項。
5. 熟悉處理談判合同糾紛相關知識。
6. 瞭解如何確保當事人履行協議。

【實訓學時】

本項目建議實訓學時：4學時。

【背景素材】

K公司是國內知名的化妝品、洗滌品製造商，自成立以來始終以「清潔、美、健康」為宗旨，現已擁有覆蓋全國的銷售網絡。由於產品結構調整，2015年將重新佈局經銷商網絡，並將在中央電視臺黃金時間發布全年廣告。目前招商會邀請函已經發出，老經銷商和部分新經銷商報名人數超過預期，潛在競爭激烈。

【實訓內容】

通過實訓項目，掌握影響成交的因素、談判結束時機判定、及時成交技巧、簽約技巧、簽約注意事項、不同協議格式、處理談判合同糾紛技巧、確保當事人履行協議技巧等知識。

【實訓模塊1】影響成交的因素

練習

按照下表思維深入討論影響成交的因素。

影響成交的因素								
宏觀	微觀	政治	經濟	文化	人	財	物	自然	其他

【知識點】

嚴格來說，影響成交的因素很多，可以說任何與談判相關的要素都會影響的最后成交。有時候談判者心情不好、突然的道聽途說、外部天災人禍、內部經營狀況轉換，甚至人事調整等都可能會導致成交或交易失敗。有很多偶然因素，無法預測，僅選主要一二進行研究。

一、談判者自身素養與組織授權

商務談判過程是一個權謀並重、虛實結合、充滿競爭的過程，能否在這個過程中盡可能多分一些蛋糕、多獲取一些利益，很大程度上取決於談判人員自身的素質與修養。

談判涉及不同組織，組織間差異也會影響談判效果。客觀和主觀兩方面綜合因素對談判效果都會產生很大影響。即使是合作已久的「老朋友」，因為各方利益追求不同，也會有很多意想不到的情況出現，更何況談判經常面對第一次合作的組織或個人，人文上的差異將直接影響談判的過程和結果。對於同樣的事務，談判參與者不同，可能會出現不同的談判結果。因此，在隨機決策情況下，談判代表被組織授權的程度在一定意義上不僅影響談判桌上實際獲利多少，甚至會決定談判成功與失敗。

二、現實的社會條件和雙方物質基礎

經濟是社會運行體系的一個組成部分，必然受現實社會條件的制約和影響，商務談判業務也不能獨善其身，也受到國家產業政策、社會政治經濟環境、經濟市場化程度等的影響；此外，自身物質基礎經濟實力強弱，如企業規模、資金實力、資信程度、產品競爭力等也必然直接影響談判的結果。故談判者應不失時機地利用謀略展示企業談判實力。

三、談判持續時間和信息容量

談判持續時間長短對談判結果有很大影響。例如在機械設備購置談判業務中，買方急需使用設備，希望談判時間短些，簽訂協議后就快速交貨，這就很可能在相應讓步的條款上，表現得慷慨一些。賣方的貨由於很緊俏，所以希望談判時間長些，遲些交貨，為供貨準備更充分的時間，便故意拖延談判時間，在相應讓步的條款上也盡力不開綠燈，爭取一個更好的談判結果。

談判是一種決策活動，決策準確性在很大程度上依賴於對信息掌握的全面程度，

信息不全面、不正確會影響到決策質量。當談判涉及多個參與方時，往往很難掌握完備信息。尤其是國際商務談判，涉及事務更為複雜，就更難掌握完備信息。信息容量對談判結果的影響力隨著信息社會的到來變得更為重要。誰佔有信息量大，信息處理手段更先進、及時、科學，誰就會在談判中居於主動地位，獲取更大利益。而且時間和信息的關係極為密切，談判持續時間長，對信息不靈、準備不充分的一方有利，他可以利用時間獲得新信息；而信息準備充分者則希望速戰速決。

商務談判過程中影響談判成功的因素很多，談判和所有事物一樣，存在著大量不確定性因素，或者說談判中存在著多種形式的風險。談判各方在談判過程中，面對複雜問題要善於分析形勢，把握機會。

【實訓模塊 2】 談判結束時機判定

練習

一位法國人家有一片小農場，種的是西瓜。他在家裡經常有人打電話，要訂購他家西瓜，但每一次都被他拒絕了。有一天，來了一位小男孩，約有 20 歲，他說要訂購西瓜，被法國人回絕了，但小男孩卻不走，主人做什麼，他都跟著走，在主人身邊，專談自己的故事，一直談了將近一個小時。主人聽完小男孩的故事後，開口說：「說夠了吧？那邊那個大西瓜給你好了，一個法郎。」「可是，我只有一毛錢。」小男孩說。「一毛錢？」主人聽了便指著另一個西瓜說：「那麼，給你那邊那個較小的綠色的瓜好吧？」「好吧，我就要那個。」小男孩說，「請不要摘下來，我弟弟會來取，兩個禮拜以後，他來取貨。先生，你知道，我只管採購，我弟負責運輸和送貨，我們各有各的責任。」

思考：

請從談判利益、成交條件、成交期限、談判策略與技巧等各個方面對該案例進行分析。

【知識點】

一、評估談判總利益

對談判總利益評估，需要從三個方面進行：

第一，談判綜合目標的實現程度。

第二，談判效率的高低。主要是看談判收益和談判成本之間的對比關係，是高效還是低效或不經濟的。該處成本應該考慮預期收益與實際收益之間的差值，為談判而耗費的各種資源之和，機會成本——該談判被占用的人力、物力和財力以及該時段失去的其他獲利機會。

第三，談判后的人際關係維繫。

二、談判結束時機確定

在商務談判中，誰都不想曠日持久，時間長了不僅浪費財力，還會讓人疲倦，讓所有涉及的人脫不開身，無端增加談判成本，最後對誰都沒有好處。所謂見好就收，談判到一定程度時，就應該及時結束談判，要麼簽約，要麼延后或取消。

（一）判定談判結束的標誌

1. 從交易條件判定

第一種情況首先看交易條件中余留問題數量，是否共識遠超出分歧；多數重要和關鍵問題是否達成一致。如果大多數問題已解決，關鍵和重要問題已解決，即可考慮結束談判。第二種情況要看談判對手交易條件是否進入己方成交底線，如果談判基本按照預期進展進行，符合原定計劃和心理價位，即可進入結束階段，找準時機結束談判。第三種情況是雙方交易條件完全達成一致，這是最佳結束時間。

2. 從談判時間判定

判定標準首先看是否已經到雙方約定時間，既然已經到事先確定時間，按照程序進行，自然進入結束階段。其次看如果沒有到雙方約定時間，但是是否到了自己單方限定時間，之所以有單方約定時間，一定是有談判成本和機會成本等考慮，「不能在一棵樹上吊死」，特別是有優勢一方可以選擇其他夥伴，有更大餘地，所以果斷選擇結束談判，投入第二個目標談判中。最后是政治經濟形勢突變造成談判環境惡劣，或時間緊迫，或供需關係突變導致談判缺乏實際意義，談判條件不具備或不充分等使得談判不得不終止。

3. 從談判策略來判定

如果經過多次認真而投入的磋商也沒有達到雙方都滿意的結果，不妨表明最後立場，成敗在此一舉，給對手施加壓力。

（二）確定結束時間

選擇恰當時機結束談判，對於談判成功有著重要意義。當談判已經進入成交區，就必須及時抓住機會成交，結束談判，不要過於貪心，有時機會稍縱即逝，此時所有的延時談判都是多余的。

結束階段要採取一種平靜的會談心境，要消除對方顧慮，用一種滿懷信心的態度含蓄地暗示生意將會成功，會幫助談判者度過變化莫測的關鍵時刻。在結束之前應該有所暗示，讓對方感覺在此時結束對他最有利。對對方稍加測試，就會發現對方是否準備下決心。如果對方也正好有結束談判的意思，那正好順水推舟，符合雙方的意願。

（三）談判結果判定

雙方談判一般可能有六種常見結果：

第一種情況為達成交易，關係沒有變化。這種情況可能在於不刻意建立長期關係，互相有讓步。

第二種情況為達成交易，關係有所改善。這是理想的談判，談判雙方著眼於未來，

有真誠讓步。

第三種情況為達成交易，但是關係惡化。可能是由於雙方確有需求，但是談判不愉快，屬於孤注一擲的一錘子買賣。

第四種情況為沒有達成交易，但是關係改善。雙方談判很愉快，但是由於諸多條件限制，無法達成一致，關係因為談判中相互理解而改善，買賣不成仁義在，眼光放長遠，希望以後繼續合作。

第五種情況為沒有達成交易，關係無變化。談判平淡無奇，毫無結果，雙方對以后是否繼續合作都沒有強烈願望，無疾而終。

第六種情況為沒有達成交易，關係惡化。雙方在談判中互不相讓，有利益衝突，也有語言衝突，關係惡化，談判對立並最終破裂，這是最差的結果。

三、向對手發出信號

用最少的言辭闡明立場，如「好，這就是我最后的主張，現在看你的了。」提出完整建議，沒有不明白之處，除非不接受或中斷，否則應是最后結局。回答對方問題盡可能簡單，回答是或否，少談論，表明確實沒有折中的餘地；一再向對方保證，現在結束對對方最有利，告訴他理由。

四、結束方式

結束方式一般是三種：①成交。②破裂，包括：友好破裂——互相體諒，為以后合作留下可能；對立破裂——雙方或單方在憤怒中結束。③中止，包括有約期中止——約定恢復談判的時間；無約期中止——對恢復談判時間沒有約定。

【實訓模塊3】 及時成交技巧

練習

某日，佛下山宣講佛法，在一家店鋪裡看到一尊釋迦牟尼像，青銅所鑄，形體逼真，神態安然，佛大悅。若能帶回寺裡，開啟其佛光，傳世供奉，真乃一件幸事，可店鋪老闆要價5000元，分文不能少，加上見佛如此鍾愛它，更加咬定原價不放。

佛回到寺裡對眾僧談起此事，眾僧很著急，問佛打算以多少錢買下它。佛說：「500元足矣。」眾僧唏噓不止：「那怎麼可能？」佛說：「天理猶存，當有辦法，萬丈紅塵，蕓蕓眾生，欲壑難填，得不償失啊，我佛慈悲，普度眾生，當讓他僅僅賺到這500元！」

「怎樣普度他呢？」眾僧不解地問。「讓他懺悔。」佛笑答。眾僧更不解了。佛說：「只管按我的吩咐去做就行了。」

第一天，第一個弟子下山去店鋪裡和老闆砍價，弟子咬定4500元，未果回山。

第二天，第二個弟子下山去和老闆砍價，咬定4000元不放，亦未果回山。

就這樣，直到最后一個弟子在第九天下山時所給的價已經低到了200元。眼見著

一個個買主一天天下去、一個比一個價給得低，老板很是著急，每一天他都后悔不如以前一天的價格賣給前一個人了，他深深地怨責自己太貪。到第十天時，他在心裡說，今天若再有人來，無論給多少錢我也要立即出手。

第十天，佛親自下山，說要出 500 元買下它，老板高興得不得了——竟然反彈到了 500 元！當即出手，高興之余另贈佛龕臺一具。佛得到了那尊銅像，謝絕了龕臺，單掌作揖笑曰：「慾望無邊，凡事有度，一切適可而止啊！善哉，善哉……」

思考：
1. 該案例給我們什麼啟示？
2. 談判中該如何運用及時成交技巧？

【知識點】

在談判中該成交時就需要及時成交，不能錯失機會，常見的及時抓住機會成交的技巧包括：

一、嘗試多次成交

很少交易在第一次嘗試成交時就取得成功，聰明的你應準備好幾次成交的步驟，因為每位客戶面臨重要抉擇時，都有舉步維艱的感覺，心情一直搖晃不定，所以應該給他幾次下決定的機會，你要傳遞給他恰當信息，讓對方感覺及時成交的好處。

二、靈活變化逐點成交

不要重複相同的成交方法，這樣容易使客人感到厭煩，需要用不同的成交技巧，提出不同問題。也就是說，如果談判分成幾個階段，幾個部分，不妨將每個部分分別成交，敲定下來，以書面形式落實。但是不同部分由於重要性不一樣，需要採用不同的思路和方法。

三、運用激勵故事

可以運用已成交客戶的回饋，甚至以前客戶對你的感激等，使他設身處地思考，這種方法在零售談判中經常遇到。一些服裝零售業務員，或專賣店售貨員都喜歡用以前的成功客戶的成交案例來證明價格和產品選擇的正確性。

四、以客為先試探成交

假設談判至某階段，客戶應該已願意成交，因此用試探的方式企圖成交，只要認為時機成熟，就可採取「試探成交」，因為若試探不成功，客戶必然會說出目前仍不能同意成交的理由（即異議）。此時不要一味強調成交，而忽視了客戶所提的異議，否則客人會感覺到你最終目的只是甩包袱，而非想長期合作，提供後續服務。要進一步解除隱藏在客戶內心的異議，早日達至成交。

要求做評估是間接要求客戶決定成交的時間，要表示你樂意為客戶解決問題，並

提供有利的解決方法，不要直接針對客戶的觀點。沒可能給太多的首期，可換一個方式說，讓客戶不會過於尷尬。

【實訓模塊 4】 簽約技巧

練習

根據【背景素材】，假設該公司已經和四川某公司達成交易，進入簽約談判環節，請使用三種簽約技巧進行模擬簽約。分組兩兩模擬，老師及時進行點評。

【知識點】

一、先入為主

在簽約階段先入為主的目的是使合同條款內容及其履行有利於己方。在操作上要以各種理由，爭取由己方起草合同，理由要充分，斟酌選擇對己方有利的措辭，巧妙對有關條款做出解釋，並安排條款順序，明確對方責任和義務，同時盡可能減少己方責任與義務，設法縮短對方審核與雙方討論、修改合同條款的時間。

這樣做主要是可以增加交易整體利益，為今后履行合同爭取到主動地位。在起草條款時需要多斟酌，謹慎小心。因為既然是自己起草的，對方只會為自己爭取利益，而容易對條款中的漏洞以及不合理的地方視而不見，將計就計，即使將來蒙受損失，也只能吃啞巴虧。

如果遇到對方也在爭取主動起草合同，採用先入為主策略。則為了應對，應爭取起草合同第二稿；用足夠多的時間和精力對起草的合同條款詳細審核，尤其是對關鍵條款、重大責任和義務、專業術語及相關解釋，盡量群策群力，利用集體智慧，甚至請教專家，逐條逐款、逐詞逐句斟酌修訂。遇到都想爭奪起草權時，最好是提出各自起草一份合同然后一起進行討論修改定稿。

二、請君入甕

該技巧要求一開始就拿出一份有利於己方的完整合同文本，要求對方按照此合同文本內容討論條款，並最終以此為基礎簽約。目的就是為限定對方討價還價的範圍和要價幅度，限制對方談判策略和技巧發揮，占據有利談判地位，使談判結果不過分偏離己方目標。

一般來說在請君入甕簽約技巧中，要注意在合同文本中設置一些不利於對方的條款，故意遺漏己方必須承擔的責任與義務，但是要注意控制整體形勢，不能太偏離談判中涉及的合同文本軌道。此技巧通常賣方較為喜歡。

當遭遇對方採用該方法時，要堅決拒絕接受對方提出的霸王條款式合同文本和談判方式，由己方提出，至少應當是雙方協定后議定出新的談判方式和程序，並按照此

方式與程序展開談判，據此另行擬定合同文本。

三、金蟬脫殼

該技巧的基本做法是以各種理由，諸如：經請示，上級主管部門或上司不同意按照已經談妥的條件簽約；本談判小組無權或權限受限按談妥條件簽約，並據此提出重新談判或退出談判。

目的主要有幾點：①談到最后，發現越談越虧，前期考慮不周，只能借此退出談判。②對方使用了某些陰謀，最后被識破，或在合同文本中有嚴重不利於己方的條款，最后才被發現，但不想因此撕破臉，只能咽下這口氣，但絕不能簽約。③由於己方的原因，即使簽約也可能無法履約，與其以后違約還不如乾脆不簽約。④己方的戰略發生變化，全面利益調整，只能出此下策，迫使對方因為前期已經投入太多，不舍得放棄，只有再退讓而簽約。

操作時要能拿出充分的理由和證據，並表示歉意，然后見機行事，或果斷退出，並不去理會對方的譴責言辭。長痛不如短痛，畢竟這會影響到自己的商業信譽，如果沒有到必須退出談判的情況，切不可濫用。

如果對方採用該技巧，則首先反省是否己方有過分之處，然后判斷對方是在耍花招還是真想退出，如果有繼續談判可能，不妨降低姿態，不讓之前努力白費；如果是對方耍花招，則要予以指出，嚴重的不妨向同行揭露，直至採取相關行動。

【實訓模塊 5】 簽約注意事項

練習

根據【背景素材】資料，延續實訓模塊 4 的分組和安排，討論雙方簽約的具體條款，盡量詳細。

【知識點】

一、合同條款內容

合同條款包括如下內容：

1. 品質條款。要求交貨品質與樣品品質一樣；對品質規定也可以有一定的機動幅度（按質論價）；整個質量約定要清楚詳細。
2. 數量條款。要求明確具體，多考慮需求和消化能力或生產能力。
3. 包裝條款。包裝材料、包裝方式、包裝規格和包裝費用的負擔等。
4. 價格條款。充分考慮地區因素和季節因素、匯率因素，註明佣金和折扣等。
5. 裝運條款。包括運輸方式、裝運期、交貨期、地點、時間等。
6. 保險條款。選擇保險類別，確定保險金額，充分考慮可能出現的風險。

7. 支付條款。選擇支付時間、地點、途徑、方式、貨幣。
8. 檢驗條款。選擇檢驗權,檢驗機構,檢驗時間、地點、標準與方法,檢驗證書等。
9. 索賠條款。註明索賠依據、期限、辦法。
10. 不可抗拒力量條款。要明確範圍,體現對等原則。
11. 仲裁條款。選擇友好協商、仲裁和司法訴訟。
12. 履約與管理。

二、合同簽定時的注意事項

合同條款要清楚、準確,不得含糊,以免以后發生糾紛。正式合同簽定時,一定要仔細檢查,反覆核對,看單價、數量、總額是否一致,是否有遺漏和錯誤等。簽約時,合同文本要一式三份,自己和對方以及公證處各一份(至少也要兩份)的合同檢查並無錯誤以后,一定要驗證各方是否簽字蓋章。沒有簽字和蓋章的合同是廢紙一張。雙方當事人是否具有簽約資格;雙方確認事項擬成條款,是否與合同的目的相符;訂立合同的條款要符合有關法律規定和要求;確定的合同條款,其內容不得違反中國法律和社會共同利益;合同中的違約責任條款必須明確具體;對對方提出的免責條款要慎重研究,弄清其範圍,才能表示是否同意;仔細擬定適用法律條款和仲裁條款;要注意中外文本的一致性。

【實訓模塊6】 不同協議格式

練習

根據【背景素材】資料,假設自己是 K 公司負責市場開拓的經理,根據需要制訂一份規範的協議。

【知識點】

一、協議的概念

協議是指當事人雙方就某一事情、問題,經過協商后訂立的一種具有經濟關係或其他關係的契約。協議是與合同同屬一大類的經濟文書,兩者都具有法律效力,聯繫也很密切。協議可以成為當事人訂立某項合同願望的草簽意見,合同則是落實意見的具體表現。但是協議和合同還是有區別的:

角度範圍不同。協議往往較多地涉及宏觀角度、總的原則。協商的是政治、經濟、軍事、法律等有關問題,大至國家關係,小至個人往來、合作辦事、解決糾紛,適應範圍大;合同則較多從微觀角度,就某一具體事項簽約。

內容要求不同。協議的內容不及合同具體細微,如兩個企業簽訂聯營或者聯合的

合作關係要用協議書，可在協議書下另外簽訂有關內容的單項活動就用合同來規範。

失效期長短不同。合同的有效期限一般較短，標的一旦實現，合同就失效了；協議的有效期限一般較長，有的則是永久的，比如換房之類的協協議書，不到房主再次易人，其作用便長期存在。

二、協議的格式和注意事項

協議一般由標題、立約單位、正文、落款四部分組成。

標題。協議標題和合同標題寫法相同，即內容+文種。

立約單位。當事人名稱或姓名及地址（寫法和合同相似）。

正文。正文由緣由和主體組成。緣由寫明簽訂協議的目的、依據等內容。主體分條列項寫出協議的事項。具體有：協議要實現的共同任務和標的、當事人應盡的義務和享有的權利、違約責任、有效期限、協議份數和保存、仲裁辦法。

落款。落款寫在正文右下方，簽寫協議人單位全稱和代表姓名，並蓋章。再在下方寫明簽訂日期等。

協議寫作需要注意平等互利、合法和用語明確。

三、協議範本

甲方：

乙方：

經甲乙雙方友好協商，在平等互利的原則下，就合作投資創辦出租汽車公司事宜，達成如下協議：

一、合營企業定名為北方出租汽車公司。經營大、小車 100 輛。其中包括……（內容略）

二、合營企業為有限公司。雙方投資比例為 3：7，甲方占 70%，乙方占 30%。總投資 140 萬美元，其中：甲方 98 萬美元（含庫房等公用設施），乙方 42 萬美元。合作期限定為 5 年。

三、公司設董事會，人數為 5 人，甲方 3 人，乙方 2 人。董事長 1 人由甲方人員擔任，副董事長 1 人由乙方人員擔任。正、副總經理由甲、乙雙方人員分別擔任。

四、合營企業所得毛利潤，按《中華人民共和國稅法》照章納稅，並扣除各項基金和職工福利等，淨利潤根據雙方投資比例進行分配。

五、乙方所得純利潤可以人民幣計收。合作期內，乙方純利潤所得達到乙方投資額后，企業資產即歸甲方所有。

六、雙方共同遵守中國政府制定的外匯、稅收、合資經營以及勞動等相關法規。

七、雙方商定，在適當的時間，就有關事項進一步洽商，提出具體實施方案。

    甲方代表   乙方代表

    ×××   ×××   ×年×月×日

【實訓模塊 7】 處理談判合同糾紛

練習

假設在 2014 年中,已經簽約的四川代理商和 K 公司之間發生了一些不愉快,陷入合同糾紛。請討論解決這些糾紛有哪些方式,並分別有何優缺點。

合同糾紛解決方式	優點	缺點	應用範圍

【知識點】

根據《中華人民共和國合同法》第四百三十七條的規定,解決合同糾紛共有 4 種方式。一是用協商的方式,自行解決,這是最好的方式。二是用調解的方式,由有關部門幫助解決。三是用仲裁的方式,由仲裁機關解決。四是用訴訟的方式,即向人民法院提起訴訟以尋求糾紛的解決。

一、協商

當事人自行協商解決合同糾紛,是指合同糾紛的當事人,在自願互諒的基礎上,按照國家有關法律、政策和合同約定,通過擺事實、講道理,以達成和解協議,自行解決合同糾紛的一種方式。合同簽訂之後在履行過程中,由於各種影響因素容易產生糾紛,儘管可以用仲裁、訴訟等方法解決,但這樣解決不僅費時、費力、費錢財,而且也不利於團結,不利於以后的合作與往來。用協商的方式解決,程序簡便、及時迅速,有利於減輕仲裁和審判機關的壓力,節省仲裁、訴訟費用,有效地防止經濟損失的進一步擴大。同時也有利於增強糾紛當事人之間的友誼,有利於鞏固和加強雙方的協作關係。由於這種處理方法較好,在涉外經濟合同糾紛的處理中,相當盛行。

合同雙方當事人之間自行協商解決糾紛應當遵守以下原則:

平等自願原則。不允許任何一方以行政命令手段,強迫對方進行協商,更不能以斷絕供應、終止協作等手段相威脅,迫使對方達成只有對方盡義務,沒有自己負責任的「霸王協議」。

合法原則。即雙方達成和解協議,其內容要符合法律和政策規定,不能損害國家利益、社會公共利益和他人的利益。否則當事人之間為解決糾紛達成的協議無效。

發生合同糾紛的雙方當事人在自行協商解決糾紛的過程中應當注意以下問題:

第一，分清責任是非。協商解決糾紛的基礎是分清責任是非。當事人雙方不能一味地推卸責任，否則不利於糾紛解決。

第二，態度端正，堅持原則。在協商過程中，雙方當事人既要互相諒解，以誠相待，勇於承擔各自責任，又不能一味地遷就對方，進行無原則的和解。對於違約責任處理只要合同中約定的違約責任條款是合法的，就應當追究違約責任，過錯方應主動承擔違約責任，受害方也應當積極向過錯方追究違約責任。

第三，及時解決。如果當事雙方在協商過程中出現僵局，爭議遲遲得不到解決，就不應該繼續堅持協商解決的辦法，否則會使合同糾紛進一步擴大，特別是一方當事人有故意的不法侵害行為時，更應當及時採取其他方法解決。

二、調解

合同糾紛的調解，是指雙方當事人自願在第三者（即調解的人）的主持下，在查明事實、分清是非的基礎上，由第三者對糾紛雙方當事人進行說明勸導，促使他們互諒互讓，達成和解協議，從而解決糾紛的活動。

（一）調解的特徵

第一，調解是在第三方的主持下進行的，這與雙方自行和解有著明顯的不同。

第二，主持調解的第三方在調解中只是說服勸導雙方當事人互相諒解，達成調解協議而不是做出裁決，這表明調解和仲裁不同。

第三，調解是依據事實和法律、政策，進行合法調解，而不是不分是非，不顧法律與政策「和稀泥」。

（二）調解糾紛時應當遵守的原則

第一，自願原則。自願有兩方面的含義：一是糾紛發生後是否採用調解方式解決，完全依靠當事人的自願。二是指調解協議必須是雙方當事人自達成。調解人在調解過程中要耐心聽取雙方當事人的意見，在明事實清是非的基礎上，對雙方當事人進行說服教育，耐心勸導，曉之以理，動之以情，促使雙方當事人互相諒解，達成協議。調解人既不能代替當事人達成協議，也不能把自己的意志強加給當事人。如果當事人對協議的內容有意見，則協議不能成立，調解無效。

第二，合法原則。根據合法原則的要求，雙方當事人達成協議的內容不得同法律和政策相違背，凡是有法律、法規規定的，按法律、法規的規定辦；法律、法規沒有明文規定的，應根據黨和國家的方針、政策，並參照合同規定和條款進行處理。根據國家有關的法律和法規的規定，合同糾紛的調解方式主要有行政調解、仲裁調解和法院調解三種類型。

需要特別強調，根據《中華人民共和國仲裁法》的有關規定，由仲裁機構主持調解形成的調解協議書與仲裁機構所做的仲裁裁決書具有同等的法律效力。在人民法院主持下達成調解協議，人民法院據此製作的調解書，與判決具有同等效力。

三、仲裁

仲裁也稱公斷。合同仲裁，即由第三者依據雙方當事人在合同中訂立仲裁條款或自願達成仲裁協議，按照法律規定對合同爭議事項進行居中裁斷以解決合同糾紛的一種方式。

根據《中華人民共和國仲裁法》規定，通過仲裁解決的爭議事項，一般僅限於在經濟、貿易、海事、運輸和勞動中產生的糾紛。如果是因人身關係和與人身關係相聯繫的財產關係產生的糾紛，不能通過仲裁解決，而且依法應當由於政機關處理的行政爭議，也不能通過仲裁解決。

（一）經濟貿易仲裁類型

1. 民間仲裁，即按照法律規定經雙方當事人約定，在發生經濟糾紛地，由雙方選擇約定的仲裁人進行仲裁，對當事人來說，同法院的判決有同等的效力。

2. 社會團體仲裁，即當事人的雙方約定，對於現在或者將來發生的一定經濟糾紛，由社會團體內所設立的仲裁機構進行仲裁，這種仲裁裁決，同樣具有法律效力。

3. 國家行政機關仲裁，即對國家經濟組織之間的經濟糾紛，由國家行政機關設置一定的仲裁機構進行仲裁，而不由司法機關進行審判。

（二）合同仲裁的特點

1. 合同仲裁是合同雙方當事人自願選擇的一種方法，體現了仲裁的「意思自治」性質。第一，選擇仲裁方式解決糾紛是以當事人自願協議為前提的。任何仲裁機構都不應受理未經自願協議而提交仲裁的案件。第二，當事人要以自願協議選擇仲裁機構和仲裁地點。第三，當事人有權自願選擇審理案件的仲裁員。被選定的仲裁員行使的仲裁權並非來源於國家的司法權力或行政權力，而是來自當事人的自願委託。第四，當事人有權約定仲裁事項。對於合同糾紛來說，就是雙方當事人認為最需要解決的那部分爭議。

2. 合同糾紛仲裁中，第三者的裁斷具有約束力，能夠最終解決爭議。

3. 合同糾紛的仲裁，方便、簡單、及時、低廉。首先，中國合同仲裁實行一次裁決制度，即仲裁機構做出的一次性裁決，為發生法律效力的裁決，雙方當事人對發生法律效力的仲裁決都必須履行不得再就同一案件起訴。其次，仲裁可以簡化訴訟活動的一系列複雜程序和階段。再次，合同糾紛仲裁的收費也比較低。

4. 仲裁的獨立性原則。從整個仲裁法的精神來看，該原則主要表現為仲裁機構的獨立性和仲裁員辦案的獨立性這兩個方面。

四、訴訟

合同在履行過程中發生糾紛后，如經協商，調解不成又不願意仲裁，訴訟是解決合同糾紛的最終形式。所謂合同糾紛訴訟是指人民法院根據合同當事人請求，在所有訴訟參與人參加下，審理和解決合同爭議的活動，以及由此而產生的一系列法律關係的總和。

合同糾紛訴訟和其他解決合同糾紛的方式具有以下幾個特點：

1. 訴訟是人民法院基於一方當事人請求開始的，當事人不提出要求，人民法院不能依職權主動進行訴訟。

2. 人民法院是國家審判機關，它通過國家賦予的審判權來解決當事人雙方之間的爭議。審判人員是國家權力機關任命的，當事人沒有選擇審判人員的權利，但是享有申請審判人員迴避的權利。

3. 人民法院對合同糾紛案件具有法定的管轄權，只要一方當事人向有管轄權的法院起訴，法院就有權依法受理。

4. 訴訟的程序比較嚴格、完整。審判程序包括第一審程序、第二審程序、審判監督程序等。另外，還規定了撤訴、上訴、反訴等制度。

5. 人民法院依法對案件進行審理做出裁判生效后，不僅對當事人具有約束力，而且對社會具有普遍的約束力。當事人不得就該判決中確認的權利義務關係再行起訴，人民法院也不再對同一案件進行審理。

【實訓模塊 8】 確保當事人履行協議

練習

按下表分組討論合同履行原則的重要性和必要性。

合同履行原則	適當原則	協作原則	經濟原則	情勢原則
重要性				
必要性				

【知識點】

一、合同履行概述

合同履行指的是合同規定義務執行。任何合同規定義務的執行，都是合同的履行行為；相應地，凡是不執行合同規定義務的行為，都是合同的不履行。因此，合同的履行，表現為當事人執行合同義務的行為。當合同義務執行完畢時，合同也就履行完畢。合同的履行是合同目的實現的根本條件，也是合同履行合同關係消滅的最正常原因。由此可見，合同履行是合同制度的中心內容，是合同法及其他一切制度的最終歸宿或延伸。

合同履行是一個過程，這其中包括執行合同義務準備、具體合同義務執行、義務執行善後等。在這一過程中，具體合同義務執行是合同履行的核心內容，傳統意義上的合同履行，指的就是這一階段的合同履行。

合同履行制度應包括合同履行在法律效力上的總體要求，確保合同履行的一般法

律制度，合同履行中的具體規則等。具體表現為：合同履行保全制度、合同履行規則、合同履行中的抗辯等，由此構成《中華人民共和國合同法》完整的合同履行制度。

合同履行與合同的完全履行是兩個不同的概念。履行強調的是行為的過程，完全履行強調的是行為的結果。雖然法律對合同履行的要求是完全履行，但我們卻不能把對履行的要求當成履行本身，因為，合同的部分履行也是合同履行。

二、合同履行原則

合同履行原則是指法律規定的所有種類合同當事人在履行合同整個過程中所必須遵循的一般準則。根據中國合同立法及司法實踐，合同履行除應遵守平等、公平、誠實信用等民法基本原則外，還應遵循合同履行特有原則，即適當履行原則、協作履行原則、經濟合理原則和情勢變更原則。

適當履行原則是指當事人應依合同約定標的、質量、數量，由適當主體在適當期限、地點，以適當方式，全面完成合同義務的原則。這一原則要求：第一，履行主體適當。即當事人必須親自履行合同義務或接受履行，不得擅自轉讓合同義務或合同權利讓其他人代為履行或接受履行。第二，合同履行標的物及其數量和質量適當。即當事人必須按合同約定的標的物履行義務，而且還應依合同約定的數量和質量來給付標的物。第三，履行期限適當。即當事人必須依照合同約定時間來履行合同，債務人不得遲延履行，債權人不得遲延受領；如果合同未約定履行時間，則雙方當事人可隨時提出或要求履行，但必須給對方必要的準備時間。第四，履行地點適當。即當事人必須嚴格依照合同約定地點來履行合同。第五，履行方式適當。履行方式包括標的物的履行方式以及價款或酬金的履行方式，當事人必須嚴格依照合同約定方式履行合同。

協作履行原則是指在合同履行過程中，雙方當事人應互助合作共同完成合同義務的原則。合同是雙方民事法律行為，不僅僅是債務人一方的事情，債務人實施給付，需要債權人積極配合受領給付，才能達到合同目的。由於在合同履行過程中，債務人比債權人更多地應受誠實信用、適當履行等原則的約束，合同履行協作往往是對債權人的要求。協作履行原則也是誠實信用原則在合同履行方面的具體體現。協作履行原則具有以下幾個方面的要求：第一，債務人履行合同債務時，債權人應適當受領給付。第二，債務人履行合同債務時，債權人應創造必要條件、提供方便。第三，債務人因故不能履行或不能完全履行合同義務時，債權人應積極採取措施防止損失擴大，否則應就擴大的損失自負其責。

經濟合理原則是指在合同履行過程中，應講求經濟效益，以最少的成本取得最佳合同效益。在市場經濟社會中，交易主體都是理性地追求自身利益最大化的主體，因此，如何以最少的履約成本完成交易過程，一直都是合同當事人所追求的目標。交易主體在合同履行的過程中應遵守經濟合理原則是必然的要求。

情勢變更原則。所謂情勢，是指合同成立後出現不可預見的情況，即影響及於社會全體或局部之情勢，並不考慮原來法律行為成立時，為其基礎或環境之情勢。所謂變更，是指合同賴以成立的環境或基礎發生異常變動。中國學者一般認為，變更指的是構成合同基礎的情勢發生根本的變化。在合同有效成立之後、履行之前，如果出現

某種不可歸責於當事人原因的客觀變化會直接影響合同履行結果，若仍然要求當事人按原來合同的約定履行合同，往往會給一方當事人造成顯失公平的結果，這時，法律允許當事人變更或解除合同而免除違約責任的承擔。這種處理合同履行過程中情勢發生變化的法律規定，就是情勢變更原則。

三、合同履行要素

（一）履行主體

合同履行主體不僅包括債務人，也包括債權人。因為，合同全面適當地履行的實現，不僅主要依賴於債務人履行債務的行為，同時還要依賴於債權人受領履行的行為。因此，合同履行的主體是指債務人和債權人。除法律規定、當事人約定、性質上必須由債務人本人履行的債務以外，履行也可以由債務人的代理人進行，但是代理只有在履行行為是法律行為時方可適用。同樣，在上述情況下，債權人的代理人也可以代為受領。

（二）履行標的

合同標的是合同債務人必須實施的特定行為，是合同的核心內容，是合同當事人訂立合同的目的所在。合同標的不同，合同類型也就不同。如果當事人不按照合同的標的履行合同，合同利益就無法實現。因此，必須嚴格按照合同的標的履行就成為合同履行的一項基本規則。合同標的的質量和數量是衡量合同標的的基本指標，因此，按照合同標的履行合同，在標的的質量和數量上必須嚴格按照合同的約定進行履行。如果合同對標的的質量沒有約定或者約定不明確，當事人可以補充協議，協議不成的，按照合同的條款和交易習慣來確定。如果仍然無法確定，按照國家標準、行業標準履行；沒有國家標準、行業標準的，按照通常標準或者符合合同目的的特定標準履行。

（三）履行期限

合同履行期限是指債務人履行合同義務和債權人接受履行行為的時間。作為合同的主要條款，合同履行期限一般應當在合同中予以約定，當事人應當在該履行期限內履行債務。如果當事人不在該履行期限內履行，則可能構成遲延履行而應當承擔違約責任。不按履行期限履行，有兩種情形：遲延履行和提前履行。在履行期限屆滿後履行合同為遲延履行，當事人應當承擔遲延履行責任，此為違約責任的一種形態；在履行期限屆滿之前所為之履行為提前履行，提前履行不一定構成不適當履行。

（四）履行地點

履行地點是債務人履行債務、債權人受領給付的地點，履行地點直接關係到履行的費用和時間。在國際經濟交往中，履行地點往往是糾紛發生以後用來確定適用的法律的根據。如果合同中明確約定了履行地點，債務人就應當在該地點向債權人履行債務，債權人應當在該履行地點接受債務人的履行行為。如果合同約定不明確，依據《中華人民共和國合同法》的規定，雙方當事人可以協議補充，如果不能達成補充協議，則按照合同有關條款或者交易習慣確定。如果履行地點仍然無法確定，則根據標

的的不同情況確定不同的履行地點。如果合同約定給付貨幣，在接受貨幣一方所在地履行；如果交付不動產，在不動產所在地履行；其他標的，在履行義務一方所在地履行。

（五）履行方式

履行方式是合同雙方當事人約定以何種形式來履行義務，主要包括運輸方式、交貨方式、結算方式等。履行方式由法律或者合同約定或者由合同性質來確定，不同性質、內容的合同有不同的履行方式。根據合同履行的基本要求，在履行方式上，履行義務人必須首先按照合同約定方式進行履行。如果約定不明確，當事人可以協議補充；協議不成的，可以根據合同的有關條款和交易習慣來確定；如果仍然無法確定，按照有利於實現合同目的的方式履行。

（六）履行費用

履行費用是指債務人履行合同所支出的費用。如果合同中約定了履行費用，則當事人應當按照合同的約定負擔費用。如果合同沒有約定履行費用或者約定不明確，則按照合同的有關條款或者交易習慣確定；如果仍然無法確定，則由履行義務一方負擔。因債權人變更住所或者其他行為而導致履行費用增加時，增加的費用由債權人承擔。

【問題思考】

1. 影響成交的因素有哪些？
2. 談判結果的六種情況優缺點各是什麼？
3. 談判一旦遇到機會，如何及時成交？
4. 協議和合同有何異同？
5. 簽約有哪些注意事項？
6. 如何解決合同糾紛？
7. 如何確保當事人履行協議？

第二部分
推銷技巧部分實訓

實訓項目七　推銷準備實訓

【實訓目的與要求】

1. 正確理解推銷的概念與特徵。
2. 提高推銷技能。
3. 瞭解推銷人員的素質與能力要求。
4. 掌握推銷禮儀。
5. 瞭解顧客購買心理。
6. 熟悉尋找顧客的方法。
7. 掌握推銷計劃的制訂。

【實訓學時】

本項目建議實訓學時：4學時。

【實訓內容】

在掌握相應知識點基礎上，以推銷員身分進行模擬推銷前的準備，通過各種練習要求，按照模塊設定，認識推銷、培養良好的心理素質、掌握一定的銷售知識、訓練和提高銷售技能、分析顧客心理、尋找客戶心理、進行客戶鑒定和制訂推銷計劃，為后續的市場推銷奠定良好的基礎。

【實訓模塊1】　推銷概述

練習

有兩位推銷員向顧客推銷電褥子。

甲介紹：「這種電褥子是自動控溫的，有兩個開關，寬1.5米，長2米，重3斤，由50%的毛、25%的棉、25%的化纖組成，可以水洗……」

乙介紹：「這種電褥子是自動控溫的，不用擔心溫度過高或過低；有兩個開關，各置一頭，方便開啓；寬1.5米，長2米，足夠雙人床鋪用；重3斤，保管收藏很方便；所用面料可以水洗，不用花很多錢就可以將電褥子洗乾淨，25%的棉使人感覺舒

服……」

你認為哪位推銷員的銷售效果更好？為什麼？

【知識點】

一、推銷的概念

狹義的推銷，一般是指設法幫助買方認識到商品或勞務，並激發買方購買慾望，實現商品或勞務轉移的一系列活動。

廣義的推銷，既是一種說服、暗示，也是一種溝通。在日常生活和工作中，進行推銷活動，比如為了一份理想工作而推薦自己，為加薪而遊說上司，為了推行某種觀念而說服周圍的人。目前國內外專家學者對於「推銷」的定義不同，不同的定義也側面反應了推銷的內涵。

綜合多個學者的定義，可以將推銷定義為：推銷是企業推銷人員根據營銷規劃，通過與消費者面對面接觸，運用一定手段和技巧，將商品或勞務的信息傳遞給消費者，使消費者認識商品或勞務的性質特徵，進而激發其購買慾望，實現購買行為的整個過程。

隨著社會經濟的發展，推銷通過溝通來激發並滿足顧客的需要，以達到交易雙方長期互惠互利的目的。推銷與市場營銷的關係：市場營銷是個人或集體通過滿足顧客需要來獲取所需所欲的一種社會管理過程，其綜合運用產品、定價、渠道和促銷，其中促銷包含廣告、營業推廣、公共關係和人員推銷四種不同的工具。可以看出人員推銷只是促銷中的一部分，同時推銷與市場營銷關係密切。

二、推銷的特徵

推銷的特點包括特定性、主動性、互動性、互利性、說服性。推銷的特點決定了推銷必須考慮顧客需求，將商品或勞務的特點有針對性地表現出來，從而有效激發顧客購買慾望，將企業的商品或勞務銷售出去，達到互惠雙贏。

（1）特定性。歐洲著名推銷專家戈德曼的調查研究表明，推銷活動從尋找潛在目標顧客入手，事先把潛在顧客進行合理的分析歸類，推銷活動的效率可以提高30%。

（2）主動性。銷售人員主動將產品或勞務介紹給潛在顧客的銷售方式，更容易促進交易的實現。

（3）互動性。在推銷活動中，沒有一成不變的推銷方法與技巧，因推銷對象年齡、性別、背景、需求等不同，推銷人員需根據顧客的不同靈活地運用和調整各種推銷方法與技巧。

（4）互利性。推銷是由推銷者和購買者共同參與的，具有雙重目的的活動，推銷人員不僅要考慮自己的利益，同時需要考慮顧客的利益，只有雙方互利，推銷才會成功。

綜合而言，推銷活動具有普遍性；推銷的核心內容是說服顧客；推銷目的是追求

互利共贏性；推銷過程具有相關性。

三、推銷績效評估

推銷績效評估可以從三個方面進行：

（1）推銷業績。銷售量和推銷額是推銷績效評估的首要標準，但不是唯一標準。

（2）推銷成本。推銷成本包括推銷產品過程中所發生的直接和間接費用，主要有銷售費用、銷售利潤、勞動效率。在評估銷售量和銷售額的前提下，還需要考慮為此所付出的經濟費用、時間成本和人員成本。

（3）品牌價值提升。過去推銷評估主要衡量上述兩個標準，但是越來越多的企業開始關注推銷員提供服務優質程度、顧客對推銷員評價及其對推銷企業或品牌價值提升作用。

【實訓模塊2】 推銷技能與知識測試

練習

選擇幾位同學完成下列練習，同學互評，教師點評。

1. 現場擬定題目，在眾人面前連續演講5分鐘。
2. 模擬在大街上或商店裡找兩個陌生人，交談5分鐘。有條件和時間安排的可以在校園真實操作，並用DV記錄下來，全班點評。
3. 模擬作為上海大眾公司的一名汽車推銷員，介紹本公司的一種產品。

【知識點】

國內外著名的推銷員無一不是知識淵博的人，他們不斷累積自己的知識和修養。因為推銷是一個複雜的過程，需要瞭解顧客，又要瞭解產品及公司，還要瞭解溝通技巧，所以推銷員掌握的知識應非常寬泛，包括廣博的社會知識和豐富的專業知識。

一、推銷技能

推銷技能主要包括以下5方面能力：

（1）語言表達能力。語言是推銷中表達思想、交流信息的主要工具。推銷中需要推銷者運用通俗易懂的語言介紹產品，恰當準確地回答顧客的提問，循循善誘地啟發和有力地說服顧客。語言表達能力的標準是清晰自然、條理井然、重點突出；富有感情、能感染顧客；誠懇、邏輯性強，能增加客戶信任感；生動風趣、吸引顧客；熱情友善、增進友誼。

（2）觀察能力。顧客的任何行為都與內心活動有關，推銷員可通過顧客的外部行為去發現很多反應顧客心理活動的信息，因此推銷員深入瞭解顧客心理活動和準確判斷顧客特徵成為了必要前提。有經驗的推銷員能從顧客的細小動作、眼神明白顧客興

趣、成交信號，及時調整推銷技巧，促成交易。

（3）創造能力。推銷工作需要體力勞動與腦力勞動結合，需要很強的創造能力，在不同的環境下創造性地解決問題，出奇制勝。首先需要喚醒自己的創造天賦，具有「別出心裁」的創新精神；其次要突破傳統思路，養成獨立的思考習慣。

（4）社交能力。推銷人員應該具有與各種各樣的顧客進行交往的能力，有效的社交能力能夠加強自己與顧客的關係，增加獲取信息的渠道，提高銷售效率，要在推銷實踐中逐步培養社交能力。一方面是努力拓寬自己的知識面，盡量做到上知天文下知地理；另一方面就是掌握必要的社交禮儀常識，敢於與人交往，就能在各種場合應付自如。

（5）應變能力。在各種複雜的、突如其來的情況下，推銷員要有靈活頭腦，思維敏捷清晰，分析問題的速度較快，判斷推理準確，能針對變化及時採取必要、正確的推銷對策，真正做到能在「山窮水盡」之時找到「柳暗花明」之路。

【小案例】

一名推銷員正在向一大群顧客推銷一種鋼化玻璃杯，他首先向顧客介紹產品，宣稱其鋼化玻璃杯掉到地上是不會壞的，接著進行示範演示，可是碰巧拿到一只質量不過關的杯子，只見他猛地往地上一扔，杯子「砰」一聲全碎了。真是出乎意料，他自己都非常吃驚，顧客更是目瞪口呆。面對這樣的尷尬局面，怎麼辦？推銷員急中生智，首先穩定自己的情緒，笑著對顧客說：「看見了沒有，這樣的杯子我是不會賣給你們的。」接著，他連續扔了幾次杯子，都獲得成功，並贏得了顧客的信任。

二、提高推銷能力的方法

（1）學習。要做一流的推銷員，需要足夠的見識，努力掌握推銷技術。世界上有很多優秀推銷員，如推銷之神原一平、全球最偉大的汽車銷售員喬吉拉德等，需要不斷學習他們推銷方面的方法技巧和心得體會，還可以向顧客學習。

（2）實踐。要求理論與實踐結合，將書本上的道理變成指導自己行為的重要理論，把它付諸現實，及時總結有效的經驗，然后再去實踐與修正，從中學得寶貴的經驗和累積自己處理問題的能力，從而不斷提升自己的推銷能力。

（3）反思。對自己的推銷行為進行反思。將正確之處加以發揚，找出不足之處加以彌補，找到錯誤之處加以改正。只有不再犯曾經犯過的錯誤，這樣才能離成功更加接近。

三、具有合理的知識結構

推銷員在推銷過程中，始終存在與顧客的博弈與談判，所以推銷員也應該具有與談判者相同的知識結構。不僅要求具有豐富的專業知識，還需深厚的社會知識。

專業知識不僅能讓顧客認識到商品或勞務的特點，能給顧客帶來特殊價值，同時還能讓顧客產生信任感，信任是顧客接受推銷員及推銷員所推銷產品的關鍵所在。專業知識主要包括：①企業知識。顧客接受到的企業信息越充分，越準確，就越容易形成企業的信譽度。②商品知識。推銷員只有熟悉自己的產品，才能向顧客推薦合適的

產品，也才能更好地介紹產品的優勢和特色，並能引導顧客正確使用、保管公司產品。③市場知識。④經濟、法律知識。

　　推銷人員需要與社會中不同層次、不同性格、不同興趣、不同需求的顧客打交道，這就需要利用一定的社會知識。推銷員應熟練地掌握發掘顧客的各種方法，吸引顧客，具有高度的職業感，善於找到顧客的真實需要；善於接近顧客，取得顧客的信任，有效地克服客戶購買時的心理障礙；善於交談，能正確處理顧客在面談中提出的各種異議；善於把握成交合適時機；誠心為顧客服務，排憂解難。具體而言主要需掌握：人際關係和公共關係方面的知識、語言知識、消費心理學知識和風土人情方面的知識。

【實訓模塊3】推銷人員形象及物質準備

練習

　　教師收集整理銷售人員形象禮儀相關講解視頻，並組織學生觀看，觀看后組織學生討論觀后感受。

【知識點】

　　推銷員必須衣冠整潔、舉止大方、一言一行都能表現出積極認真和奮發向上的精神面貌，努力塑造良好的形象。推銷員的外表形象和整體素質關係到企業的形象，同時也直接關係到顧客對推銷員的印象。推銷的最高境界是先把自己推銷出去，也就是說，在客戶購買你的產品之前，你首先需要讓客戶相信你這個人，而且良好的外在形象有助於讓顧客接受你，並能樹立專業的形象，因此推銷人員形象準備是必要的，推銷人員形象具體包括儀表、體態、禮儀和自信的精神面貌等。

一、推銷人員形象儀表準備

　　平時我們所講的「一表人才」中的表就是講儀表，推銷員就更應該重視儀表，儀表不僅能展示推銷員的外部形象，同時也可以反應出推銷員的精神狀態和素質修養，能給顧客留下良好的第一印象，增加推銷員的個人魅力，贏得顧客的尊重與好感。推銷員的儀表包括容貌、姿態、服飾和個人衛生等方面。具體內容參見商務談判禮儀部分要求。

二、物質準備

　　推銷員在開展推銷之前還應該進行物質準備，具體物質準備包括以下幾個方面：
　　與產品有關的物質準備。包括產品的樣品、樣本、圖片、宣傳資料、說明書、價目表、產品檢驗合格證等。
　　與公司有關的物質準備。企業法人營業執照、產品衛生許可證和企業相關的介紹。
　　與推銷員個人有關的物質準備。個人身分證明、企業法人的授權委託證明、工作

證、名片等與推銷有關的物品。

【實訓模塊 4】 推銷員信心提升

練習

選擇幾位同學，完成兩個任務。

1. 發現自己的十個優點，包括個人專長、已做過有建設性或有意義的事情以及別人是如何稱讚你的。
2. 講述推銷的好處，越多越好。

【知識點】

自信是一切行動的原動力，沒有自信就沒有良好的行動。但是有很多因素會降低自信心，如害怕拒絕、無法處理客戶的問題、對產品沒有信心等，影響推銷員的信心。只有自信的人才能感染別人，讓人產生信任感，也才會成功，因此，有自信心是一個合格推銷員的必備條件之一。

一、推銷人員具備自信心的重要性

自信心是面對銷售必然的要求。美國亞瑟職業潛能管理中心根據 32 年對 380 萬的營銷人員進行評估後，得出的結論是 4% 的推銷人員具有較高的社交自信得分。如果得分指數是 0～100 分，那優秀的推銷員至少是 80 分以上，普通的推銷人員也要在 42～75 分，社交自信太低的推銷人員將無法面對陌生環境、高管客戶、突發項目、強權領導者等問題。害怕拒絕和失敗是推銷人員最大的天敵。

自信能夠克服面臨的困難，沒有拒絕就沒有銷售。

自信可以激發個人的聰明才智。人們對於不瞭解的事會拒絕接受，這是人本能上自我保護的反應，是人之常情，不必在意。

二、推銷人員自信的表現

推銷員的職責就是誠懇地為客戶服務，拜訪客戶不是求他購買商品而是向他介紹或推薦一種對他有用的商品，就像醫生上門看病一樣，是給患者帶來便利和實惠。銷售工作對推銷員來說，不是一種負擔，而是一種奉獻和樂趣。

（1）對自己自信。學會在工作點滴中體會成就感，只要每天體會到成就感，就會更加有信心。

（2）對銷售職業自信。推銷員不是一種卑微的職業，是一種高尚、有意義的職業，是一種為客戶謀福利、提供方便的職業。具體好處有：

推銷是自由的職業，不是按部就班的工作，可以靈活安排工作時間，工作比較富有活力，有機會可以發揮聰明才智。

推銷是充滿驚喜和富有激情的職業，遇到的一個個障礙，可能處於一個個驚心的時刻，通過自己的努力推銷，最后成交，將是一個個喜出望外的收穫。

推銷是獲得自我認同的職業，堅信你的產品或服務能給客戶帶來貢獻，同時經過自己推銷過程的努力，客戶也能從中獲得極大的利益，會真正認同自己的工作。

推銷是一個高收入的職業，成功的推銷員的收入一般較高，是其他工作崗位報酬的很多倍。

（3）對公司自信。相信所屬的公司是一家有前途的公司，是時刻為客戶提供最好的商品與服務的公司。

（4）對商品自信。在整個銷售過程中，不要對你銷售的商品產生懷疑，沒有「完美」的產品，只有「適合」的產品，最完美的產品不會出現，符合客人需求的產品會不斷地推出。要相信你銷售的產品是受大眾歡迎的，一些業績不好的推銷員會將原因歸咎於商品，但是任何一家公司、任何一種商品都有自己的銷售冠軍。

三、建立推銷自信的方法

閱讀有關獲得自信的書籍，如《立獲自信》，還可以針對推銷中有些問題，養成隨時記錄的習慣，不斷總結。

進行演講或口才方面的訓練，提升自己表達的技巧，嫻熟的表達技巧會使得溝通更加容易，自己的觀念和想法更加容易獲得別人的認同，自信隨之會增加。

點燃心中的渴望。自己要擁有非常強烈的、如火般的熱情，積極地渴望，積極想改變命運，成功的機會也會增大。亞科卡——美國實業界巨子、松下幸之助——松下集團的大老板，他們都曾經當過推銷員。為什麼他們能夠在推銷員中脫穎而出，就是因為他們具有成功的慾望，並為之奮鬥。

自律。嚴於律己，去計劃、準備、交流、學習、體驗、找他人反饋、自我修正，一次又一次地不斷挑戰自己沒做過的事，堅定夢想，堅定選擇，不斷地放下緊張、恐懼、膽小、憂慮。

堅持。不論遇到何種挑釁、懷疑、挫折或障礙，感到如何尷尬，都不要淺嘗輒止，輕易放棄。人生是種修行，今天放棄，就會卡在這裡，明天還會在這裡會跌倒。通過不斷累積知識和技能，知識經驗和技能越豐富、越熟練，成功的機會就會越大，自信心就會越強。

找一個你認為很自信的人，請教經驗，並將他的經驗運用到自己的實踐中，不斷訓練自己。

心理暗示。每天念誦下面這句話十遍以上，如：我很棒，我是最棒的；我是很有力量的；我相信我能行，這是我的使命；我是自己心的主人，我願意接受考驗；我願意100%地投入生活和工作。

【實訓模塊 5】 推銷員心理素質和態度

練習

組織全班同學充分利用場地和其他條件,進行心理拓展項目——信任背摔游戲,然后輪流交流感受。

【知識點】

心理素質是指以先天遺傳為基礎,在后天的環境和教育影響下,形成並發展起來的穩定心理品質。推銷不是一帆風順的過程,會遇到很多挫折和障礙,這要求推銷員具備良好的心理素質,並擁有好的態度。

一、銷售員應具備的心理素質

良好的心理素質除堅定的自信心外,還應包括以下幾個方面:

樂觀而穩定的情緒。在銷售過程中各種情況都會出現:順利的推銷和快速的成交會令人高興;接二連三的事變,會讓人感覺到沮喪;艱苦推銷來之不易的成交,會讓人感到欣喜;勝利在望但最后成交的失利,讓人惋惜;無端的指責、懷疑讓人感到委屈。這些情緒必然會引起推銷員的情緒變化,因此要學會情緒調節、控製和轉換,不僅要形成和諧的推銷氛圍,更要冷靜思考和正確判斷,保證推銷工作完成。

堅強的意志。在推銷中會遇到各方面的困難,如瞬息萬變的市場、激烈的競爭、不分晝夜的奔波、嚴厲的拒絕、冷嘲熱諷、懷疑與奚落等,這些無不是對推銷員意志的考驗。推銷員需要以積極的態度正確對待遇到的困難和打擊,只有堅強才能經得起時間考驗,才能勤奮進取,才能收穫更多成功。

協調合作精神。看起來推銷員是單兵作戰,但實際上推銷員要做出成績,需要技術人員、生產人員、物流配送人員、服務人員和財務人員等配合,任何一個環節出問題都會影響到推銷員銷售。推銷員要有團結合作的精神,只有自己先配合別人,才能得到別人的配合和支持。

二、推銷人員應具備的心態

推銷員需要與來自各行各業、形形色色的人打交道,同時推銷也是一個高壓力、高要求的職業,怎樣面對一些在生活、工作中的酸甜苦辣,需要推銷員具有良好的心態,正確、理智、客觀、多角度和多方位看待周圍人和事。

雙贏心態。推銷的有效結果表現在賣出了商品,實現了盈利,但是推銷所要解決的問題,主要是滿足顧客需要。雙方共同利益是進行交易活動的支撐點和結合點,只有雙方感受到利益存在,才能自覺地去推動交易,這要求推銷員必須站在雙贏的心態上去處理你與企業、你和顧客之間的關係。

積極心態。在銷售中遇到困難，可能會遭人白眼、橫眉冷對，可能也會碰到懷疑和不信任，還會碰到無法成交的情況等，推銷員必須正確面對這些挫折，相信困難是暫時的，想到克服這些困難后的一片藍天，從而積極解決這些困難。

主動心態。推銷中有很多事情也許沒有人安排你去作，需要自己主動行動起來，不要什麼事情都需要領導安排。主動是為了給自己增加鍛煉、實現自己價值的機會。社會、企業只能給你提供道具，而舞臺需要自己搭建，演出需要自己排練，能演出什麼精彩的節目，有什麼樣的收視率決定於自己。

包容心態。包容不僅要包容別人的缺點，還要包容別人的做事風格等。任何人都有自己的缺陷，自己相對較弱的地方，需要用包容的心態去吸收別人正確的東西以提高自己較弱部分。同時作為銷售人員，會接觸到各種各樣的經銷商，也會接觸到各種各樣的消費者。他們具有不同需求，推銷員需要學會包容不同喜好和做事風格的對象，進行換位思考，考慮他們需求的差異點。

老板心態。儘管老板形形色色，不論智慧、個性或人格方面都不盡相同，但是其共同之處，就在於具有強烈的成功慾望，並將成功的慾望轉化為必要的驅動力。此外還需要像老板一樣思考，像老板一樣行動，去考慮企業成長、企業費用，會感覺到企業的事情就是自己的事情。知道什麼是自己應該去做的，什麼是自己不應該做的。反之，你就會得過且過，不負責任，認為自己永遠是打工者，企業的命運與自己無關。你不會得到老板認同，不會得到重用，低級打工仔將是你永遠的職業。

【實訓模塊6】 顧客購買心理分析

練習

張強力圖向一家紡織公司推銷一種新染料。張強知道，要說服公司訂貨，就必須說服它的車間工長，因為向工業公司推銷新產品時，推銷阻力主要來自車間工長。於是張強先找工長談話，以便各個擊破，穩定人心。經過多次嘗試，他終於說服兩個工長，並且使他們認識到使用這種新染料的好處。這家紡織公司的購貨代理人對張強的態度友好。張強特意安排了一次會議，以促成該公司購買他推銷的新染料，除了兩位工長，應邀參加會議的還有公司的兩位技術經理和實驗室的一個負責人。會議前，張強同兩個工長討論了他們在會上應持有什麼態度和應當發揮什麼作用的問題，他們爽快地答應了。但是會議一開始，他們的表現令張強大為吃驚，他們的所作所為破壞了他的周密計劃。在會上別人不徵求他們的意見，他們就一言不發，即使說幾句，也是慌裡慌張，前言不搭后語。可以說，他們所謂的支持實際就是幫倒忙。

討論這是為什麼？哪些人會影響組織購買決策？

【知識點】

顧客是推銷對象，推銷人員應該洞察顧客的購買心理，採用的推銷理論與技巧必須符合消費者心理活動規律，從而帶來更多的銷售收益。

一、購買者的分類

購買者可分為個人購買者和組織購買者。

個人購買者。針對個人購買者，產品或服務主要是個人或家庭使用。在產品採購中，一般少量購買、購買頻率高、購買流動性大，屬於非專家購買，購買決策簡單，一旦產生需求，立即購買，受推銷宣傳影響大。在家庭中由於分工不同可能購買決策者會有所不同，針對化妝品、家庭用品主要決策者為女性；像香菸、汽車更多的決策者是男性；家庭使用的價位較高的商品決策者則是家庭共同決策。

組織購買者。組織購買者主要代表組織採購，為組織的生產經營或業務需要而採購，因而購買數量大，購買次數少，採購人員經過專業培訓，熟悉產品的性能與質量，重視價格，促銷宣傳對購買者影響較小，一旦正確把握推銷對象並影響到推銷對象，就可以與組織顧客形成穩定的購銷關係。在決策中參與人數多，購買者、決策者和使用者分離。

二、購買行為的類型

顧客的購買行為可以分為三種，分別為擴展性購買決策、有限性購買決策和名義性購買決策。

擴展性購買決策。屬於複雜的購買行為，顧客購買產品單價很高，偶爾購買，非常重視購買的行為，對相關信息瞭解少，而市場上的相關品牌很多，也未建立評價標準。這種類型的購買行為需要花費較長時間去收集信息、建立評價標準、購買並進行購買后評價。推銷員需要提供相關決策的信息，並需要花費相對較長的時間進行推銷。

有限性購買決策。顧客對某一產品領域或該領域的各種品牌有一定程度的瞭解，或建立起了一些產品購買評價標準，但是還需要進一步收集信息，以做出滿意的購買行為。推銷員需要幫助顧客建立品牌偏好。

名義性購買決策。屬於最簡單的購買決策，當產品是顧客低介入度和品牌之間沒什麼差異的時候被購買。顧客能在較短時間做出決策，價格和銷售促進是非常有用的方法。

三、顧客購買心理類型

顧客購買心理分為五種類型：

漠不關心型。既不關心推銷人員也不關心購買行為，這種類型的顧客或是受人之托，自己沒有購買決策權，或是由於害怕承擔風險，避免引起麻煩。

軟心腸型。重視與推銷員建立融洽的關係，而對於自己的購買行為不是很關心。

這類顧客極易被說服，推銷員需要妥善處理人際關係，給顧客留下好印象。

防衛型。極為重視自己的購買行為，而對推銷員漠不關心，甚至對推銷員抱有一種敵視的態度。推銷員應主動推銷自己，要以實際行動說服和感化顧客，使顧客產生信任，打消顧客的偏見。

干練型。顧客會比較冷靜，通常會經過全面的分析和客觀的判斷，才做決策。願意傾聽推銷員的意見和購買建議，但是不會輕信全部。推銷員應擺事實講道理，比較競爭對手與推銷品的優缺點，幫助分析如何購買才能獲得最大的實惠，然后讓其判斷后做出決策。

尋求答案型。能明確自己需要什麼樣的產品或服務，而且也希望購買到自己所需要的東西，願意接受幫助自己解決問題的推銷員。推銷員應該認真分析顧客需要解決的問題，向他們推薦最合適的產品。

【實訓模塊 7】 尋找潛在顧客

練習 1

通過抽籤的方式分組從普通尋找法、廣告法、介紹尋找法、委託助手尋找法、核心人物法中任意抽取一種方法，編寫情景小品並進行表演，其他組成員對劇情評價，選出最佳劇情創意獎和最佳表演獎。

練習 2

假如你是 A 省企業的業務員，由於企業發展需要，決定將產品打入 B 省，因為你曾就讀於 B 省大學，認識 B 省的許多朋友。現在企業決定將你派出開拓市場，你將用什麼方法來尋找客戶，請寫出詳細的尋找客戶的方案。分組討論。

【知識點】

尋找客戶是整個推銷行動的開始，推銷活動首先要有推銷對象，即需要在眾多的客戶中尋找符合條件的準客戶，選擇具有成交希望的推銷對象並運用恰當方法找到最好的銷售機會。否則狂轟濫炸式的推銷只能有大炮打蚊子般的后果。

一、尋找客戶的必要性

客戶的尋找是推銷活動成敗的關鍵性工作，如何沒有合適的推銷對象，推銷活動就無法進行。推銷人員擁有客戶的多少，直接關係到推銷業績的好壞。客戶忠誠度和產品生命週期的發展都要求尋找新客戶。

二、尋找客戶的方法

（1）地毯式訪問法。也稱「普訪尋找法」或「全戶走訪法」，是指推銷員在不太熟悉或完全不熟悉推銷對象的情況下，逐個訪問某一地區或某職業的所有個人或組織，

從中尋找客戶的方法。這是一種看似較「笨」的尋找客戶的方法，實踐經驗表明訪問10個人中有1人會購買某種推銷品。但是這種尋找客戶的方法可以借機進行市場調查瞭解客戶需求；不會遺漏有價值顧客；可以擴大企業或推銷品影響。不足之處在於比較盲目。現在根據客戶的不同有「掃街」和「掃樓」兩種方法：「掃街」針對商業客戶，「掃樓」主要是針對非商業客戶。

（2）「滾雪球」法。就是推銷員請求現在的客戶介紹未來可能的準客戶的方法。經驗表明在耐用品消費領域，有50%以上的客戶是通過朋友的引薦而購買商品的，有62%的購買者是通過其他消費者得到新產品的信息的。著名的250定律意味著每個顧客或朋友后面都有250人。「滾雪球」法不僅有利於擴大客戶群，還能樹立信任感，有利於提高成交率3~5倍。這種尋找客戶的方法要求推銷員必須取信現在的顧客，樹立真心實意幫助顧客解決實際問題的好印象。

（3）權威介紹法。推銷員在某一特定的推銷範圍發展或挖掘出一些具有影響力和號召力的核心人物，他們通過消費推銷商品，並影響周圍的人，使其成為潛在顧客。核心人物主要是指政界要人、企業界名人、文體界巨星以及知名學者專家、教授等。這種方法的關鍵是選好權威人物，並爭取他的支持。

（4）廣告開拓法。也稱「廣告吸引法」和「廣告搜尋法」，是推銷員利用某種廣告媒介刊登多種形式的廣告來尋找客戶的一種方法。廣告法需要推銷員選擇合適的廣告媒體，效率會較高，但費用可能比較高，尤其是在廣告作用下降的今天，其效果會受到一定的影響。

（5）委託助手法。推銷員通過委託聘請的信息源或兼職推銷員等有關人士尋找顧客，以便集中精力從事推銷活動。

（6）市場諮詢法。推銷人員利用社會上各種專門的市場信息服務部門或國家行政管理部門所提供的諮詢信息來尋找顧客。

（7）資料查詢法。推銷員通過查閱各種現有的信息資料來尋找顧客。

（8）互聯網尋找法。通過互聯網建立自己的網站或網頁，利用搜索引擎找尋客戶。

【實訓模塊8】 顧客資格鑒定

練習

假如你是自己所在城市的一家房地產公司的推銷員，試草擬一份包括10名潛在顧客名單的尋找顧客報告，認真分析后準確地提出潛在顧客的基本條件，最后分析報告中潛在顧客的質量。

【知識點】

並非每一個潛在顧客都是合格的目標顧客。從潛在顧客到目標顧客，還需要進行顧客鑒定，即推銷員對尋找到的顧客進行判斷是否為準顧客的活動過程，主要鑒定顧

客是否有購買力、是否具有購買決策權、是否具有需求。

一、顧客鑒定的目的

顧客資格鑒定是顧客研究的關鍵，目的在於發現真正的推銷對象，避免徒勞無功的推銷活動，確保推銷工作做到實處。主要的目的：

將不具備條件的對象排除掉，可提高推銷訪問效率。通過初步認定，避免和減少訪問那些不可能成為準顧客的人，將主要時間和精力去拜訪那些有需要、有購買力和有決策權的人，將大大提高拜訪效率。

只對準顧客進行訪問，可以節省推銷訪問費用，把不符合資格的顧客從目錄中刪除，必然避免徒勞無功的推銷活動和各種費用開支。

只對準顧客進行訪問，可以節省推銷訪問時間。瞭解購買能力及購買決策者，可以直接明確訪問對象，不必在接近時再去摸索，不需要對無購買能力的顧客進行試探，從而使推銷員平均訪問時間縮短，提高推銷效率。

顧客鑒定中對準顧客有更多瞭解，有利於訪問員有的放矢地實施推銷策略，提高推銷成功率。

二、準顧客應具備的條件

選擇準顧客時一般而言應遵循 MAN 原則，即：

準顧客具有支付能力（Money），即推銷員尋找的客戶要買得起其推銷的產品，主要從現有的購買能力、潛在支付能力進行考核。

準顧客具有購買決策權（Authority），即想要買產品而且也是有錢的客戶，具有購買的決定權。根據購買對象為個人或組織不同進行家庭購買決策權分析和組織購買決策權分析。

準顧客具有需求（Need），即你所推銷的對象是否對產品具有需求，主要表現在是否需要推銷產品、對推銷產品的態度和能夠接受何種價格水平。

【實訓模塊 9】 推銷計劃擬訂

練習

組織同學們參加一場銷售游戲，瞭解並做好拜訪顧客的準備工作。

參加游戲的人員將回答 5 個「何」問題，限制時間為 5~10 分鐘。

步驟一：準備計時器一個、各種顏色的即時貼若干以及一塊供各小組粘貼即時貼的白板，將白板分成 5 欄，分別寫上標題：何人、何事、何地、何時、為何。

步驟二：設想有樂山明星電纜公司或其他企業可能成為你們的顧客，並且準備好關於該公司的介紹，包括下列內容：公司名稱與地址、公司具體位置、規模、經營的產品與售后服務、公司內各種決策者或能夠影響決策的人士姓名和簡介、該公司與本公司的關係（以往的合作與競爭情況）。

步驟三：回顧在拜訪之前準備工作重要性之后，把同學們分成幾個小組，並給每個不同小組分配不同顏色的即時貼。

步驟四：每小組向大家介紹這家公司的情況，然后教師就5個「何」（何人、何事、何地、何時、為何）提一個問題，每個小組討論60秒，最后每組派一個人將答案貼到白板上。

步驟五：哪個小組第一個把問題貼到白板上，該小組就取得1分。在游戲快要結束時，得分高的那個小組就頒發一個小小的獎品，並請各小組把他們的即時貼取下來，花5分鐘時間總結一下他們的拜訪顧客的整體計劃。

【知識點】

推銷以行動為導向，沒有行動，必定沒有成績。行動要有效率，必須有好的推銷計劃。推銷計劃是根據企業的實際生產情況，確定推銷目標、銷售利潤和銷售費用以及實現目標的方式與步驟。它對推銷工作具有重要意義，不僅是公司考核推銷員的依據，也是推銷員取得良好業績的前提與基礎。

一、推銷計劃考慮因素

簡單地說，計劃就是在一定時期內，採取一連串的活動，以達成目標。因此在制訂推銷計劃前要考慮三個因素：

第一，接觸顧客時間。沒有接觸就沒有業績，業務員和潛在客戶接觸的時間決定了業務員的業績。在推銷計劃制訂時必須盡可能增加和潛在客戶面對面的接觸時間，並確認接觸、商談對象是正確對象，否則所耗費時間沒有任何價值。

第二，推銷目標。推銷計劃制訂前應瞭解推銷目標，這些目標通常遵循公司策略優先順序，具體來說，這些目標有：瞭解銷售數量和銷售金額；瞭解自己的銷售區域；制定出潛在區域客戶的拜訪率（又稱涵蓋率）；維持一定潛在客戶數量；維持與現有客戶關係；每月新拜訪及再拜訪次數；工作培訓次數。

第三，擁有的資源。自己所擁有和可用的資源。如產品知識、價格權限範圍、現有客戶關係、潛在客戶資料庫、銷售區域、各項推銷輔助器材等。

二、推銷計劃的內容

推銷計劃制訂得合理與否，關係到企業推銷業務的活動進程和實際效果，一份完整的推銷計劃包括：

（1）推銷目標。如果是需要若干次的推銷訪問才能完成的，必須明確寫出每一次推銷訪問的明確目標。如每月銷售額、每日拜訪次數、新拜訪次數、重複拜訪次數。

（2）拜訪顧客路線。可將顧客進行分類，根據不同顧客類型、長遠推銷目標以及顧客地址和方位設計出最有效的推銷行動日程表及顧客拜訪路線。

（3）推銷洽談要點。確定洽談要點是針對洽談對象的具體情況和推銷產品的特殊性，提出在推銷洽談中需要重點介紹說明的、用來刺激顧客產生購買慾望的產品特徵、

交易條件、服務保證等內容。

（4）推銷策略和技巧。在推銷洽談過程中，顧客可能會提出各種問題，推銷人員應事先估計洽談中顧客可能提出的問題。推銷人員應提前準備以下問題：應該用什麼樣的方法接近顧客？怎樣在最短的時間內吸引顧客的注意？如何激發顧客購買慾望？怎樣使顧客相信和接受產品？如何促使顧客最終作出購買決定等。

（5）推銷訪問日程安排。根據洽談雙方時間安排，擬定好訪談日程，掌握好談判進度，也是取得推銷成功的必要條件之一。

三、推銷計劃制訂原則

推銷計劃成功與否，不僅僅取決於科學地確定推銷計劃的內容，更重要的是計劃制訂時遵循的原則。一般來說，推銷計劃制訂應遵循以下原則：

具體化原則。需要在計劃中將所要做的事情逐項詳細地做出計劃，並且將事情界定清楚，將所要達到的目標制訂得清清楚楚。

務實性原則。應以團隊計劃為中心，而后根據個人實際情況和銷售區域特性擬訂，計劃不要訂得太高或太低。充分利用現有資源和時間，要切合實際。

動態性原則。由於推銷環境不斷變化，推銷人員應在計劃制訂前對未來可能發生的事情進行考慮，並對變數較大的情況設定次選方案，同時應經常對推銷計劃進行改進，根據形勢發展調整自己的行動方案，使推銷計劃始終與推銷環境相適應。

順序性原則。行動計劃要有連貫性，避免造成行動中脫節，但還需要突出重點，根據事情重要程度和急待處理優先列出優先順序。此外，還要考慮類似的情況可以放在一起，以便提高工作的效率。

【實訓模塊 10】 推銷時間管理

練習 1

以班級為單位，討論哪些事情我們能控製，但我們認為我們不能；哪些事情不能控製，但是我們認為我們能。

練習 2

請區分以下事項的重要性，排出一個輕重緩急的順序，並說出理由：吃飯、培訓、過生日、鍛煉身體、應酬、拜訪客戶、做工作計劃。

【知識點】

一天只有 24 小時，任何從事推銷的人一定要懂得善用時間，否則就會出現越忙越亂，推銷效率低的現象。根據經驗現實，能力相同、業務相似的兩位推銷員，如果其中一位拜訪客戶的次數是另一位的兩倍，那麼成績也一定是另一位的兩倍以上。所以要成為優秀的推銷員一定要學會合理安排自己的工作和生活，最大限度發揮時間的效力。

一、時間管理的意義

人一生中的時間是有限的，能創造價值的時間更少。而時間又是不可再生、不可儲存的資源。推銷員需要拜訪客戶、整理資料、學習和培訓，因此利用好時間關係到事業成功和生活幸福。

二、時間管理的基本準則

準則一：明確目標。推銷員的時間主要分配到約見、拜訪、處理客戶抱怨、售後服務、培訓和會議。應根據 SMART 原則在規定的時間設定明確的、可衡量的、可以完成的工作目標。

準則二：制訂計劃。首先有組織地進行工作：制訂年計劃、月計劃、周計劃、日計劃，按照計劃合理完成，盡量避免時間上的閒置。其次根據工作需要、客戶的熟識程度、客戶的訂貨週期巧妙安排拜訪頻率與線路，盡量保證客戶在同一區域，減少拜訪客戶時間浪費。

準則三：分清輕重緩急。應時刻關注重要客戶和多做對未來有益的事情。根據 ABC 原則和二八定律將所要做的事情進行分類，根據工作輕重緩急安排先後順序。

準則四：合理分配時間。根據事情的緊急性和重要性編製時間計劃表，在黃金時間完成相對重要、緊急和收益最多的事情。勞逸結合保持充沛精力。

準則五：協調各方時間。在拜訪之前與客戶進行溝通，避免出現拜訪客戶不在的情況。

準則六：堵住時間漏洞。不做無價值的事情；有序放置文件和物品；給每件重要事情設定期限，控製拖延；全心全意投入到工作中去。

【問題思考】

1. 如何全面把握推銷的定義？
2. 推銷前的準備工作應包括哪些方面？
3. 客戶心理有哪些？
4. 推銷人員應具備哪些素質、能力？
5. 推銷計劃制訂的意義及內容是什麼？
6. 為什麼要進行顧客鑒定？如何鑒定？
7. 時間管理在工作和生活中有什麼注意事項、技巧等？
8. 評估作為一個推銷員的形象價值。
9. 如何提升推銷員的信心？
10. 推銷與銷售、營銷之間的關係如何界定？

實訓項目八　推銷過程實訓

【實訓目的與要求】

1. 學習並掌握推銷活動的過程與步驟。
2. 瞭解並克服心理障礙。
3. 掌握顧客約見的方法。
4. 掌握顧客接近的方法與技巧。
5. 掌握產品演示的方法。
6. 瞭解顧客異議的類型。
7. 掌握處理顧客異議的方法與原則。
8. 瞭解客戶滲透的方法。
9. 掌握銷售推進與跟蹤的方法。

【實訓學時】

本項目建議實訓時長：8 學時。

【實訓內容】

在掌握相應知識點基礎上，以推銷員身分進行模擬推銷全過程，具體實施顧客約見、顧客接近、產品演示、處理顧客異議、客戶滲透、推銷推進和跟蹤等工作，在實踐中掌握推銷技巧，提高推銷技能。

【實訓模塊 1】 克服心理障礙

練習

在眾人面前連續演講 5 分鐘或唱一首歌。

【知識點】

從事推銷工作的人普遍都具有一些心理障礙，如果心理障礙不克服，就無法完成

推銷工作。這種心理障礙在剛進入推銷工作的新業務員中比較普遍，有部分老業務員也存在心理障礙。如果能有效克服，40%以上的銷售會得到大幅度提高。

一、心理障礙類型

從事推銷工作的大多數人都會經歷兩個階段的心理障礙。

恐懼心理。恐懼是每一個正常人都會有的心理反應，但卻是推銷人員的天敵，表現在總是在客戶門前徘徊，不敢進去。

逃避心理。對拜訪過的客戶產生成見而找理由不去拜訪。老推銷員也常常有這種逃避心理。

二、克服心理障礙的方法

（一）勇敢正確面對顧客拒絕

再成功的推銷員也會遭到顧客拒絕，推銷就是從面對拒絕開始的，成功的推銷員視拒絕為正常，並養成不在乎閉門羹的氣度，毫不氣餒。也可以換個角度思考：銷售的目的是使自我價值實現，基礎是滿足客戶需要、為客戶帶來利益和價值，如果客戶的確不需要，當然有拒絕的權利；如果是客戶需要卻不願購買，正好利用這個機會瞭解客戶拒絕的本意，為以後的銷售提供有價值的信息。

（二）全面正確自我認識和自我評價

每個人都有自己的優點和缺點，十全十美的人幾乎沒有，每個人也都有一個成長過程，剛入門的推銷員需要首先得到自己的認可，相信自己的能力會不斷提高，擁有積極自信的自我評價才能獲得別人的認可。

（三）克服職業自卑感和畏難情緒

推銷是一個富有挑戰性的職業，通過努力會不斷實現目標，從中獲得成就感。與重要客戶或頂頭上司進行相處時需要自信，每個人都是重要角色，你也重要，當與這些人相處時，就要想到雙方都是對等的，在討論有共同興趣和共同利益的事情時，只要保持雙方之間的平衡，就可以消除掉恐懼感。

（四）在推銷實踐中加強心理訓練

人的恐懼是天生的，他們生怕什麼事情做得不好，丟失已經得到的。對於銷售人員來講，這種心理將有百害而無一利，還不如放下思想包袱，大膽進取。在實踐中逐漸明白失敗乃兵家常事，並在實踐中戰勝恐懼，就會有一種勝利感，然后不斷嘗試和進步，在不斷進步和實踐中重建自我，增強自信心。

【實訓模塊2】約見顧客

練習1

山東省的黃達一次收聽廣播時，偶爾聽到河南省永新花生公司製造的新花生醬上

市。他聽了很激動，心想本地也盛產花生，於是靈機一動，一口氣寫了十幾封信寄往北京、天津、上海等大城市副食品公司，詢問要不要用新收穫的花生製作花生醬。沒過多久，他首先收到了天津河東區副食品公司的回函，要求寄送樣品。黃達立即請能人研磨，製作了一小桶，親自送到天津，對方見過樣品後，當即要求立即訂貨 4 萬公斤，盈利上萬元。

請根據上面案例提供的情景，每組靈活選擇面約、信約、電約中的一種方法與顧客預約並寫出約見文稿。

練習 2

2015 年是某學校建校 80 周年，學校經過研究決定於 2015 年 9 月舉辦建校 80 周年校慶系列活動。儘管校慶能夠提高學校知名度，但是年代久遠，加上檔案不全或遺失，好多人都失去了聯繫。假如你是校慶籌備組成員，請利用約見顧客的理論，談談可以利用哪些方法找到校友，並設計具體的約見方案。

【知識點】

約見也叫商業約見，是推銷員請求客戶同意會面的行動。在推銷過程中起到非常重要的作用，它是推銷準備過程的延伸，又是實質性接觸顧客的開始。只有通過約見，推銷人員才能接近準顧客，順利開展面談。

一、約見的作用

（一）有助於接近顧客

現在工作節奏加快，企業廠長、經理和負責人一般不願意被人打擾，設有秘書或辦事員協助處理內務和協調日程安排。如果推銷對象是個人，不歡迎不速之客，也需要事先約見。只要顧客同意見面，接近和談成的機會就很大。若實現不約見就直接「闖入」，通常會面不會實現，即使實現，效果也不一定好。

（二）有助於做好充分的準備

事先約見可以使顧客就約會的時間和地點做適當安排，對推銷員的推銷建議也會進行事先考慮，為進一步推銷面談做好鋪墊，顧客能夠積極參與推銷談判，可以形成雙向溝通，提高準顧客購買決策認可程度。推銷員也可利用約見機會瞭解顧客更多信息，增強后續推銷說服力。

（三）約見有助於推銷員合理利用時間，提高推銷效率

推銷員時間極為寶貴。通過事先約見可以指定一個節奏合理的推銷日程表，增強推銷計劃性。若推銷員不事先約見顧客，盲目制訂推銷訪問計劃，就可能與被訪問顧客工作計劃發生衝突，甚至見不到被訪顧客。

二、約見內容

約見的內容應根據與顧客關係密切程度、約見方法靈活安排，主要有以下幾個

方面：

訪問對象。如果準顧客是企業組織，企業管理中分工明確，職責範圍比較清楚，應根據約見事由，要求約見有關職能部門人員，但是各個企業管理結構不一樣，首先碰到的人可能是秘書或一般辦事人員，他們對約見的事由往往有一定的「發言權」，對這些人要尊重，多和他們建立良好關係。通過他們約見所需有關人員，要容易得多。

訪問事由。約見客戶必須有明確目的，具體可以是推銷商品、市場調查、提供服務、簽訂合同、收取貨款、走訪用戶等。

訪問時間。一般情況應該客隨主便，什麼時候會見，最好由顧客決定。為了取得約見的較好效果，應考慮訪問對象的工作和生活特點、訪問目的、訪問地點和路線。推銷員應該準時赴約，萬一因故不能赴約，應事先通知客戶，並表示歉意，同時再約定另一時間會面。

訪問地點。約見的事由、對象不一樣，約見的地點也應有些講究。如果推銷的是生產資料，選擇在客戶工作單位比較好。如果是生活資料，而且是個人消費用，則選擇在客戶家裡比較好。有的客戶不便在工作單位或家裡接待推銷員，可以選擇公共場所進行約見。招待會、展銷會、訂貨會、座談會、學術報告會和新聞發布會都可以作為約見場所。

三、約見的主要方法

當面約見。推銷員與顧客當面約定訪問事宜。這種約見方法可以觀察顧客的態度、性格等，有機會交流感情，但是一旦遭顧客拒絕就會陷入被動。

電信約見。通過電話、網絡、傳真、電報等手段約見顧客。這種約見方法的優點是速度快。

信函約見。通過郵遞信函約見的方法。這種約見能夠暢通無阻地進入目標顧客的辦公司或居住地，能夠比較深入表達，費用低廉，但是其缺點是花費時間多，反饋率低。

委託約見。通過委託第三方約見顧客的方法。

四、約見顧客技巧

學會換位思考。在約見顧客時需站在顧客角度考慮約見理由、約見時間、約見地點，要考慮約見對象職業、工作生活和習慣等。

適度提醒。當與顧客進行約見后，顧客會比較容易忘記約見的事情，需要在適當的時候進行有效的提醒。

要有親和力。約見顧客需要體現親和力，主要表現在微笑、音量和語速要協調，而不是過分強勢和強硬。這樣顧客容易放下戒備心理，約見的成功機率也會更高。

正確對待第一印象。第一印象會影響顧客的評價，積極良好的第一印象可以為約見成功及后續的推銷打下良好基礎。主要注意禮貌用語和相應禮儀。

正確處理拒絕。當顧客在約見的時候拒絕了你，應該冷靜處理，等待后面約見的成功，不要在顧客拒絕后進行糾纏，不管約見成功與否都要注意禮貌和必要的禮儀。

【實訓模塊 3】 接近顧客

練習 1
討論推銷員贏得客戶第一印象的方法。

練習 2
選擇一種產品，每組選擇一定的技巧接近潛在客戶進行演示，其他每組進行評議。老師給予點評。

【知識點】

接近顧客是指推銷員為了推銷洽談順利開展而與推銷對象正式接觸的過程。接近顧客 3 秒，即可決定推銷成敗，因此推銷員的主要任務是善於就人、時、地的不同而採用各種有效的顧客接近方法，並使顧客感覺到有必要繼續進入面談。

一、接近顧客的基本原則

原則一：因人而異，隨機應變。不同顧客的購買動機、可以接受價格、購買方式和購買行為不同。因此，對於不同客戶，接近方法和技巧也應有所不同。

原則二：注意銷售禮儀，文明接近。推銷員應該講究規範的推銷禮儀，掌握文明接近的技巧。顧客購買的不僅是產品，還是服務，因此，應從自己的言談舉止中散發出個性與風格，做一個受顧客歡迎的推銷員，並為后面的銷售打下良好基礎。

原則三：把握客戶心理，避免硬性推銷。當顧客與推銷員接近時，顧客容易產生一種必須購買的心理壓力，一開始就有一種害怕和抗拒推銷員的心理。因此要想順利接近和銷售產品，推銷員必須掌握和減輕客戶心理壓力的技巧，先建立人際關係，培養顧客情感入手，避免硬性推銷。

原則四：控製時間，順利轉入實質性洽談。接近顧客的目的不僅在於引起顧客注意和興趣，更重要的是要轉入進一步的洽談。因此，一方面要設法引起顧客的興趣和保持客戶的注意力；另一方面要看準時機，及時轉入正式洽談。

二、接近前的準備

（一）瞭解顧客相關資料

針對不同的顧客瞭解內容不同。針對個體潛在顧客，瞭解客戶姓名、年齡、性別、民族、教育程度、出生地、需求狀況、購買能力、購買決策權；針對組織潛在顧客，具體瞭解組織的名稱、性質、規模、所在地、機構設置、採購狀況、經營狀況、購買習慣；針對老顧客，瞭解其基本情況、變動情況、反饋信息。

(二) 打開潛在顧客的「心防」

與從未謀面的人接觸，任何人都有些戒備心理，需迅速打開簽字客戶的內心防線，使其敞開心扉，用心面對推銷。讓客戶產生信任感，引起客戶注意和興趣。

(三) 積極的形象準備，將自己先推銷出去

接近客戶首先是將自己推銷出去，不能一味向客戶低頭也不能迫不及待地向客戶說明產品。接近客戶的重點是讓客戶對一位以推銷為職業的業務員抱有好感。

三、接近的方法

介紹接近法。推銷員自己介紹或有第三者介紹而接近推銷對象的方法。介紹的主要方式有口頭介紹和書面介紹。

讚美式接近法。推銷員利用人們的自尊和希望被他人重視與認可的心理來引起交談的興趣，當然讚美一定要出自真心，而且要講究技巧。

饋贈接近法。推銷員利用贈送小禮品給客戶，從而引起客戶興趣，進而接近顧客。

利益接近法。推銷員通過簡要說明產品的利益而引起客戶興趣，從而轉入面談的接近方法。利益接近法主要是陳述和提問，告訴購買推銷產品的好處。

產品接近法。也就是實物接近法，是推銷員直接利用介紹產品的賣點而引起客戶的注意和興趣，從而接近顧客。

問題接近法。推銷員直接向顧客提出有關問題，引起顧客注意和興趣，從而接近顧客。

好奇接近法。利用顧客的好奇心達到接近顧客之目的的方法。

請教接近法。推銷員利用慕名拜訪顧客或請教顧客的理由接近顧客的方法。

【小案例】

別具一格的接近法

「將此函寄回本公司，即贈送古羅馬銀幣。」這是美國一家人壽保險公司的推銷員寄給準顧客的一封信中所寫的話。信發出後效果很好，公司不斷收到回信。於是，推銷員拿著古羅馬銀幣，逐一拜訪這些回函的準顧客：「我是×××人壽保險公司的業務員，我把你需要的古羅馬銀幣拿來給你。」對方面對這種希望得到的饋贈和免費的服務當然歡迎。一旦推銷員進入顧客的家門，就可以逐步將對方引入人壽保險的話題，開展推銷行動。

【實訓模塊4】 產品演示（展示）

練習

結合某一種產品（如 MP5 盤或功能飲料），每組成員在小組內演練一次產品演示說明，總結出產品特點、功能、優點、價值利益，演練完後，共同製作一份標準的產品說明範本。

產品說明	運用技巧
客戶特殊需求	
特性	
優點	
特殊價值	

教師對整體表現給予點評和分析。

【知識點】

銷售是客戶與推銷員共同參與的活動，將客戶引至產品或媒介（如電視、電腦）前，通過實物操作或觀看媒介，讓顧客充分瞭解產品外觀、操作方法、具備的功能及給顧客帶來的利益，讓顧客眼見為實，留下深刻的印象，借以達成銷售的目的。只要顧客願意投入時間觀看演示，這表示他確實具有潛在需求，重要的是把握住最好的機會。並記住：演示不是做產品的特性說明，而是要激發顧客的購買慾望。

一、產品演示的優點

「一次演示，勝過千言」這表明產品演示的重要性，產品演示包括實物展示和虛擬展示。產品演示是客戶瞭解與體驗產品利益的過程，也是推銷人員訴求產品利益的最好時機，顧客願意花一段時間專注地傾聽銷售人員的說明，推銷人員也能夠有序地、有邏輯地、有重點地完整說明及證明產品的特性和利益。產品演示效果影響要素有兩個：一是產品本身，另一個是推銷員給顧客的感覺及展示技巧。

產品演示的優點主要包括以下幾個方面：

優點一，保持顧客的注意力與興趣。盡量簡潔或增加演示的戲劇性，努力引起顧客的興趣，可適當引用一些動人的實例來增強產品的感染力和說服力，從而有效保持顧客的興趣和注意力。如一家減肥機構向顧客介紹減肥設備及步驟時，會發給每一位客戶一個相當於10公斤豬肉體積及重量的物品，請客戶提在手上，然后詢問：「你們願意讓這個東西一天24小時帶在自己的身上嗎？」以戲劇性的方式增加顧客減肥的慾望。

優點二，鼓勵顧客參與演示。標準的產品演示會詳細配合產品操作動作，層次清晰地講述產品的特性、優點和利益，最好的產品演示是讓顧客參與進來，鼓勵顧客參與表演操作，有的顧客不會操作可請其為助手，眼見為實會增加顧客的認同感，增強演示的說服力和感染力。

優點三，使推銷重點更容易瞭解。演示需要用客戶聽得懂的話語，切忌使用過多的專業名詞，讓客戶不能充分理解你所要表達的意思，過多的專業術語會讓客戶覺得過於複雜，使用起來不方便。同時，重點是體現產品的優勢和利益，推銷員需要將產

品的利益通過深入淺出的演示方法來表現產品優勢及利益。

優點四，使推銷說明順序更加合理。產品的使用有一個先后順序，顧客對推銷品也有認知、接受的過程，一般是先具體后抽象、先瞭解后接受。推銷員需要研究演示和講解的先后順序，保證顧客看得清、聽得懂。最好根據顧客對產品的關注點，先講質量、再講價格，最后講售后服務。

二、產品演示的原則

FFAB 原則。遵循「特性（Feature）→功能（Function）→優點（Advantage）→價值利益（Benefits）」的陳述原則。產品的特性是產品設計上的特點及功能，可以從產品樣式、功能、材料等方面發現產品的特性。產品優點是指產品的優勢。特殊價值是能滿足客戶本身特殊的需求。將特性轉換成利益的技巧：首先從事實調查中發掘客戶的特殊需求，再從詢問中發掘客戶的特殊需求，接著介紹產品的特性，其次介紹產品的優點，最后介紹產品的特殊利益。

【小案例】

特性轉化成利益的技巧

客戶特殊需求	特性	優點	特殊價值
客戶的頭皮屑特別多，常常在開會或用餐時無意間搖頭，頭皮屑墜落，造成尷尬局面。	洗髮精能將頭皮屑固定在髮根。	頭皮屑不容易看到，且不容易掉落。	頭皮屑是困擾很多人的問題，但是目前還沒有任何藥物能消除或減少頭皮屑。這種洗髮精能清除污垢、滋潤頭髮，還能使頭皮屑附著髮根，需要用水清洗才能掉落。
客戶需要經常開車到各地洽談業務，有時候需要在車上過夜或較長時間的休息。	車子的座椅能夠 180 度平放。	能躺下休息。	這個座椅能夠 180 度平放，當您長途駕駛感到疲憊，想要休息片刻時，您能很舒適地躺下進行充分的休息，迅速消除疲勞，精神百倍。

三、產品演示的技巧

技巧 1：操作演示一定要熟練。推銷員的演示是向顧客證明推銷品值得購買。推銷員在演示過程中因操作不熟練，總是出差錯或笨手笨腳，就會引起顧客對推銷品質量的懷疑，從而不相信推銷員及推銷品。

技巧 2：根據推銷品的特點選擇演示方法和演示地點。在進行演示之前，需要確認產品的質量和性能符合標準，並根據產品特性選擇布置場地，最后針對客戶的喜好和特殊需求規劃有創意的演示方式。

技巧 3：操作演示要有針對性。演示成功的準則只有一條：針對客戶的需求，以展示特性和功能的陳述，並以實際操作證明給客戶看。不過演示常犯的錯誤也只有一條：只做產品功能的示範操作及說明。

【實訓模塊 5】 顧客異議分析

練習

從給定的客戶異議中分析所屬類型和原因。

客戶異議	所屬類型（根據異議性質）	所屬類別（根據異議內容）	產生的原因
客戶：「這種鞋設計得太古板，顏色也不好看。」			
客戶：「算了，連你（推銷員）自己都不明白，不買了。」			
客戶：「我現在不需要。」			
客戶（一中年婦女）：「我這把年紀了買這麼高檔的化妝品幹什麼，一般的護膚品就可以了。」			
客戶：「某某公司是我們的老關係戶，我們沒理由中斷和他們的購銷關係，轉而向你們公司購買這種產品。」			
客戶：「給我10%的折扣，我今天就下單。」			
客戶：「嗯，聽起來很不錯，但是我們店現在有7個品牌21種型號的牙膏，沒有地方放你們的牙膏了。」			
客戶：「我現在沒有時間。」			

【知識點】

顧客異議就是客戶在推銷過程中，產生與購買有關的任何問題，如懷疑性能、懷疑價格、懷疑售後服務、對推銷員的不讚同、提出質疑或拒絕。只要不是重複購買，可以說從接近顧客、推銷面談直至成交簽約的每一個階段，顧客都有可能產生異議。顧客異議是交易障礙也是交易信號，推銷員必須學會辨別顧客異議，並找到有效處理異議的方法。

一、顧客異議類型

（一）按照性質劃分

按照性質劃分：真實異議、虛假異議和隱藏異議。

真實異議是指針對推銷活動的真實意見和不同看法，面對真實異議，需要根據狀況採取立刻處理或延后處理策略。

虛假異議是指顧客用來拒絕購買而編造的各種反對意見和看法。在實際推銷活動

中，虛假異議占顧客異議比例比較高，研究表明有近七成的顧客並沒有什麼明確的理由，只是隨便找個理由來反對推銷員的推銷行為，不想真心介入銷售活動。

隱藏異議是指顧客並不把真實的異議提出來，提出各種異議目的是借此假象達到隱藏異議解決的有利環境。如客戶希望降價，但卻提出產品品質、外觀、顏色異議，以降低產品價值，而達到降價的目的。

(二) 按客體劃分

根據顧客異議指向的客體劃分：需求異議、支付能力異議、決策權異議、產品異議、價格異議、購買時間異議、貨源異議、服務異議。

1. 需求異議，即顧客提出不需要所推銷的產品。如「我們已經有了」「我們已經有很多存貨了」「這個東西有什麼用」等。顧客提出這種異議，或許是借口，或許是對推銷產品能給自己帶來的利益缺乏認知，或許確實不需要推銷品。

2. 支付能力異議，即顧客認為他支付不起購買產品所需的款項而產生的異議。

3. 決策權異議，即顧客表示無權對購買行為作出決策的異議。真實的權利異議說明推銷員在顧客審查時出現差錯，應及時糾正，重新接近有關決策人；對於虛假權利異議，應針對顧客拒絕推銷人員和推銷品的借口，採取適當的轉化技術予以化解。

4. 產品異議，即顧客對產品不滿而提出的異議。如對產品質量、規格、品種、設計樣式、包裝等方面提出反對意見，這是一種比較常見的異議。這些異議的產生具有主觀色彩，主要由顧客認知水平、購買習慣及其他社會成見影響造成。

5. 價格異議，即顧客認為產品價格過高或過低而提出的異議。顧客最容易提出價格問題，屬於比較常見的異議。對價格的異議包括價值異議、折扣異議、回扣異議、支付方式異議和支付能力異議。

6. 貨源異議，即顧客對推銷品來自哪個國家、哪個地區、哪個廠家、是何種品牌，甚至對推銷品的來歷提出異議。顧客可能對貨源來路的真實性有所懷疑，或是不願意接受信不過或不知名企業、品牌的推銷品。

7. 服務異議，即顧客對推銷品交易所附帶的售前、售中和售後服務異議，如對服務方式、服務延續時間、服務實現的保證程度等多方面的意見。

二、顧客異議產生的原因

顧客異議產生的原因主要來自三方面，即顧客方面、推銷員方面和推銷產品本身。

來自顧客方面的異議原因包括顧客的固執、顧客的購買經驗與成見、顧客缺乏支付能力、顧客的自我表現、顧客有比較固定的採購關係、顧客的私利與社會不正之風、顧客的偶然因素等。

來自推銷方面的異議原因包括推銷員無法贏得顧客的好感或信任、不良的儀表和禮儀、不當的溝通、展示失敗、誇大不實的陳述等。

來自產品方面的原因包括產品質量、產品價格、產品的品牌及包裝、產品的銷售服務等。

【實訓模塊 6】 破解顧客異議

練習

每組抽簽選擇一個假設的情景，你會怎樣處理顧客的異議？由他組同學進行點評，再由教師點評和講解。

客戶異議	破解方法
客戶：「這種鞋設計得太古板，顏色也不好看。」	
客戶：「算了，連你（推銷員）自己都不明白，不買了。」	
客戶：「我現在不需要。」	
客戶（一中年婦女）：「我這把年紀了買這麼高檔的化妝品幹什麼，一般的護膚品就可以了。」	
客戶：「某某公司是我們的老關係戶，我們沒理由中斷和他們的購銷關係，轉而向你們公司購買這種產品。」	
客戶：「給我 10%的折扣，我今天就下單。」	
客戶：「嗯，聽起來很不錯，但是我們店現在有 7 個品牌 21 種型號的牙膏，沒有地方放你們的牙膏了。」	
客戶：「我現在沒有時間。」	

【知識點】

顧客異議既是潛在顧客拒絕推銷品的理由，又可能是推銷活動的成交信號。只有當顧客開口說話，提出反對購買理由時，推銷員才可能有針對性地介紹與解釋，因此推銷員需要正確處理顧客異議，克服顧客成交的障礙，並最終說服顧客，促成交易。

一、正確對待異議

（一）重視顧客異議

推銷員應該重視與歡迎顧客異議，顧客產生疑問、抱怨和否定的意見，總有一定原因。推銷員必須重視顧客異議，這不僅是推銷員修養的表現，也可以從顧客異議中看出，發現推銷活動中存在的問題。這要求推銷員必須創造良好的氛圍，耐心傾聽顧客異議，在處理顧客異議之前沉思片刻，以示對顧客異議的重視並做了認真考慮。

（二）事前做好準備

應事前將客戶可能會提出各種拒絕理由列出來，然後考慮一個完善的答復。只有事前有準備才能胸中有數，從容對付；事前沒有準備，就可能不知所措，或是不能給

客戶一個圓滿的答復，也無法說服客戶。顧客異議既是推銷的障礙，也為成交創造了機會。

（三）選擇恰當的時間處理顧客異議

研究表明，優秀推銷員對客戶提出的異議不僅能給予一個比較圓滿的答復，而且能夠選擇一個恰當時機進行答復。懂得在何時回答客戶異議的推銷員會取得更加大的成績。推銷員對客戶異議答復的時機選擇：

1. 提前處理。預測銷售過程中可能會產生的異議，最好早在客戶提出異議之前，就主動提出並給予解釋，這樣可先發制人，從而避免糾正客戶看法或反駁客戶的意見而引起的不快。

2. 即時處理。當客戶提出的異議必須處理后才能繼續進行推銷時，最好立即進行處理，這樣既可以促使客戶購買，又是對客戶的尊重。

3. 推遲處理。當顧客異議超越推銷員權限或不確定時；當客戶還沒有完全瞭解產品特性及價值便提出價格問題；當顧客提出的一些異議在后面能夠更加清楚證明時，可承認無法立刻回答但是保證會迅速找到答案。

4. 不予處理。當異議具有不可辯駁的正確性，或是明知故問的發難等，推銷員可以採取沉默、裝作沒有聽見、答非所問或插科打諢，最后不了了之。

（四）永不爭辯

推銷洽談是一個人際交流的過程，與顧客保持融洽的關係是一個永恆的原則。在推銷洽談過程中，推銷員應避免與顧客爭論，更不允許爭吵。首先，我們需要明確和牢記顧客是我們的合作夥伴而不是敵人，維持融洽的良好氛圍是必要的。其次，要明確推銷不是明辨是非，洽談也不是澄清事實的討論會，而在於達成交易，滿足顧客需要。最後，永不爭辯也是有效保留顧客面子的有效方法。

（五）強調顧客利益

顧客異議之所以會產生，主要是處於對交換過程中所要付出的價值和承受風險的顧慮。但是在只要有購買行為就會存在風險，推銷員需要從顧客立場出發，理解顧客困惑，充分說明顧客所能獲得的利益及其程度，有利於顧客重新考慮價值和風險，在比較利益的促進下完成交易。

【小案例】

兩輛裝滿土豆的馬車停在自由市場上。一位顧客走到第一輛馬車前，問：「土豆多少錢一袋？」老板坐在車上不屑地回答：「55元。」「太貴了，上周買時才45元。」顧客不滿地說。老板懶懶地說：「那是上周的事情了，現在就是這個價。」顧客聽了扭頭就走。

他來到第二輛馬車前，詢問價格。老板立即從車上下來，熱情地說：「大姐，你真有眼力，這是品種優良的土豆，是我們種的最好的一種土豆。您看，這種土豆的芽眼小，削皮時不會造成浪費；又大又圓，是我們挑選過的；另外您看這土豆多乾淨，這是我們在裝袋之前已經處理過的，保證您不僅能放得住，而且不會弄髒乾淨的廚房。

我想，您不會花錢買一堆土吧？我這土豆只賣 60 元一袋。」顧客仔細看了看編織袋裡的土豆，點了點頭，老板又不失時機地問：「您要兩袋還是三袋？我給您搬到車上。」顧客買了兩袋土豆。

二、處理顧客異議的方法

顧客異議是多種多樣的，處理的方法也是千差萬別的，因此需要因人、因事、因地、因時而採取不同的方法，處理顧客異議的方法有以下幾種：

第一，「如果」法。又稱間接反駁法，是推銷員根據有關的事實與理由來間接否定顧客異議的一種方法。運用這種方法應該選擇好角度，並提供信息。正面反駁顧客，會讓顧客惱羞成怒，因此推銷員不要開門見山地直接提出意見，而盡量利用「是的……如果……」的句法，軟化不同意見的口氣。

第二，直接反駁法。推銷員直接反駁顧客意見。這種處理方法要求反駁顧客必須有理有據、始終維持良好的推銷氣氛。當客戶引用的資料不正確或對公司的服務、誠信有所懷疑就可以直接糾正顧客不正確的觀點。如顧客說：「這座樓的公共設施比率比一般高出不少。」推銷員：「您大概有所誤解，這次推出來的大樓、公共設施所占比率為 18.2%，一般的大廈公共設施平均達 19%，我們要比平均值少 0.8%。」

第三，太極法。取自太極拳中的借力打力，又稱轉化法、利用法、反戈法，是指推銷員利用顧客的異議進行轉化的方法。如經銷商：「貴公司把太多的錢花在做廣告上，為什麼不把錢省下來，作為進貨的折扣，讓我們的利潤提高一些？」推銷員：「就是因為我們投入大量廣告費用，顧客才會被吸引上門指定品牌購買，不但節省您銷售的時間，同時還能順便銷售其他的產品，您的總利潤還是最大的。」

第四，詢問法。是指推銷員通過對顧客異議提出疑問來處理異議的一種策略和方法。當推銷員沒有確認顧客反對意見的重點及程度前，直接回答客戶的反對意見，往往會引出更多的異議，不如通過詢問確認顧客真正的異議點，並通過對客戶的反問，直接化解客戶的異議。如，顧客：「我希望你的價格再降 10%！」推銷員：「××總經理，我相信您一定希望我們百分之百的服務，難道您希望我們給的服務也打折嗎？」

第五，補償法。當顧客提出的異議有事實依據時，可以承認並欣然接受，並給客戶一些補償，保持顧客心理平衡的方法。如客戶說：「這個皮包的設計、顏色都非常棒，令人耳目一新，可惜皮料質量不是很好。」推銷員就說：「您真是好眼力，這個皮料的確不是最好，若選用最好的皮料，價格恐怕要比現在高得多。」

第六，忽視法。也稱裝聾作啞法、沉默法，是指推銷員有意不理睬顧客的異議的一種處理方法。如推銷員拜訪經銷店老板時，老板一見到就開始抱怨說：「這次空調廣告為什麼不是找成龍拍的，而找×××，若是找成龍拍的話，我保證早就向你進貨了。」你不需要詳細告訴他為什麼不找成龍拍而找×××，因為經銷店的老板真正的異議的恐怕是別的原因，你要做的就是面帶笑容、同意他就好。忽視法常用的方法如：微笑點頭、「您真是幽默！」「您真是高見！」

三、處理各種顧客異議的策略

（一）關於產品異議

事例法。通過別人經銷或者使用產品的案例，簡便易行，較易說服客戶。

比較法。銷售人員可以採取現場比較的方式，來證明客戶的說法站不住腳跟。

體驗法。對於顧客有關產品質量的異議，也可以通過現身說法的形式，來佐證產品質量有保障。比如有的銷售人員會組織客戶到企業實地參觀，讓客戶實地感受企業的規模、文化、生產採購流程等，從而消除客戶的疑慮，建立合作關係。

（二）關於價格異議

比性價比。價格是客戶最敏感的因素，要想讓客戶感覺到產品值，就要給客戶分析產品性價比，比如包裝、用料、性能等方面，讓客戶認為物有所值。如果是耐用品，還可以通過分析產品可以為客戶帶來的較大節省等，消除客戶對於價格的敏感度。

對比核算。當客戶提到價格高時，也可以通過對比競爭對手的品牌、原料、政策等，讓客戶真切地感覺到產品價格並不高，而自己認為的所謂的高價格，是因為有些自己不太瞭解的因素在裡面。

突出品牌。品牌意味著安全；品牌意味著信譽；品牌意味著實力；品牌意味著號召力。優秀的品牌是具有靜銷力的，品牌名氣大，就意味著定價的空間大。我們經常可以聽到一些客戶談到對手價格時，總是一句「人家是名牌」來為競品的高定價搪塞。

彰顯服務。高規格、標準化的服務，也是削弱產品價格敏感度的方式之一。為什麼海爾的家電產品價格高，但依然賣得好，除了產品質量好之外，其五星級的售後服務功不可沒。因此，向客戶充分闡述自己規範化、可以讓客戶高枕無憂的服務，也可以消除客戶對於價格的異議。

彰顯科技含量。向客戶展示產品所蘊含的高科技含量，比如，產品所採用的領先或者進口技術，相比於競爭對手的較強的產品性能等，就可以讓客戶理解產品價格高一些的原因。

（三）關於促銷異議

堅持原則。無論是價格政策，還是促銷政策，銷售人員在與客戶溝通時，都要按照企業規定，保持一定的剛性，千萬不可隨意承諾客戶。只有敢於向客戶說不，才能在以後的合作當中，遊刃有餘，而不受客戶擺布。

引導客戶向市場要促銷。真正優秀的經銷商，一定不會「等」「靠」「要」。對於促銷方面，向市場要資源，才是真正的高手。因此，在客戶無止境地「要」政策時，銷售人員要想方設法引導客戶學會向市場要資源。

促銷要用分解法。銷售人員在跟客戶溝通促銷政策時，要學會拆分，即將促銷政策分解得越細越好，比如，如果你手中有 8 個點的政策支配權，你可以把它拆分成月返、年獎、臨促或即時激勵等，在形式上，除了返利外，還可以給予人員促銷、助銷物料、旅遊、培訓進修等，形式越多，越有助於控製客戶。

給政策要學會創造困難。解決客戶異議，給客戶促銷政策，要學會創造困難。讓客戶懂得政策來之不易，從而倍加珍惜，讓好鋼用到刀刃上。

【實訓模塊 7】 處理客戶異議 LSCPA 法運用

練習

用 LSCPA 法處理客戶異議

組織 6 位同學兩兩結對分成 3 組進行練習。每組一個同學推銷保險，另一位同學扮演客戶。結束後角色互換。保險內容分別為意外保險、車輛保險、財產保險。方法按下表執行。每組限時 10 分鐘。全體練習結束後，及時點評和總結。

理由：沒有錢，買不起保險，我還年輕，不需要保險。

用心傾聽	
尊重理解	
澄清事實	
提出方案	
要求行動	

【知識點】

LSCPA 法是處理顧客異議的一種有效方法，在很多領域都廣泛運用。LSCPA 法處理顧客異議，有助於化解分歧，達成共識，促成交易的完成。

一、處理客戶異議 LSCPA 法

L——用心傾聽（Listen）。傾聽客戶的擔憂，顧客的異議多種多樣，顧客異議有真實異議或虛假異議，因此面對客戶異議，必須認真傾聽並確認顧客真正的反對理由。

S——尊重理解（Share）。表示自己對顧客的尊重和體恤，如「我很理解您的看法……」，或用「其實很多人也是這樣想的……」來把顧客的異議一般化，表明自己願意站在客戶的角度為其分憂解難。

C——澄清事實（Clarity）。對於客戶的擔憂加以解釋，用「除此之外，還有沒有……」來確認問題的真正所在，隨后用「是……但是……」來解釋。

P——提出方案（Present）。針對客戶的憂慮，提出解決異議的方法或約定解決方法的事情或承諾。

A——要求行動（Ask）：對於提出的建議，請求顧客的最終同意和完成交易，採用的請求技巧有：二選一、推定承諾、激勵法、行動法等。

二、LSCPA 客戶異議處理步驟

步驟一：認真傾聽客戶講話，弄明白客戶異議的真實意思。從而有的放矢地處理。在傾聽的時候可以為顧客的講話做一個記錄；顯示對顧客的重視；同時讓顧客考慮自己多說的，更加清晰瞭解顧客異議；給自己處理顧客異議以時間。

步驟二：對顧客表示尊重和理解。當顧客述說完自己的異議時，從客戶角度用語言表示對客戶的尊重和同情，並為其分憂解難。

步驟三：將顧客意見歸納復述，以確認問題的真正所在。其好處就是歸納和復述可以幫助客戶清晰自己的思路；通過歸納復述客戶異議，也暗示客戶異議得到解決就應該成交率。

步驟四：針對客戶的憂慮，進行解釋或提出合理的建議。

步驟五：提出的建議要徵得客戶的最終同意，並要求顧客成交。

【實訓模塊 8】 客戶滲透

練習

假如你是一家知名巧克力生產公司的業務代表，你的銷售對象是沃爾瑪超市，你怎樣進行客戶滲透？以組為單位寫出客戶滲透的報告。

【知識點】

如果對客戶陌生得不知道他們的需求，銷售成功只是運氣好，真正的銷售需要進行客戶滲透。客戶滲透是對客戶更加深入瞭解，定性定量地分析客戶的需求、生意表現、財務狀況等，從中發現生意機會，進而取得客戶信任的一種途徑。

一、客戶滲透的重要性

讓顧客感覺到推銷員的重視，並建立兩者之間的信任關係。推銷員不是簡單的銷售代表，而是資深的客戶顧問，通過瞭解顧客生意和現狀，幫助顧客發展生意，共同發展。在幫助顧客發展的時候，與顧客建立信任關係，從而間接幫助自己的銷售。

有助於瞭解客戶的具體利益，促使企業發展具體和有意義的利益。不同客戶的需求有差別，應充分瞭解客戶的需求，並根據客戶利益來打造產品利益，真正能夠滿足他們個人或生意上的需求，否則客戶是不會購買產品的。

通過客戶滲透可以提高核心推銷技巧。客戶滲透使推銷員更加瞭解客戶，在推銷過程中，就會制訂恰當拜訪計劃，並採用有效的溝通技巧，讓顧客產生興趣，採用針對性強的說服性方法有效處理反對意見，從而實現推銷目標。

二、客戶滲透的內容

瞭解客戶的策略目標，OGMS（Objective（目標）、Goals（目的）、計劃（Strategies）、策略（Measures））。

瞭解客戶的組織架構，即系統或結構。當客戶是一個大型企業，其規模越變越大，複雜的系統結構將在購買決策過程中起重要作用，推銷員需要瞭解客戶的規模、組織結構圖、員工角色與職責、人員考核標準、工作流程等。如推銷員想要客戶快點付款，需要知道客戶財務系統的運作、是財務經理還是行政管理文員作出付款時間的決策。

客戶現在狀況（數據）。客戶有關數據主要包括客戶現在的經營狀況和影響經營狀況的各種因素兩個方面。具體為客戶現在擁有的實力（流動資金、倉儲能力、能力資源儲備）、客戶的競爭優勢和劣勢（銷售量、存貨標準、缺貨比率、市場佔有率、促銷活動類型及效果）、客戶所處的外部環境的衝擊（經濟形勢、稅收政策、財務政策等）。瞭解客戶的具體數據有助於瞭解顧客多元化的利益，幫助推銷員決定採用哪些銷售技巧來促進交易的完成。

客戶文化。無論是大客戶還是小客戶，運作內部都有一種文化。如果是一個單獨的小客戶，他可能是店主的文化習慣；如果是一個大客戶，要瞭解客戶內部文化及處理事物的方式方法，這樣有利於縮短成功進程，或使你避免與某些公司文化習慣有所衝突。

客戶客情關係。首先瞭解客戶與哪些推銷企業有合作關係；其次是瞭解採購決策人的喜好；再次是採購客戶決策人持有什麼樣的觀念；最後就是如何利用關係將你們的企業之間的採購關係轉變為私人關係。

三、客戶滲透的方法

重溫客戶記錄。將有關客戶的信息和客戶所在行業的信息進行存檔，並不斷更新客戶記錄的系統和工具（如客戶手冊、客戶檔案和銷售手冊），通過整理和研究客戶信息和行業信息，能夠分析客戶生意趨勢和背後的原因，進而採取有效的對策。

個人觀察技巧。用我們的眼睛觀察客戶及競爭對手在市場上的表現，觀察客戶辦公室的進展圖標和政策內容，觀察客戶生意運作的流程（倉庫的工作流程）及工作氛圍。

使用溝通技巧。在推銷過程中，通過與客戶面對面或與客戶會談中盡量提一些相關問題，盡量瞭解客戶的信息。要做好評估工作，不斷驗證與客戶交流過程中獲得的信息的真實性和準確性。

四、客戶滲透步驟

（1）客戶關係分析。推銷員的銷售費用、時間和精力等資源有限，可是客戶卻是無限的，因此推銷員必須全面完整地收集客戶資料並進行分析，才可以找到真正目標客戶並制訂銷售計劃。

（2）建立客戶信任。客戶關係分成認識、約會、信賴和同盟四個階段，當推銷員

發現客戶存在明確銷售計劃時，採取銷售組合迅速推進客戶關係。

（3）挖掘客戶需求。需求是客戶採購中核心要素，推銷員必須要全面、完整、深入和有共識地掌握客戶需求，為后續的推銷做好鋪墊。

（4）呈現價值。推銷目的是完成交易，滿足顧客需求。顧客同意銷售的前提是認可銷售價值。呈現價值的關鍵是在於競爭策略，而正確的競爭策略則產生於競爭分析。

（5）贏取承諾。價格、服務和交貨時間等承諾是顧客的關注焦點，在這個階段推銷員與顧客圍繞承諾達成一致。對於簡單的產品銷售和複雜的銷售，推銷員應採取不同銷售步驟。

（6）跟進服務。簽訂合同不是推銷的最后一步，在這個階段推銷員還應該跟進其服務，確保顧客滿意和留住老顧客。

【實訓模塊 9】 銷售推進與跟蹤

練習

假如你是一位保險公司業務員，經過你的拜訪，發現客戶王先生35歲已經有購買健康保險的意向，請根據所掌握的情況制訂一份銷售跟蹤計劃表。

銷售跟蹤計劃表

銷售員：　　　　所屬區域：　　　　　　　填表時間：

起止時間	購買階段	跟蹤頻率	跟蹤目的	銷售障礙	推動策略	備註
工作總結						

【知識點】

作為推銷員，無論你如何安排方案或進行有說服力的介紹，還是可能會碰到各種各樣的阻礙。當銷售過程停滯不前時，怎樣去探索隱藏在背后的障礙，並高效地消除這些障礙，使銷售得以推進？80%的成功銷售來源於4~11次的銷售跟蹤。同時還需要在推銷中對客戶不斷地跟蹤，讓客戶記住你，讓客戶採取購買行動時首先想到你。對於已經成交的客戶，跟蹤客戶是一種保留顧客的有效方法。

一、銷售推進程序

（1）分析客人猶豫不決的因素。可能會來自客戶需求、產品、供貨源、價格和時間。

（2）找到解決辦法、推動推銷工作。向客戶證實自己理解需求，能提供高價值的方案，解決問題的能力優於對手，從而推動推銷工作。面對不同障礙，推動策略有所不同，見下表：

障礙類型	銷售障礙	推動策略
與消費需求有關	不需要	證明購買你的產品是最明智的。
與產品有關	產品知名度不高	1. 從滿意使用者處得到第三方證詞，消除顧客的疑慮。 2. 進行有效的演示證實產品的優點，消除顧客的疑慮。
	產品不受歡迎	講述其他公司的使用情況。 使用後是怎樣的效果。
	不喜歡該種產品	澄清客戶所獲得的任何有關你產品的誤傳信息。
	喜歡現有產品而不願意接受新產品	陳述你的產品帶來哪些利益，而這些利益與當前客戶使用產品所帶來的利益相比，有巨大的優越性。 重新構造新產品，更好地滿足客戶的需求。
與貨源有關（不在本推銷員處購買）	不願意與以往的採購商斷絕關係	努力識別問題，通過很好地提問，也許能比競爭對手更好地理解客戶存在的問題。 指出客戶會從另一貨源處受益，但不要求客戶與當前供應商斷絕關係。 指明客戶的首要責任是對其所在企業負責，需要不斷尋找維持或增加利潤的方法。 不要從客戶視線中消失，與潛在客戶保持聯繫。
與價格有關	能不能降價或降價多少就今天訂貨	提取產品優點來增加價值。 不要把價格作為銷售陳述的焦點。 介紹價格時不要勉強。
與價值有關	價值不大或是否真的有效	把價格與價值聯繫起來。 指出價格和質量的關係。 要解釋價格和成本的不同之處。 當確實面臨競爭壓力的價格，可以考慮減少產品的特性。
與時間有關（銷售延遲，暫不訂貨或推遲訂貨）	暫時還不沒想好或沒有時間	可以考慮提問，確定消極的情感。「你對我們公司的感覺怎樣？」「你們是否關注我們的擔保計劃？」 對潛在客戶現在購買確實能從購買中獲益進行勸說。 及時與客戶溝通。例如，如產品的價格馬上會上升，或這種產品未來可能脫銷。

（3）建立信任感。首先在情感上建立信任關係，如通過朋友介紹或利用自己的真誠和堅持來打動客戶，或幫顧客做些對他來說具有價值的事情；其次可以在專業上建立信任感，如專業的提問、專業的語氣語調等都可以幫助樹立專業的銷售形象。一旦與顧客建立信任感，顧客接受產品容易得多。

（4）兌現利益。當顧客接受提出的各種承諾方案，就必須兌現其承諾，如售后服務時間和服務的種類、成交價格、送貨時間等，只要是推銷人員承諾，就要不惜代價來兌現自己的承諾。如果不兌現自己的承諾，有可能造成顧客不滿意，客戶流失。

（5）取得訂單。當所有工作完成需要進一步請求簽單，這是前面工作的一種昇華。

二、銷售推進原則

銷售推進的原則是快速讓客戶感受到可信任、有必要、緊迫性和價值感。

讓顧客覺得購買所需要的信息是透明的，因此購買是安全的，沒有很大的購買風險，值得信任。

讓客戶感覺對產品是有需要的。通過顧客能感知到的事實讓客戶間接或直接感覺到問題，並產生共鳴，意識到購買推銷品的必要性。

當客戶感覺到有問題時，要讓客戶感覺到問題比較嚴重不要等或不能等。增加顧客緊迫感的策略有圖像法，即把問題深入剖析，如果不解決，接下來就會產生嚴重后果；還可以通過數字法，將問題不解決帶來的損失以數字量化表現；還可以採用聚焦法，從客戶現狀出發，詳細指出其存在的問題以及提供解決方案，讓客戶深刻體會到問題確實存在，而且可以很快解決。

讓客戶感覺物有所值，甚至是超值的。主要從以下幾個方面考慮：成本核算，客戶覺得不值的原因可能是產品透明度不夠，客戶沒法判斷價值，所以需要突出產品價值，如產品的做工、原材料、品牌和人工成本等方面來說明；解決問題的價值，產品是用來解決問題，一般推銷員會介紹產品可以解決什麼問題，但是客戶買的不是解決問題的，而是解決問題的價值，這就需要推銷員強調解決客戶問題后的價值；超值部分價值要具體量化，通過數字使價值更加形象化；還可以根據客戶習慣的方式塑造客戶價值，並通過打折促銷進一步提高客戶價值。

三、銷售跟蹤

跟蹤是在銷售過程中或交易完成后的不斷與客戶聯繫，讓客戶記住你，並在與客戶溝通過程中發現銷售推進的方向與策略，還有可能在銷售跟蹤中獲取新顧客和新訂單。

制訂跟蹤計劃。當工作比較忙的時候跟蹤可能就會被忽略，因此有必要根據客戶等級制訂跟蹤計劃表，包括跟蹤誰、誰跟蹤、如何跟蹤、跟蹤頻率。雖然只是時隔數日的電話聯繫或一封郵件，客戶都喜歡受到注意和支持，你的跟蹤可能會促使他們幫助你介紹新客戶。

服務跟進。顧客不僅要購買產品，還要購買服務，主動與客戶聯繫和溝通，進行回訪工作有利於協助和監督服務部門做好工作，從而使客戶更加滿意，贏得客戶的

忠誠。

對客戶購買后的期望作出反應。根據客戶購買產品不同階段反應進行預測，客戶會提出哪些問題，預先想好應對策略。

監控客戶滿意度。推銷企業越來越依賴推銷員持續關注客戶的需要、興趣以及未來的打算。以前企業主要對推銷員的業務量考核，但是越來越多的公司意識到客戶滿意的重要性。在銷售過程中將客戶滿意度進行監控，提前瞭解和發現問題，在問題累積之前將問題解決掉，從而贏得客戶更大的滿意。

四、銷售跟蹤的策略

注意系統連續進行追蹤。打電話（半月一問候）或短信（每日一笑）、特殊的日子給老客戶寄親筆信，這樣保證跟蹤的的系統性，而不是時斷時續。

採取較為特殊的跟蹤方式，加深顧客印象。很多競爭對手也會對顧客進行跟蹤，但是顧客的記憶容量是有限的，要讓顧客會記得住，這就要求你跟蹤的方式與眾不同，創造性地採用一些跟蹤方式。

為每一跟蹤找到漂亮的借口。可以巧妙利用免費贈品（包括禮品、服務）、個人交往、節假日拜訪、促銷活動等進行跟蹤。

注意兩次跟蹤之間的間隔，不能太長或太短，推薦的間隔是2～3周。時間間隔過長顧客已經淡忘；間隔時間過短，顧客會產生厭煩心理，會得不償失。

不要過分流露你強烈成交的渴望。調整自己的心態，試著幫助客戶解決問題，瞭解客戶最近在想些什麼、做些什麼，工作進行得如何。如果在跟蹤過程中流露出簽單的慾望，不僅不會加深顧客對你的印象，反而會產生一種消極心理。

【問題思考】

1. 銷售推進與銷售跟蹤有什麼異同？
2. 如何靈活選擇合適的產品演示方法？
3. 怎樣設計客戶接近的開場白？
4. 如何有效破解客戶異議？
5. 談談客戶滲透的方法？
6. 如何克服推銷過程中的心理障礙？
7. 如何更好地約見顧客和接近顧客？
8. 整個推銷過程需要注意什麼？

實訓項目九　推銷模式實訓

【實訓目的與要求】

1. 熟練掌握並學會運用推銷顧客方格理論。
2. 熟練運用顧客體驗營銷方式。
3. 瞭解並熟悉會議推銷的種類。
4. 準確掌握各種銷售模式的概念及適用場合。

【實訓學時】

本項目建議實訓學時：4學時。

【背景素材】

　　假設你是一名家用電器營銷公司的銷售員。夏天到了，公司要求你去調查和確定顧客對不同品牌家用經濟型電扇的態度和看法。利用這些信息，你可以知道公司應該和哪些品牌生產商合作，同時向公司的銷售人員提供建議，幫助他們，使其與光顧他們零售店的顧客一起討論經濟型電扇時，更能有的放矢。

　　你決定利用周日在一家坐落於高收入社區的商店裡舉辦一場座談會，同時借助廣告宣傳推出公司夏季的特別服務。在座談期間，你請大家就座之後，感謝他們的光臨，同時邀請他們談談對家用經濟型電扇的看法。

　　有些人認為，購買家用經濟型電扇無須考慮品牌，然而一旦選定了一種品牌，他們就會去經銷這種品牌的各家商店瞭解行情，而後從價格最便宜的商店購買。有些人則認為，家裡已有空調，並不打算買電扇，但也可以考慮考慮。

　　人們獲得家用電扇信息的來源有個人關係（如朋友）、商業渠道（如廣告、銷售人員、公司的廣告傳單），以及公共渠道（如消費者協會）。60%的人把選擇電扇的範圍縮小到三種品牌：「鑽石」「萬寶」「紅山花」，而且他們關心的是電扇的三種因素：價位、質量和樣式。

　　綜合本節知識，根據給出的信息假定當顧客走進商店時，銷售人員應如何去做？

【實訓內容】

熟練掌握各種推銷模式，並學會在不同的情境下，如何選擇運用合適的推銷模式實現成功推銷。

【實訓模塊 1】 推銷方格應用

推銷方格理論是根據推銷員在推銷過程中對買賣成敗及與顧客的溝通重視程度之間的差別，將推銷員在推銷中對待顧客與銷售活動的心態劃分為不同類型。推銷方格顯示了由於推銷員對顧客與銷售關心的不同程度而形成的不同的心理狀態。

練習

推銷方法自測

下列每題分 A 至 E 五個陳述句。先將六道題略看一遍，然后逐題回答，對每題的五個陳述句加以排列，對你認為最合適的陳述句給 5 分，次之給 4 分，再次給 3 分，依此類推，最后對不合適的給 1 分。

第 1 題

A. 我接受顧客的決定。

B. 我十分重視維持與顧客之間的良好關係。

C. 我善於尋找一種對客我雙方均為可行的結果。

D. 我在任何困難下都要找出一個結果來。

E. 我希望在雙方相互瞭解和同意的基礎上獲得結果。

第 2 題

A. 我能夠接受顧客的全部意見和各種態度，並且避免提出反對意見。

B. 我樂於接受顧客的各種意見的態度，更善於表達自己的意見和態度。

C. 當顧客的意見和態度與我的意見和態度發生分歧時，我就採取折中辦法。

D. 我總是堅持自己意見和態度。

E. 我願意聽取別人不同的意見和態度，我有自己獨立的見解，但是當別人的意見更為完善時，我能改變自己原來的立場。

第 3 題

A. 我認為多一事不如少一事。

B. 我支持和鼓勵別人做他想做的事情。

C. 我善於提出積極的合理化建議，以利於事業的順利進行。

D. 我瞭解自己的真實追求，並且要求別人也接受我的追求。

E. 我把全部精力傾註在我從事的事業之中，並且也熱愛、關心別人的事業。

第 4 題

A. 當衝突發生的時候，我總是保持中立，並且盡量避免惹是生非。

B. 我總是千方百計避免發生衝突，萬一出現衝突，我也會設法去消除它。

C. 當衝突發生的時候，我會盡力保持鎮定，不抱成見，並且設法找出一個公平合理的解決方法。

D. 當衝突發生的時候，我會設法擊敗對方，贏得勝利。

E. 當衝突發生的時候，我會設法找出衝突根源，並且有條不紊地尋求解決方法，消除衝突。

第 5 題

A. 為了保持中立，我很少被人激怒。

B. 為了避免個人情緒干擾，我常常以溫和、友好的態度來對待別人。

C. 當情緒緊張時，我就不知所措，無法避免更進一步的壓力。

D. 當情緒不對勁時，我會盡力保持冷靜，抗拒外來的壓力。

E. 當情緒不佳時，我會設法將它隱藏起來。

第 6 題

A. 我的幽默感常常讓人覺得莫名其妙。

B. 我的幽默感主要是為了維持良好的人際關係，希望利用自己的幽默感來衝淡嚴肅的氣氛。

C. 我希望我的幽默感具有一定的說服力，可以讓別人接受我的意見。

D. 我的幽默感很難覺察。

E. 我的幽默感一針見血，別人很容易覺察到，即使在高度壓力下，我仍然能夠保持自己的幽默感。

答完以上各題後，請將每一題裡每個方案的得分填寫在表 9.1 的空格裡，然後將縱列的分數相加，每列的總計最多 30 分，最少 6 分，哪一列的總計最高，你就屬於（或者說接近於）哪一類型。例如，你在（1, 1）列得分 30 分，而在（5, 5）列得分 20 分，則表示你較接近於（1, 1）型。

表 9.1　推銷方格理論應用評分表

題目＼類型得分	(1, 1) 型	(1, 9) 型	(5, 5) 型	(9, 1) 型	(9, 9) 型
第 1 題	A1	B1	C1	D1	E1
第 2 題	A2	B2	C2	D2	E2
第 3 題	A3	B3	C3	D3	E3
第 4 題	A4	B4	C4	D4	E4
第 5 題	A5	B5	C5	D5	E5
第 6 題	A6	B6	C6	D6	E6
總分					

【知識點】推銷方格圖（見圖9-1）

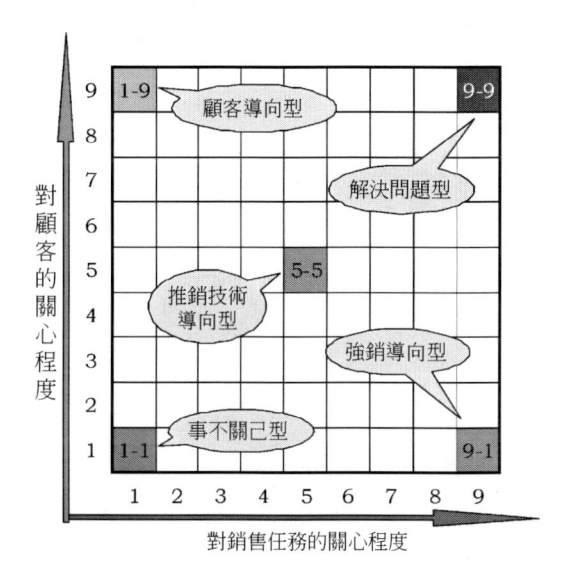

圖 9-1　推銷方格圖

（一）（1-1）事不關己型（Take It or Leave It）

處於這種心態的推銷人員既不關心顧客，也不關心銷售。他們對本職工作態度冷漠，不負責任，沒有明確的工作目的，缺乏成就感。

（二）（9-1）強力推銷型（Push The Product Oriented）

處於這種心態的推銷人員只知道關心推銷效果，而不管顧客的實際需要和購買心理。

（三）（1-9）顧客導向型（Customer Relations Oriented）

處於這種心態的推銷人員只關心顧客，而不關心銷售。

（四）（5-5）推銷技巧型（Sales Technique Oriented）

這種心態的推銷人員既關心業績完成程度，又關心顧客滿意程度。當與顧客發生異議時，就採取折中立場，盡量避免出現不愉快的情況。這種推銷心理實質上是在一種溫和氣氛中巧妙運用推銷技巧，以達成交易，而不是從顧客角度出發設法滿足其需要。

（五）（9-9）解決問題型（Problem Solving Oriented）

這類推銷人員瞭解自己、瞭解顧客、瞭解推銷品。瞭解推銷環境，有強烈事業心和責任感，真誠關心顧客，能夠把自己推銷工作與顧客實際需要結合起來。處於這種心態的推銷人員是最理想的推銷專家，他們真正認識到推銷工作的實際意義，認識到

推銷工作的社會責任，具有正確的推銷觀。

無論何種心態的推銷員都要努力培養正確的推銷心態。包括：努力提高自身的思想和業務素質；在推銷中具有正確的指導思想和基本原則；樹立良好的推銷道德；熟悉並能充分認識環境；確定正確的推銷目標；具有豐富的商品知識，熟悉推銷的商品；善於掌握消費者的消費心理。

【實訓模塊 2】 顧客方格應用

練習
討論推銷方格與顧客方格的關係，以及如何針對不同類型顧客進行推銷。

【知識點】 顧客方格理論

顧客方格理論是指不同的顧客對待推銷和商品購買存在不同的心態，這種心態在推銷方格理論中，也依據他們對待推銷人員和採購商品的重視程度而劃分成不同的類型。見圖 9-2。

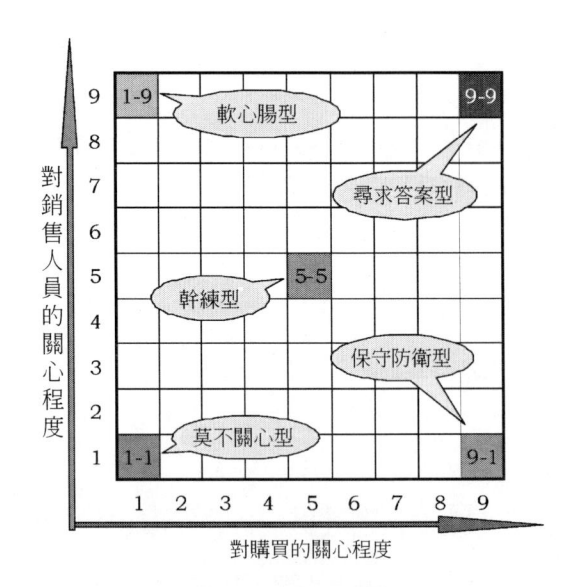

圖 9-2　顧客方格圖

（一）（1-1）漠不關心型（Couldn't Care Less）
持這種購買心理態度的人，對推銷人員和購買行為都不關心。

（二）（1-9）軟心腸型（Pushover）
持這種心理態度的顧客，重感情、輕利益，極容易被說服打動。

(三)（9-1）保守防衛型（Defensive Purchaser）

這種類型的購買者與上一類型正好相反，他們懷疑一切，不輕易相信別人，把推銷人員看作不誠實、不可靠的人，對別人的友好態度存在強烈的抵觸情緒，對推銷人員採取防衛態度。

(四)（5-5）干練型（Reputation Buyer）

處於這種心態的顧客，既關心自己的購買行為，又關心推銷人員，是一種比較合理的購買心理。

(五)（9-9）尋求答案型（Solution Purchaser）

這類顧客是最成熟的顧客，他們十分理智，不會憑感情辦事。

【實訓模塊3】 顧客體驗式推銷

練習

甲：你一生從未如此幸運。上月你無意買了一張彩票，這周開獎了，你發現你的號碼可以領到500萬人民幣。太開心啦……這樣的狂喜來得太突然了，你在想，我現在最想做的三件事情是什麼呢？

請大家用1分鐘時間思考，用2分鐘把你想做的事情寫在白紙上，越詳細越好！

乙：你在一家公司工作，這家公司的名字叫「甲方乙方」，公司的業務是幫助客人實現他們的夢想。這似乎是很平常的一天，眼看關門的時間就要到了，這時來了一位客人，他看起來是如此興奮，好像剛剛中了500萬似的……

請你用3分鐘時間對這位客戶進行詢問，並將把信息記錄在白紙上，越詳細越好！

【知識點】

體驗推銷又稱體驗式推銷，其理論基礎來源於20世紀末在西方興起的體驗營銷（Experiential Marketing），也稱體驗式營銷。

體驗推銷應具備站在消費者的感官（Sense）、情感（Feel）、思考（Think）、行動（Act）、關聯（Relate）五個方面，重新定義、設計營銷的思考方式。此種思考方式突破傳統上「理性消費者」的假設，認為消費者消費時是理性與感性兼具的，消費者在消費前、消費時、消費后的體驗，才是研究消費者行為與企業品牌經營的關鍵。

一、體驗式推銷步驟

(一) 尊貴連接（見圖9-3）

1. 視覺：從儀容、儀態角度連接。
2. 感覺：從體驗角度連接。

創造自由空間：給顧客一些自由的空間，可以讓他放鬆下來；注意觀察顧客的行為，以便為再次連接做準備。

再次連接的機會：通過觀察，把握再次和顧客溝通的時機，如當顧客直接要求幫助時；當顧客長時間停下來看一款產品，並抬頭有目光接觸時；當顧客停下來，似乎在等待服務時；當顧客快離開時。

3. 聽覺：從語言角度連接。

個性化的問候語：問候可以讓顧客感到被關注和尊重；個性化的問候會讓顧客感到更加放鬆和親切。

稱讚的方法：包括單純型稱讚、變更稱呼型稱讚、比喻型稱讚、所有物型稱讚。

稱讚的原則＝真誠×投其所好。

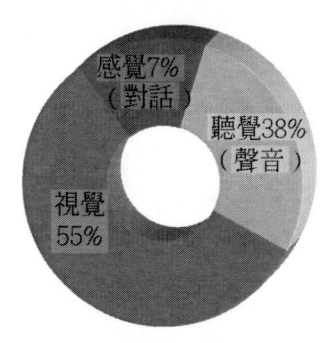

感覺7%（對話）
聽覺38%（聲音）
視覺55%

圖9-3　尊貴連接各要素及其所占比例

建立尊貴連接時，盡力做顧客的鏡子，即模仿。如情緒同步、講話速度同步、音量同步、語言文字同步、動作同步等。

(二) 個性化體驗

1. 引導顧客親身體驗。播放視頻，關注顧客在店中的瀏覽視頻表情等。
2. 創造顧客驚喜體驗。從產品講解、產品演示、引導顧客體驗產品三個方面進行。
3. 與顧客確認其體驗感受。從兩個方面進行：

第一，引導顧客描述其體驗感受、強調產品尊貴體驗。

第二，注意傾聽（BMW）。

Body——和客戶對視的時候要有良好的接觸，視線放到對方的鼻梁處；點頭確認，在和顧客交談時，講到要點的時候一定要點頭。

Mind——觀察顧客：可以從年齡、服飾、語言、身體語言、行為、職業、喜好、生活習慣等方面進行，注意禮貌。聆聽顧客沒說的內容：聆聽顧客沒有說或者不知道要說，但是對他其實很重要的方面。揣摩顧客心理：不斷問自己，顧客最需要的是什麼？最吸引他的是什麼？注重的是產品的哪些方面（至少三個）？

Word——重複重點（平時要多鍛煉）。在與客戶談話中斷後或談話中，重複對方最後幾個字。詢問，並要說他們最喜歡聽的話，盡量說他們的話。

（三）探詢需求

運用開放式問題（Who、What、Why、Where、When、How，5W1H）探詢顧客需求。包括：

1. 現狀詢問。瞭解客戶的概況，幫助你有效發現客戶潛在的需求。見圖 9-4。

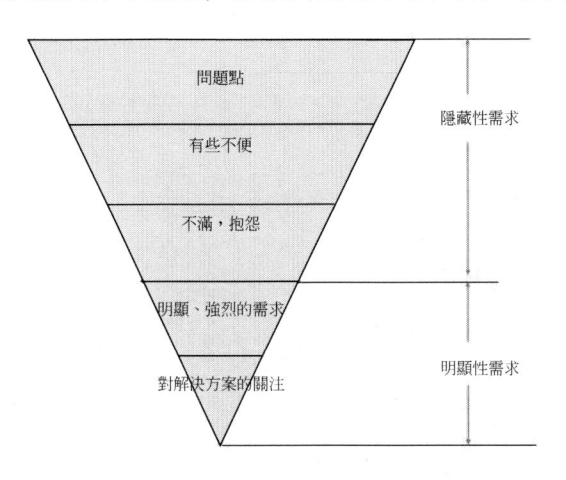

```
        問題點
                          隱藏性需求
       有些不便

      不滿，抱怨

    明顯、強烈的需求
                          明顯性需求
   對解決方案的關注
```

圖 9-4　客戶需求發現

2. 問題詢問。針對客戶的現狀提問，引導客戶說出隱藏性需求；確認客戶的問題點，並開始與客戶探討共同關心的問題。

3. 暗示詢問。對客戶關心的問題產生的后果的詢問；讓客戶明瞭問題點對其深刻的影響，是將客戶隱藏性需求轉化為明顯性需求的工具。

（四）成交

1. 語言信號。包括：顧客對該產品的促銷活動、價格、售後等進行諮詢；徵求同伴的意見；開始比較價格。

2. 行為信號。包括：目光停留在一款產品上；不停地仔細觀察，操作產品；非常注意銷售人員的言行；不住點頭；第二次再來觀看產品；觀察產品有無瑕疵。

3. 促成顧客做決定。用一些語言引導顧客做出購買決定。如：二選一法、請求成交法、優惠成交法、假定成交法等。

（五）建立持久關係

1. 建立持久關係的目的。包括：保持與顧客建立永久關係，並給予顧客持久的尊貴印象；自始至終都讓顧客感受到自己受重視，關係並不在顧客走出商店為止；讓顧客有意願再次光臨。

2. 建立持久關係的三個關鍵因素。包括：感謝並讚美；如已成交，專業填寫銷售單據；記錄客戶檔案信息，如：姓名、電話、家庭成員數量、興趣點、成交明細、郵件地址等。

【實訓模塊 4】 會議(會展)推銷

練習

分小組確定會議推銷商品,設計主持人主持詞及模擬現場主持。其他同學點評,老師總結。

【知識點】

一、會議推銷含義及特點

會議推銷是指通過尋找特定顧客,通過親情服務和產品說明會的方法銷售產品的銷售模式。會議推銷的實質是對目標顧客的鎖定和開發,對顧客全方位輸出企業形象和產品知識,以專家顧問的身分對意向顧客進行關懷和隱藏式銷售。

會議推銷具有針對性強、親情式服務、低成本銷售、操作簡單等特點。

二、會議推銷的優勢

會議推銷具有可以低成本、低費用運作;可以實現資金快速週轉;可以避免媒體浪費,合理使用資金;贏利模式容易複製操作使業績倍增;可以更有效地開發潛在顧客;便於滿足消費者個性化的需求;可以更快、更直接收集市場信息;可以運用環境營銷有效引導消費者;可以隱蔽性操作;排他性強等優勢。

三、會議推銷的種類

（一）終端會議推銷

終端會議推銷主要是針對潛在的顧客消費群體,通過會議把潛在顧客組織起來,運用直接的產品知識介紹、試用、體驗、溝通、交流、諮詢等形式進行產品的銷售,或採用科普講座、聯誼、娛樂、學習、教育等方式,寓銷於樂、寓銷於學,宣傳公司形象、公司品牌,從而間接銷售公司產品。典型的終端會有科普講座、會員聯誼、增值服務活動等。

（二）招商會議推銷

招商會議推銷主要是針對潛在的投資商、經銷商、代理商、加盟商等進行宣傳的一種會議推銷模式。

（三）經銷商會議推銷

經銷商會議推銷主要是針對已經成為經銷商的客戶,為維護、鎖定其成為長久經銷商的一種會議推銷模式。典型的經銷商會議有新產品訂貨會、銷售年會、經銷商培訓會、經銷商表彰會。

（四）新產品發布會式會議推銷

通過介紹新產品的新特點、新功能、新優惠政策吸引顧進行銷售。通常一般公司推出新產品時為了迅速推廣市場，占領份額，會出抬一系列的促銷優惠政策，而顧客「想占便宜、買便宜貨的心態」往往容易實現推銷效果。

（五）培訓式會議推銷

培訓式會議推銷是指企業以培訓、講座的形式來銷售產品的一種營銷活動。通過培訓、講座既可以銷售產品，又可以獲取顧客的詳細數據，如姓名、地址、電話等個人及家庭詳細資料。培訓會議推銷的幾種形式：管理論壇、沙龍討論、對話。

（六）旅遊式會議推銷

旅遊營銷是指企業通過以旅遊為吸引點，用車輛將目標顧客送到事先選定安排好的旅遊景點遊玩，在遊玩的過程中，培養營銷員與顧客之間的感情，然后通過健康討論、講座和諮詢等形式來達到產品銷售的一種營銷活動。

（七）顧客答謝式會議推銷

其是指企業為了答謝廣大客戶長期以來對公司的支持與厚愛，用會議做載體，以回報社會、回報顧客為宗旨，通過抽獎、有獎問答等系列活動來促銷產品的一種銷售活動。

（八）顧客聯誼式會議推銷

其是指企業以舉辦聯誼會為手段，在豐富多彩的節目表演中穿插產品知識講座，達到銷售產品的一種營銷活動。

（九）慈善公益式會議推銷

通過一系列愛心體驗活動，在公眾中樹立起企業良好、健康、關愛社會等形象，使品牌深入人心。例如，某公司免費為醫院患有癌症的顧客提供腫瘤保健食品的活動就使得公司在社會上取得了很好的影響。

（十）戶外活動式會議推銷

戶外活動會議推銷就是通過拓展訓練、郊遊、定向越野、野營等戶外的群體活動方式進行的營銷活動。

四、會議推銷的 ABC 法則

ABC 法則被直銷界稱為黃金法則，具有極高的成功率。ABC 法則也叫借力使力法則。A 是 Adviser，代表顧問，你可以借力的第三方力量；B 是 Bridge，代表橋樑，就是你自己；C 是 Customer，代表顧客，你希望接納你的產品的人。

在銷售過程中，你作為 B 這個角色的使命就是在 C 和 A 之間建立一座橋樑，然後閉嘴。

常見 A（除你以外的第三方、第三者、第三物）的表現形式有：

公信力組織。組織、政府、大學、協會、出版社、媒體（包括報紙、互聯網）、機構（包括認證、評比、檢測）、團體等。

第三人。其他顧客、政府官員、教授、專家、學者、明星、名人、供應商、經常碰到的人等。

第三物。設施設備、環境、手冊、實物、光碟、圖片、名人評價、證書、獎章、證牌、證章、產品目錄、產品介紹、公司報紙雜誌、公司網站等。

五、會議推銷的步驟

（一）會前準備

1. 會前策劃。做好全盤準備工作，使整個策劃過程有理有據。

2. 數據收集。包括：通過人際鏈收集；通過購買顧客檔案收集；通過調查問卷收集；通過聯盟收集；通過媒體廣告收集；通過老顧客介紹收集。

3. 會前邀請。包括電話邀約，拜訪邀約等方式。注意千萬不能盲目邀請前期溝通不足的顧客，這樣會造成顧客資源的嚴重浪費；千萬不能超過預定的參會人數，超員的后果會使會議現場的局面失控，會在到會的顧客中產生負面效應，還會造成與顧客的溝通不充分、不到位，這樣會降低成效率。

4. 預熱與調查。顧客到會后，員工並不知道哪些顧客會在現場購買產品，因此在會前對顧客的調查和預熱就顯得十分重要，如果在會前能充分預熱，當會議進行到售貨環節時，員工便可以直接提出要求準顧客購買的信息。

5. 會前模擬。為了確保每個環節都能順利進行，會議組（包括策劃、主持人、專家、音響師、檢查人員、銷售代表等）應在會前進行模擬演練，發現漏洞及時調整。比如，銷售代表應何時配合主持人鼓掌，何時音樂響起，何時專家出場，如何激勵顧客互動等細節。

6. 會前動員。激勵員工，讓員工在聯誼會中積極主動；確定明確的會議目標，讓大家為之努力；做好分工，將聯誼會中每個環節都責任落實到人。

7. 會場選擇與布置。會場應盡量選擇在當地知名度較高的場所；會場的容量較大，能給顧客提供一個寬鬆、愉悅的購物環境；配套設施應完善、服務應周到；視聽的效果應良好。

8. 做好物品準備。必須準備好請柬、檢測設備、顧客檔案表、條幅、展板、證書複印件、照片、抽獎券、獎抽箱、簽到本、禮品、抽獎獎品、人員分工表、獎勵機制、老顧客的發言前期約定、音響、備貨、水果、員工統一服裝、公司宣傳資料、迎賓綬帶等。

9. 簽到和迎賓。登記準顧客詳細資料，員工與顧客間並不認識或熟悉時最好登記兩次電話，以便核准。同時也要利用語氣、態度和肢體語言加深與準顧客的交流，盡快熟悉。

10. 引導入場。將準顧客領到指定位置上。在會前邀約時就已經提到會為準顧客留一個位置，所以在準顧客到達會場後，一定要根據準顧客邀請函上銷售代表的名字，

由專人將準顧客領到該代表負責的座位上。

(二) 會中組織

1. 會前提醒。按照預定時間對應邀的人員進行提醒，確認實際到場人數，將準備工作落實。

2. 情緒調動。包括員工情緒調動、顧客情緒調動、游戲活動、產品講解、有獎問答、顧客發言、宣布喜訊、區分顧客、銷售產品、結束送賓等。

(三) 會后管理

會議推銷會后的管理工作主要是回訪工作，要通過回訪掌握購買產品的消費者在使用產品中出現的情況，挖掘潛在顧客，促使他們購買。包括會后回訪、回訪勸購、顧客數據庫建立、會后總結等。

其目的在於累積經驗，引導員工以良好、積極的心態去面對成績和失誤，營造積極向上的團隊氛圍。

六、會議推銷的策劃

該部分要明確會議推銷的主題、目的、形式和對象；選準會議推銷的時機、日期和地點；預算費用、營銷政策，通過上級部門的組織、協調，獲得其他相關部門人員及其他資源等各方面的支持；充分且合理的分工；關注會議推銷的相關細節。

【實訓模塊 5】 艾達(AIDI)模式

練習

某百貨商場老板曾多次拒絕見一位服飾推銷員，原因是該店多年來經營另一家公司的服飾，老板認為沒有理由改變這固有的關係。后來這位服飾推銷員在一次推銷訪問時，首先遞給老板一張便箋，上面寫著：「你能否給我十分鐘就一個經營問題提一點建議？」這張便條引起了老板的好奇心，推銷員被請進門來。他拿出一批新式領帶給老板看，並要求老板為這種產品報一個公道的價格。老板仔細地檢查了產品，然后做出了認真的答復。

推銷員也進行了一番講解。眼看十分鐘時間快到，推銷員拎起皮包要走。然而老板要求再看看那些領帶，並且按照推銷員自己所報價格訂購了一大批貨，這個價格略低於老板本人所報價格。

思考：

1. 該推銷員是如何贏得老板的會見的？
2. 該推銷員採用了哪種推銷模式？請具體談談。
3. 原本可以按顧客自己報的較高價格成交，可推銷員為什麼以略低於他的報價簽約呢？

【知識點】

艾達模式是世界著名的推銷專家海因兹‧姆‧戈德曼（Heinz M Goldmann）在《推銷技巧——怎樣贏得顧客》一書中首次總結出來的。艾達是四個英文字母 AIDA 的音譯，也是四個英文單詞的首字母：A 為 Attention，即引起注意；I 為 Interest，即喚起興趣；D 為 Desire，即激發慾望；最后一個字母 A 為 Action，即促成購買。

艾達模式的具體內容可以用一句話來概括：一個成功的推銷員必須把顧客的注意力吸引或者轉移到所推銷的產品上，使顧客對所推銷的產品產生興趣。這樣，顧客的購買慾望也就隨之產生，然后再促使顧客做出購買行動。

艾達（AIDI）模式主要適用於店堂的銷售、易於攜帶的生活用品、辦公用品的銷售及銷售人員面對陌生顧客的銷售。

每一個銷售人員都根據艾達模式檢查自己的銷售談話內容，並向自己提出以下四個問題：①我的銷售談話是否能立即引起顧客的注意；②我的銷售談話能否使顧客感興趣；③我的銷售談話能否使顧客意識到他需要我所推銷的產品，從而促使顧客產生購買的慾望；④我的銷售談話是否使顧客最終採取了購買行動。

1. 引起顧客的興趣

包括形象吸引法、語言口才吸引法、動作吸引法、產品吸引法。

2. 喚起顧客興趣

包括向顧客展示銷售的產品、瞭解顧客的基本情況。

3. 激起顧客的購買慾望

在這一階段，銷售人員要向顧客充分說理，即擺事實講道理，為顧客提供充分的購買理由。銷售人員應當將準備好的證據提供給顧客。這些證據包括：有關權威部門的鑒定、驗證文件；有關技術與職能部門提供的資料、數據、認可證書；有關權威人士的指示、意見等；有關消費者的驗證或鑒定文件、心得體會、來信來函等；有關部門頒發的證書、獎狀、獎章等；各種統計資料、圖表、訂貨單據等；各種大眾媒介的宣傳、報導與評論；若干真實的消費者購買事例。同時，銷售人員還應向顧客充分說明購買產品的利益，通過與顧客的仔細盤算，把顧客可能得到的利益一一擺出來，仔細算出來，並且記錄在案，使顧客對購買產品后可以得到的利益具體化、現實化。銷售人員還可提出一些頗有吸引力的建議，使顧客確認這種購買是必需的、合理的，從而產生購買的念頭。

4. 促成顧客的購買行動

在一般情況下，顧客即使對所銷售的產品有興趣並且有意購買，也支處於猶豫不決的狀態。這時銷售人員不應該悉聽客便，而應不失時機地促使顧客進行關於購買的實質性思考，進一步說服顧客，幫助顧客強化購買意識，促使顧客實際進行購買。

【實訓模塊6】 迪伯達(DIPADA)模式

練習

好幾年前，馬卻克自告奮勇去會見一名粗暴頑固的裝運商。這位裝運商一向以拒絕接見銷售人員著稱。當馬卻克先生到達這位裝運商辦公室時，果然不得其門而入。「我一直坐在門外等候，他的秘書好幾次想把我請出去。」馬卻克先生回憶道，「后來，他終於讓我進到辦公室，卻只是很粗暴無禮地對我說：『你再等下去也沒什麼用處，反正我不會聽你說話。』」這位年輕的業務代表回答：「你根本沒有資格坐這個職位！因為你居然不想花一點時間，聽別人告訴你怎麼為公司省錢！」裝運商顯然被這一番說辭懾住了。於是馬卻克緊接著提出事實與數據來。十分鐘之后，馬卻克離開裝運商的辦公室，並且為公司做了一筆交易。

思考：
1. 面對漠不關心型顧客，推銷員應如何引起對方的興趣？
2. 運用迪伯達推銷模式理論談談推銷員應如何證實所推銷的產品符合顧客需求？

【知識點】

迪伯達模式是海因茲·姆·戈德曼根據自身推銷經驗總結出來的新模式，被認為是一種創造性的推銷方法。迪伯達是六個英文字母DIPADA的音譯。這六個英文字母分別為六個英文單詞的第一個字母。它們表達了迪伯達模式的六個推銷步驟：

1. 準確地發現顧客的需要與願望（Definition）。
2. 把推銷品與顧客需要結合起來（Identification）。
3. 證實所推銷的產品符合顧客的需要（Proof）。
4. 促進顧客接受所推銷的產品（Acceptance）。
5. 激起顧客的購買慾望（Desire）。
6. 促成顧客的購買行動（Action）。

迪伯達模式適用於生產資料市場、老顧客及熟悉的顧客、無形產品等，一般其顧客都有著明顯的購買願望和購買目標。無論是中間商的小批量進貨、批發商的大批量進貨，還是廠礦企業的進貨；也無論是採購人員親自上門求購，還是通過電話、網絡等通信工具詢問報價，只要是顧客主動與銷售人員接洽，都是帶有明確的需求目的的。

（一）準確地發現顧客的需求與願望

常用的方法包括：市場調查預測法，推銷人員可以利用科學深入的調查技術與預測技術以預測市場需求；市場諮詢法，推銷人員可以利用各種情報諮詢機構或商業性諮詢公司瞭解與發現市場需求；資料查找法；社交發現法；同行瞭解法；推銷人員參觀發現法；推銷人員個人經驗觀察法，借鑑「望」「聞」「問」「切」「診」等中醫診

病的方法去瞭解顧客的需求；請教發現法；引導需求法；推銷洽談發現法；提問瞭解法等。

（二）把推銷產品與顧客需要結合起來

常用的結合方法包括：

1. 物的結合。是指所推銷產品的物理特徵上的結合，是最根本、最直接、最有效的結合方式。

2. 信息結合法。如信息：棉製品受歡迎——產品：多銷棉花、棉紗。

3. 關係結合法。包括：上行關係結合法，如銀行、上級主管部門、資源提供者等；下行關係結合法，顧客的顧客即顧客產品的購買者；平行關係結合法，同行或其他業務關聯單位。

4. 適當需求結合法。當顧客需求合理時採用該法。

5. 調整需求結合法。當顧客需求苛刻時採用該法。

6. 教育與引導需求結合法。當顧客無需求時採用該法。

（三）證實所推銷產品符合顧客需求

按證據的提供者分類：人證、物證、例證；按證據的獲取渠道分類：生產現場證據、銷售與使用者現場證據、顧客體驗證據；按證據的載體分類：文字證據、圖片證據、電子證據。

（四）促進顧客接受所推銷的產品

常用的方法包括顧客試用促進法、誘導促進法、詢問促進法、示範檢查促進法、等待接受法、總結促進法、確認書促進法。

激發顧客購買慾望以及促成顧客購買行動，和艾達模式類似。

【實訓模塊 7】 費比（FABE）模式

FABE 模式是通過介紹和比較產品的特徵（Feature）、優點（Advantage）、陳述產品給顧客帶來的利益（Benefit）、提供令顧客信服的證據（Evidence），以便順利實現銷售目標的一種銷售模式。

練習

運用費比模式推銷法推銷書海牌 SD-125 電子辭典，將內容填入表格。

【背景資料】公司研發力量雄厚，擁有包括 8 名博士在內 50 多人的研發團隊；在職員工 3000 多人，年產值 6000 多萬元。

【特點】①該款電子辭典詞彙容量大，收錄單詞、詞彙近 20 萬條；分類方法科學，查找方便；②兼有英漢、漢英雙向查找功能，為本品所獨有；③標準真人發音，可設跟讀、復讀功能，學習方便；④擁有國家兩項發明專利，系國家高等教育指導會重點推薦產品。

分組	F	A	B	E
A 組				
B 組				
……				

【知識點】費比（FABE）模式

1. Feature——把產品特徵詳細地介紹給顧客

銷售人員見到顧客後，應以準確的語言向顧客介紹產品的特徵。產品的特徵一般包括產品的性能、構造、作用、使用的簡易及方便程度、耐久性、經濟性、外觀特點及價格等。如果是新產品則更應該做詳細的介紹。如果上述內容多且難記，銷售人員可事先打印成廣告式的宣傳材料與卡片，以便向顧客介紹產品的特徵時將材料與卡送給顧客，這樣就能使顧客詳細瞭解產品的特徵。

2. Advantage——充分分析產品的優點

銷售人員應在第一個步驟中介紹產品的特徵，尋找出其特殊功能等。如果是新產品，務必說明該產品開發的背景、目的、設計的思想、開發的必要性以及相對於老產品的差別優勢等。當面對的是具有較多專業知識的顧客，則應用專業術語進行介紹，並力求語言簡練準確。

3. Benefit——闡述產品給顧客帶來的利益

銷售人員應在瞭解顧客需求的基礎上，把產品所能帶給顧客的利益，盡可能地向顧客列舉出來。不僅要講產品外表的、實體上的利益，更要講產品給顧客帶來的內在的、實質的及附加的利益。在對顧客需求瞭解不多的情況下，應邊講解邊觀察顧客的專注程度與表情變化，在顧客關注的方面要特別注意多介紹一下。

4. Evidence——以「證據」說服顧客購買

費比模式要求銷售人員在銷售中要避免用「最便宜」「最合算」「最耐用」等字眼，因為這些話已經令顧客反感而沒有說服力了。銷售人員應以真實的數字、案例、實物等證據，排除顧客的各種異議與疑慮，減少顧客的風險感，促成顧客購買。

【實訓模塊 8】埃德帕(IDEPA)模式

練習

根據模塊 7 提供素材，採用埃德帕（IDEPA）模式進行推銷。分組進行，討論後填表並闡述。

分組	I	D	E	P	A
A 組					
B 組					

【知識點】

　　IDEPA 模式是國際推銷專家海英茲・姆・戈得曼（Heinz M Goldmann）總結的五個推銷步驟，根據自己的推銷經驗總結出來的迪伯達模式的簡化形式。

　　埃德帕（IDEPA）模式具體內容：

　　1. Identification：把推銷的產品與顧客的願望結合起來

　　在向顧客展示利益時，推銷人員應該注意下述問題：商品利益必須符合實際，不可浮誇。在正式接近顧客之前，推銷人員應該進行市場行情和用戶情況調查，科學預測購買和使用產品可以使顧客獲得的效益，並且要留有一定余地。

　　2. Demonstration：示範產品

　　所謂示範就是當著顧客的面展示並使用商品，以顯示出你推銷的商品確實具備能給顧客帶來某些好處的功能，以便使顧客產生興趣和信任。熟練地示範你推銷的產品，不僅能吸引顧客的注意力，而且更能使顧客直接對產品發生興趣。示範最能給人以直觀的印象，示範效果如何將決定推銷成功與否。因而，示範之前必須周密計劃。

　　3. Elimination：淘汰不合適的產品

　　有些產品不符合顧客的願望，我們稱之為不合格產品。需要強調指出，推銷人員在向顧客推銷產品的時候，應及時篩選那些與顧客需要不吻合的產品，使顧客盡量買到合適的產品，但也不能輕易淘汰產品，要做一些客觀的市場調研及分析。

　　4. Proof：證實顧客的選擇是正確的

　　用案例證明顧客已選擇的產品是合適的，該產品能滿足消費者的需要。

　　5. Acceptance：接受某產品，作出購買決定

　　推銷人員應針對顧客的具體特點和需要進行促銷工作，並提供優惠的條件，以促使顧客購買推銷的產品。

【實訓模塊 9】 吉姆(GEM)模式

練習

　　利用模塊 7 素材，採用 GEM 模式進行推銷模擬，分組討論並填表闡述。

分組	G	E	M
A 組			
B 組			
C 組			

【知識點】吉姆模式

吉姆模式又稱 GEM 模式，吉姆是英文單詞推銷品（Goods）、企業（Enterprise）、推銷人員（Man）的第一個字母的組合 GEM 的音譯。該模式旨在幫助培養推銷人員的自信心，相信推銷品、相信企業、相信自己，提高說服能力。見圖 9-6。

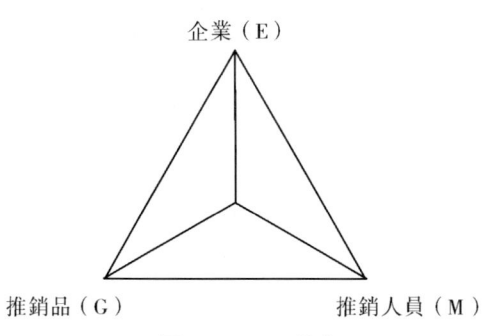

企業（E）

推銷品（G）　　　推銷人員（M）

圖 9-6　GEM 模式

1. Goods——相信推銷品

推銷人員應對推銷品有全面、深刻的瞭解，同時要把推銷品與競爭產品做比較，看到推銷品的長處，對其充滿信心。推銷人員對產品的信心會感染顧客。

2. Enterprise——相信自己所代表的企業

要使推銷人員相信自己的企業和產品，企業和產品的信譽是基礎。信譽是依靠推銷人員與企業的全體職工共同創造的。企業和產品的良好信譽能激發推銷員自信和顧客的購買動機。

3. Man——相信自己

推銷人員要有自信。推銷人員應正確認識推銷職業的重要性和自己的工作意義，以及未來的發展前景，使自己充滿信心，這是推銷成功的基礎。

總之，推銷人員在推銷過程中應深入研究顧客對推銷的心理認識過程，同時十分注重自己的態度與表現，才能成功地進行推銷。

【實訓模塊 10】 網絡(論壇、社區)推廣模式

練習

4~5 人一組,每個小組選取一類產品,為其策劃網絡推廣方案,不得重複題目。

【知識點】

一、網絡推廣含義

網絡推廣就是利用互聯網進行宣傳推廣活動。被推廣對象可以是企業、產品、政府以及個人等。根據 2010 調查有關數據,中國 64%的企業沒有嘗試過網絡推廣,而在國外發達國家只有 6%。這一調查研究表示中國企業利用網絡推廣還處於萌芽階段。

從廣義上講,企業從申請域名、租用空間、建立網站開始就算是介入了網絡推廣活動,而通常我們所指的網絡推廣是指通過互聯網手段進行的宣傳推廣等活動。

從狹義上講,網絡推廣的載體就是互聯網,離開了互聯網的推廣就不是網絡推廣,而且利用互聯網必須進行推廣,而不是做其他事。

網絡推廣重在推廣,更注重的是通過推廣給企業帶來的網站流量、訪問量、註冊量等,目的是擴大被推廣對象的知名度和影響力。

二、網絡推廣分類

(一) 按範圍分

對外推廣。指針對站外潛在用戶的推廣。主要是通過一系列手段針對潛在用戶進行營銷推廣,以達到增加網站 PV、IP、會員數或收入的目的。

對內推廣。專門針對網站內部的推廣。比如如何增加用戶瀏覽頻率、如何激活流失用戶、如何增加頻道之間的互動等。

(二) 按投入分

付費推廣。就是需要花錢才能進行的推廣。比如各種網絡付費廣告、競價排名、雜誌廣告、CPM、CPC 廣告等。做付費推廣,一定要考慮性價比,即使有錢也不能亂花,要讓錢花出效果。

免費推廣。是指在不用額外付費的情況下就能進行的推廣。這樣的方法很多,比如論壇推廣、資源互換、軟文推廣、郵件群發等。

(三) 按渠道分

常規手段。是指一些良性的、非常友好的推廣方式。比如正常的廣告、軟文等。不過隨著競爭的加劇,這種方式的效果越來越不明顯了,通常需要開發新的方法,或是在細節上狠下功夫才能達到更好的效果。

非常規手段。就是指一些惡性的、非常不友好的方式。比如群發郵件、騙點、惡意網頁代碼，甚至在軟件裡插入病毒等。通常這種方法效果都很明顯，但對於品牌形象可能會有負面影響，所以使用時，要把握好尺度。

(四) 按目的分

品牌推廣。以建立品牌形象為主的推廣。這類推廣一般都用非常規的方法進行，而且通常都會考慮付費廣告。品牌推廣有兩個重要任務，一是樹立良好的企業和產品形象，提高品牌知名度、美譽度和特色度；二是最終要將有相應品牌名稱的產品銷售出去。

流量推廣。以提升流量為主的推廣。

銷售推廣。以增加收入為主的推廣，通常會配合銷售人員來做。

會員推廣。以增加會員註冊量為主的推廣，一般都以有獎註冊，或是其他激勵手段為主進行推廣。

三、網絡推廣的方法

網絡推廣方法包括搜索引擎、友情連結、線下推廣、信息發布、QQ 群、水印、群發以及微博等。

四、網絡推廣的產品

互聯網上進行推廣的產品可以是任何產品或者任何服務。隨著網絡的普及程度，幾乎所有的行業都有專業的網絡推廣平臺，所以這就涉及要針對自己產品特徵，銷售地區特徵等，來選擇適合自己的推廣平臺。

【實訓模塊 11】 佛伯納斯（FOIPONAS）模式

練習

由有兼職經驗的同學完成該練習，請對照「拜訪前準備表」及「留下良好印象自我檢查表」檢查自己是否做好了拜訪前的準備。對此前經歷過的拜訪前準備工作你有什麼感想？與同學們分享。

【知識點】

一、尋找準顧客（Finding The Suspect）

尋找準顧客的方法包括地毯式拜訪法、連鎖式介紹法、中心開花法、委託助手法、資料查詢法等。

二、接近準顧客（Opening The Interview）

接近準顧客包括間接接近和直接接近。直接接近即拜訪，需要做好三項工作。

（一）拜訪前準備

拜訪前的準備自我檢查表

項目	準備內容	自我檢查	
		合格	不合格
1. 約定面談	1. 事先約好訪問的時間		
2. 面談對象	2. 約好面談對象		
3. 談判計劃	3. 參考上一次的面談記錄，決定這一次面談的程序		
4. 服裝	4. 檢查一下服裝儀容		
5. 銷售工具	5. 準備好所需的銷售工具及資料		
6. 話題	6. 從客戶的興趣或商業界中，事先選好話題		
7. 稱讚用語	7. 事先準備好適合客戶的稱讚語		
8. 下次訪問的機會	8. 事先想好如何製造下一次回訪的機會		
9. 問題內容	9. 整理出想要知道的事情並且準備好問題		
10. 決定事項	10. 解決上次未完成的事項		
11. 車輛整理	11. 準備好營業車輛，並事先清洗乾淨		
12. 檢查攜帶物品	12. 檢查一下銷售員必備的隨身物品		

留下良好第一印象的自我檢查表

項目	準備內容	自我檢查	
		合格	不合格
1. 自信	1. 對公司及商品好好研究一番並充滿自信		
	2. 對銷售活動充滿自信和自尊		
	3. 好好地做好訪問的心理準備		
2. 服裝	4. 整理好自己的服裝儀容		
	5. 隨身攜帶的物品必須清潔整齊		
	6. 箱包內物井然有序		
3. 儀表	7. 保持良好的體能狀態		
	8. 努力去發掘對方的長處所在		
	9. 在鏡子前面檢閱一下自己的儀表		

續表

項目	準備內容	自我檢查	
		合格	不合格
4. 打招呼	10. 使用適宜的寒暄詞		
	11. 自我介紹必須簡潔有力，才能留給對方深刻的印象		
	12. 介紹公司時必須簡潔，富有魅力		
5. 感謝	13. 由衷感謝對方與你會面		
	14. 稱讚對方或公司的長處		
	15. 用明朗的聲音、清晰的口齒說話		
6. 動作	16. 熟悉基本動作		
	17. 留心機敏的動作		
	18. 對客戶要抱著尊敬之心		

（二）拜訪前預約

（三）見面時開場白

建立一個和諧的氣氛；建立一個積極的處境；製造興趣獲取信任；弄清楚時間安排；進入你需要說的話題；解釋全部會面的目的。

三、確認需求和問題（Identifying The Need And Problem）

（一）問題及困難

包括客戶不願傾聽、客戶帶著消極的態度、客戶說話太多、對銷售拜訪目的的錯誤理解、惡劣的經歷、時間不足等。

（二）確定需要的技巧

包括激勵合作、用公開中立型問題去獲取無偏見的客戶資料，用公開引導型問題能發掘更深，用肯定型問題去達到精簡要求、總結、保險等問題。

四、介紹說明（Presentation And Demonstration）

推銷過程中通常需要介紹至少四個方面內容：①產品特性。特性是產品和服務所包含的事實，產品的特性必須與客戶的需求緊密掛勾。②利益。利益是客戶從產品中獲得的一種好處。③配合需要。將產品或服務的利益連接客戶的需要。④用證明來說服。證明給客戶知道其產品或服務的利益符合他的需要。

五、處理異議（Objections Dealing）

處理異議時需考慮的因素包括客戶有兩個選擇要素：理性與感性；抗拒的根源在於個人價值觀、經驗；銷售代表往往忽略感性的重要性；競爭對手能抄襲你的策略，

但無法抄襲你與客戶的關係；列舉我們產品的特性及服務；將其給予客戶的利益列出；列出客戶的需要，並將其聯繫至有關利益；列出有關的問題以引發出客戶的需要等。

六、協商談判（Negotiation）

談判就是要爭取最有利的條件，客戶購買決定往往是基於其理性分析產品、服務及感性受到銷售員的影響。

七、促成交易（Action）

促成交易的方法包括問題法、簽章法、選擇法、假定法、利害分析法、警戒法、起死回生法、排除法、唯一障礙法等。

八、售後服務（Satisfaction）

售後服務往往被很多推銷員忽略，良好的售後服務可以延長顧客的好感滯留期，為下一次推銷打下基礎，否則就成了一錘子買賣，自斷後路。

【實訓模塊 12】 斯波恩（SPIN）模式

練習

按下表要求完成 SPIN 模式訓練，最好兩兩相對，一人模擬推銷員，一人模擬顧客。體會 SPIN 模式中不同的問題詢問方式，並談談自己的體會。

項目	S	P	I	N
向學生推銷化妝品				
向教師推銷某品牌 SUV 轎車				

【知識點】

SPIN 模式主要是通過有效判斷顧客的隱藏性需求，將隱藏性需求引導到明顯性需求，再將明顯性需求與產品或方案的利益相關聯，最終有效地將顧客的明顯性需求轉化成對解決方案的渴望。

一、情景性（Situation）——狀況詢問

通過狀況詢問收集客戶信息，如：你的意見如何；你從事什麼行業；你的年銷售額是多少；你們公司有多少員工；你用它多長時間了；哪些部門在用它等。

二、探究性（Problem）——問題詢問

針對客戶的提問，引導客戶說出隱藏性需求，如：對你現在的設備是否滿意；你

們正在使用的方案有什麼缺陷；你現在使用的系統在負荷高峰時是不是很難承受；有沒有考慮過供應商的信用問題等。目的是確認客戶的問題點，並開始與客戶探討共同關心的問題。

三、暗示性（Implication）——暗示詢問

詢問客戶關心的問題產生的后果。如：你說它們比較難操作，那麼對你們的產量有什麼影響；如果只培訓三個人使用這設備，那不會產生工作瓶頸問題嗎；這種人事變動對培訓費用來說意味著什麼；這樣是否會導致成本增加等。目的是讓客戶明瞭問題點對其深刻的影響，是將客戶隱藏性需求轉化為明顯性需求。

四、解決性（Need-Payoff）——需求滿足詢問

揭示自己產品的價值和意義，鼓勵客戶積極提出解決對策。如：解決這個問題對你很重要嗎；你為什麼覺得這個對策如此重要；還有沒有其他可以幫助你的方法等。目的是將客戶的明顯性需求轉化成對利益的渴望，同客戶共同商議解決方案。

【問題思考】

1. 如何同時運用推銷方格和顧客方格理論進行思考？
2. 如何採用顧客體驗式推銷？
3. 如何進行會議（會展）推銷？會議推銷有哪些步驟？
4. 艾達（AIDI）模式、迪伯達（DIPADA）模式有什麼異同？
5. 如何運用費比（FABE）模式？
6. 如何運用吉姆（GEM）模式？
7. 如何運用網絡（論壇、社區）推廣模式？
8. 如何運用佛伯納斯（FOIPONAS）模式？
9. 如何運用斯波恩（SPIN）模式？

實訓項目十　推銷方式與技巧實訓

【實訓目的與要求】

1. 掌握電話銷售技巧。
2. 明確網絡銷售信息發布的方式，學會利用網絡收集客戶群信息。
3. 掌握SMART原則，學會運用該原則合理設定銷售目標。
4. 靈活運用推銷成交技巧。
5. 掌握銷售團隊建設及管理的方法。
6. 學會科學管理推銷費用。
7. 注重細節，提高推銷成功率。
8. 掌握銷售信息的種類及來源，學會利用信息系統管理銷售信息。
9. 學會科學管理促銷物資、節約成本。
10. 瞭解客戶資源管理系統。

【實訓學時】

本項目建議實訓學時：4學時。

【實訓內容】

通過對本章知識點的學習，要求學生能夠熟練掌握電話、網絡銷售技巧。建設銷售團隊，合理設定銷售目標；科學管理促銷物資；學會收集客戶信息。

【實訓模塊1】電話推銷

練習

每學期期末時，與教材徵訂相關的教師幾乎都會收到出版社業務員推銷教材的電話，但大多數會被婉拒，其被拒絕語言常見的有4類：①「不，謝謝，我對我們現有教材很滿意。」②「我不感興趣。」③「我很忙。」④「把資料寄過來吧，先看看再聯繫。」

思考：

如果你是業務員，應如何避免以及如何應付此類回答？

【知識點】

一、電話推銷前的準備

（一）熟悉商品

銷售人員要對商品的銷售程序，商品性能、優點、特點，使用方式和注意事項，是否獲得什麼榮譽或認證，商品價格，知名客戶對該商品使用的良性反饋，市場佔有率，優惠程度，與市場上同類商品相比的優勢與不足，如何運輸（大件商品），等等。對這些都要有充分瞭解並熟悉，在電話介紹時才能說得專業、適度而到位，並對客戶提問能夠自如回答，才有可能對客戶產生吸引力。

（二）明確目的

根據不同目的，在電話溝通中就要進行不同的交流。如果向客戶寒暄拜年，純粹是為了交流感情，就不應再多提及銷售的事；如果是想確認是否收到你的資料，就問一下對方是否已經收到，然後再通過交流獲得當面介紹的機會；如果想找主要負責人，又該怎樣和電話接待者表達；如果是第一次聯繫，想判斷是否是目標客戶，就必須要對客戶的情況有所瞭解。

（三）精神準備

很多電話銷售人員在打重要電話時，往往十分緊張，害怕客戶說「不」。被拒絕沒有關係，可以總結一下原因，調整好情緒再繼續電話拜訪下一家。

二、電話銷售的六個關鍵成功因素

六個關鍵因素包括：①準確定義你的目標客戶。這是六個關鍵成功因素中非常重要的一點。你的客戶到底在哪裡？哪些客戶才最有可能使用你的產品？在目標客戶集中的地方，去尋找客戶，你能取得的效果才會更好，效率才會提高，所以一定要準確地定義你的目標客戶。②準確的營銷數據庫。③良好的系統支持。如果有一個客戶關係管理系統來做支持，企業很多資源都可以實現共享，銷售效率和管理效率也都會有很大的提高。④各種媒體的支持。通過廣告、直郵方面市場的支持，盡可能地擴大產品品牌影響力。通過產品品牌影響力的擴大吸引客戶主動與企業聯繫，提高銷售代表的銷售效率。⑤明確的、多方參與的電話銷售流程。沒有一個明確的銷售流程，會造成銷售人員相互牽扯不清的局面。⑥高效專業的電話銷售隊伍。

三、電話銷售流程圖（見圖 10-1）

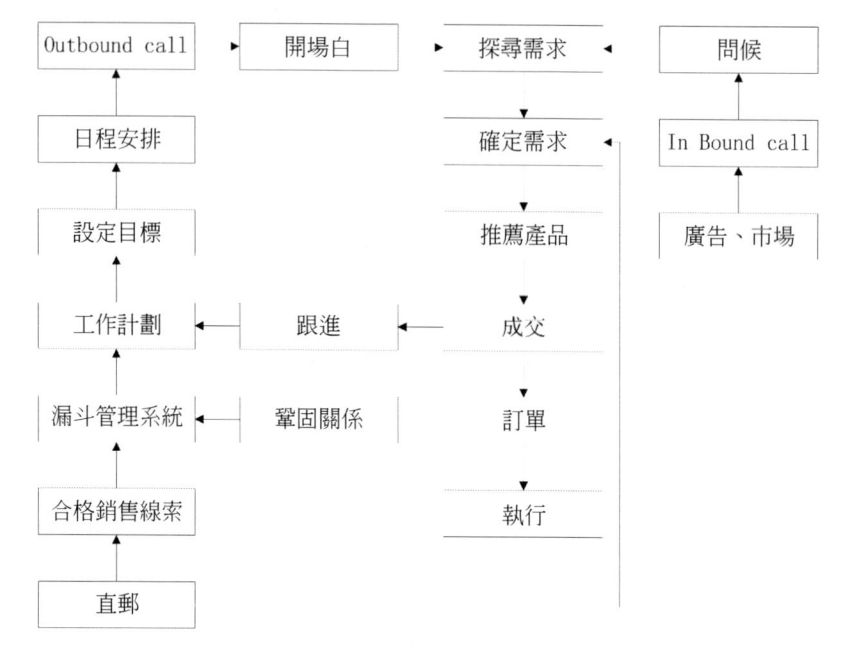

```
Outbound call  →  開場白  →  探尋需求  ←  問候
     ↑                          ↓              ↑
  日程安排                   確定需求      In Bound call
     ↑                          ↓              ↑
  設定目標                   推薦產品       廣告、市場
     ↑                          ↓
  工作計劃  ←  跟進  ←       成交
     ↑                          ↓
  漏斗管理系統  ←  鞏固關係    訂單
     ↑                          ↓
  合格銷售線索                 執行
     ↑
  直郵
```

圖 10-1　電話銷售系統流程圖

四、電話銷售的溝通技巧

（一）增強聲音感染力

聲音的構成要素包括語調、語速、音調、語氣等，不同的構成要素組成不同的聲音，不同的聲音留給人不同的印象。增強聲音感染力，就需要做到：①與客戶的語速、語調相協調。②自然而不生硬。③語言富有感染力。④語速要有變化。語速的變化會讓人有一種抑揚頓挫的感覺，聽著更有聲音的美感，更容易讓人集中精力傾聽。⑤音量大小有別。在重要的詞語、數字，及轉折詞上應適當加大音量，以示強調。在向客戶表達祝賀類的話語時，也同樣要適當加大音量，以表達喜悅的心情。⑥話語要有停頓。話語的適時停頓，可以留給對方思考和發表意見的機會，特別是表述重要的內容時，在表達重要的詞語、數字時適當停頓，無疑是在提醒對方注意。⑦一些不好的肢體語言，會影響聲音效果，對方能在電話中明顯地感覺到。所以即使是接打電話，對一些影響聲音效果的肢體語言也必須杜絕。

（二）語言表達

尋找共同點。親和力源於共同點。尋找共同點的切入口很多，比如姓名、籍貫、愛好等。電話溝通中，仿效是獲得雙方共同點的重要來源。即客戶表達一個觀點時，

自己也表示讚同、認可，並圍繞客戶思路發表意見。

談論沒有爭議的事情。談論中要多使用中性詞彙（如：比較、可以、應該、等等），不宜用絕對性的詞彙（如：很、絕對、就是、保證、不管……都……、只要……就……），這類詞彙容易引起人的逆反心理。中性的詞彙更容易使談論的話題避免爭議，容易讓人接受。

真誠讚揚。電話溝通和當面溝通，都需要通過真誠地讚揚客戶，獲得客戶的好感與認同，拉近彼此的距離。客戶表達的一個觀點、工作得比較早或者比較晚、使用某種品牌的商品，甚至客戶的拒絕，都可以作為讚揚的內容。要注意的是讚揚要適可而止，不能變成赤裸裸的「溜鬚拍馬」，甚至客戶的行為明明是錯誤的或有違社會道德的，還一味地讚揚，效果只能適得其反。

多問多聽。銷售人員要明確：問和聽的部分應當占到溝通80%的分量，而說的部分只應占到20%。銷售人員在電話中問得越多，客戶回答得就越多，銷售人員對客戶就越有親和力，同時對客戶的情況和需求也就越瞭解。

巧妙對待抗拒。巧妙對待客戶的抗拒，可以幫助銷售人員在電話溝通中不斷吸引客戶的注意力。這種方式常用「我很理解（瞭解），同時……」的句式。每當客戶提出抗拒時，銷售人員首先要表達接受，以示對客戶思路和見解的認同，然後再提出新問題，解除該抗拒。而如果直接拒絕，可能會導致客戶反感。在語言習慣上，銷售人員應當盡量避免使用「但是」「可是」等對抗性、反駁性的轉折詞，而代之以「同時」，以避免引起客戶的反感。

【實訓模塊2】 網絡推銷

練習

某藥品公司是一家經營藥品、醫療器械及中成藥的綜合批發機構，成立於2001年，擁有員工200多人。多年來，公司秉承誠信經營理念，以確保藥品質量、供應品種齊全、價格適宜優惠、服務及時滿意為營銷導向，營銷業務不斷向經營的廣度與深度拓展，獲得了基層藥店與診所、衛生院的惠顧與好評。現因業務擴展招聘藥品銷售員若干名。

要求：將學生分成若干組，每組撰寫一則招聘廣告，並討論：若採用網絡招聘，哪些網站可發布此招聘廣告，說明選擇這些網站的依據。

【知識點】

一、創建網站

創建網站需要注意：瞭解產品所面向的主要消費群體並明確產品的推廣方式；詳細瞭解所銷售產品的基本信息、價格浮動範圍；尋找銷售產品所屬的行業性網站，做

到可以獨立建設網站；擬定理想的網站建設規劃，如：公司簡介填寫、主營產品填寫；公司簡介填寫務必做到不言語拖沓，直觀簡單介紹公司實力，語言簡單明瞭；慎重選定主營產品，主營產品所包括的關鍵詞關乎網站被百度谷歌等搜索引擎收錄的機率及範圍。

二、發布信息

收集、分析客戶信息、行業信息、競爭對手信息、政策信息以及公司內部信息；統計收集到的信息，將收集到的信息辨別、篩選，選擇有用的信息關鍵詞、信息標題，自己做一個關鍵詞提交表；按照對應的產品，將關鍵詞排列組合，製作產品標題，做好統計工作；完善產品供應信息，包括一個吸引人的標題，數張美觀精致的圖片，完備的產品數據報告，齊全的產品介紹，合理的價格定位，產品的精確使用建議，諮詢聯繫電話等。每種產品的供應信息最少發布五條，每類產品的信息做到海量發布，寧濫勿缺。信息每日定期重發，三天為一個重發週期。

三、尋找客戶求購信息

（一）網絡銷售的主要客戶群來源

各種平臺型網站：平行類平臺網站（即綜合型網站，如阿里巴巴、慧聰網、中國供應商等）和垂直類網站（只涉及單類產品供產銷，例如中國水泥網）。

黃頁類網站：電信黃頁類網站只有電話和聯繫方式，在條件允許的情況下，可以給客戶打電話，可以結合發郵件的方式（郵件不要過於頻繁，否則客戶認為是騷擾，郵件的內容要簡明扼要）。

各類論壇：行業類論壇，綜合類論壇。

（二）建立自己的客戶求購信息記錄表

每一名客戶詢單的跟蹤時間以 2-3-7-12 為一個週期，例如：客戶當天詢價玻璃棉，但沒有立即下訂單，第 2 天可以給客戶打電話詢問項目進度，採購意向，如果客戶稱還沒有考慮好，那第 3 天繼續電話跟蹤，如果還沒有下訂單，那就不要頻繁地催促了，等第 7 天之後再打電話試探，如果第 12 天之後，打電話給客戶，客戶還沒有確定計劃，那就可以把這個詢單加入自己的信息庫，留作備用。

每日定期整理自己的客戶信息記錄表，做到詳查、詳問、詳看、詳記。

四、報價方式

因為網絡銷售並不一定是生產廠家，廠家產品銷售的報價方式並不籠統適合於網絡銷售公司部門的報價，所以在這方面，網絡銷售要另闢蹊徑，尋求另外的報價方式。①對於代理類一次性拿貨的客戶，按最高報價為準，長期合作的可以少一點。②對於大量拿貨，但又急需庫存的客戶，按標準報價為準；整單整型號的客戶，可以適當優惠一點；型號比較雜，但量又大的客戶，也有庫存，可以稍高報價，靈活掌握。③對於拿貨少，但又批量拿貨的客戶，遵循量大從優的原則。④對於挑型號的客戶和不挑

型號的客戶報價不同。挑型號的客戶，價格偏高；不挑型號的客戶，價格偏低。

【實訓模塊 3】 目標設定（SMART 原則）

練習

1. 你平時是如何設定學習目標的？

2. 請舉一個你設定不成功的目標，將設定該目標的步驟寫下，在學習本節內容后試著尋找原因，然后重新設定，避免以后再次發生。

表 10.1　　　　　　　　　　　目標設定表

設定目標	尋找原因	改進計劃
步驟①		
步驟②		
步驟③		
步驟④		
步驟⑤		
步驟⑥		

3. 如果在目標執行工作中發現偏差，你將採取哪些調整方式？

【知識點】

美國管理大師彼得·德魯克（Peter Drucker）於 1954 年在其名著《管理實踐》中最先提出了「目標管理」的概念。德魯克認為，並不是有了工作才有目標，而是相反，有了目標才能確定每個人的工作。

目標管理是以目標為導向，以人為中心，以成果為標準，而使組織和個人取得最佳業績的現代管理方法。目標管理亦稱成果管理，俗稱責任制，是指在企業個體職工的積極參與下，自上而下地確定工作目標，並在工作中實行自我控製，自下而上地保證目標實現的一種管理辦法。

一、目標管理 SMART 原則

S（Specific）——明確性。所謂明確就是要用具體的語言清楚地說明要達成的行為標準，目標要清晰、明確，讓考核者與被考核者能夠準確地理解目標。

M（Measurable）——衡量性。衡量性就是指目標應該是明確的，而不是模糊的。應該有一組明確的數據，作為衡量是否達成目標的依據。目標要量化，考核時可以採用相同的標準準確衡量。

A（Attainable）——可實現性。目標要根據企業的資源、人員技能和管理流程配備

程度來設計，要保證目標是可以達成的，能夠被執行人所接受的。

R（Relevant）——相關性。目標的相關性是指各項目標之間有關聯、相互支持、符合實際。實現此目標與其他目標、目標和工作都要有相關性。

T（Time-based）——時限性。時限性就是指目標的完成是有時間限制的，要在規定的時間內完成。

二、銷售目標的內容

（一）銷售額指標

銷售額指標包括部門、地區、區域銷售額，銷售產品的數量，銷售收入和市場份額。

（二）銷售費用的估計

其內容包括旅行費用、運輸費用和招待費用等，費用占淨銷售額的比例，各種損失。

（三）利潤目標

其內容包括每一個銷售人員所創造的利潤，顧客的類型與利潤，區域利潤和產品利潤等。

（四）銷售活動目標

其內容包括訪問新顧客數，營業推廣活動，訪問顧客總數，商務洽談等。銷售目標又可按地區、人員、時段來分成各個子目標，在設定這些目標時，必須結合企業的銷售策略。企業銷售經理可根據以上內容設定部門銷售目標。

【實訓模塊4】推銷成交方法

練習

假設你是某房地產公司售樓業務員，現面對形形色色的顧客，將採用不同方法。請討論並完成下表，選幾種方法分組兩兩演練：

推銷成交方法	特點	適用顧客條件	舉例
二選一法			
總結利益成交法			
優惠成交法			
激將法			
惜失成交法			
步步緊逼成交法			

續表

推銷成交方法	特點	適用顧客條件	舉例
欲擒故縱法			
訂單成交法			
特殊待遇法			
對比成交法			
異議成交法			

【知識點】

推銷成交方法與技巧眾多，僅選其中 15 種常用方法學習。

1. 直接要求法

銷售人員得到客戶的購買信號后，直接提出交易。使用直接要求法時要盡可能地避免操之過急，關鍵是要得到客戶明確的購買信號。當你提出成交的要求后，就要保持緘默，靜待客戶反應，切忌再說任何一句話，因為你的一句話很可能會立刻引開客戶的注意力，使成交功虧一簣。

2. 二選一法

銷售人員為客戶提供兩種解決問題的方案，無論客戶選擇哪一種，都是我們想要達成的一種效果。運用這種方法，應使客戶避開「要還是不要」的問題，而是讓客戶回答「要 A 還是要 B」的問題。注意，在引導客戶成交時，不要提出兩個以上的選擇，因為選擇太多反而令客戶無所適從。

3. 總結利益成交法

把交易所帶來的所有實際利益都展示在客戶面前，把客戶關心的事項排序，然后把產品的特點與客戶關心點密切地結合起來，總結客戶所有最關心的利益，促使客戶最終達成協議。

4. 優惠成交法

又稱讓步成交法，是指銷售人員通過提供優惠條件促使客戶立即購買的一種方法。在使用這些優惠政策時，銷售人員要注意三點：①讓客戶感覺他是特別的，你的優惠只針對他一個人，讓客戶感覺到自己很受尊重。②千萬不要隨便給予優惠，否則客戶會提出更進一步的要求，直到你不能接受的底線。③表現出自己的權力有限。這樣客戶的期望值不會太高，即使得不到優惠，他也會感到你已經盡力而為，不會怪你。

5. 激將法

激將法是利用客戶的好勝心、自尊心而敦促他們購買產品。銷售員在激將對方時，要顯得平靜、自然，以免對方看出你在「激」他。

6. 惜失成交法

利用「怕買不到」的心理。人對越是得不到、買不到的東西，越想得到它，買到

它，這是人性的弱點。惜失成交法是抓住客戶「得之以喜，失之以苦」的心理，通過給客戶施加一定的壓力來敦促對方及時作出購買決定。

一般可以從這幾方面去做：①限數量。主要是類似於「購買數量有限，欲購從速」。②限時間。主要是在指定時間內享有優惠。③限服務。主要是在指定的數量內會享有更好的服務。④限價格。主要是針對於要漲價的商品。總之，要仔細考慮消費對象、消費心理，再設置最為有效的惜失成交法。當然這種方法不能隨便濫用、無中生有，否則最終會失去客戶。

7. 步步緊逼成交法

利用層層逼近的技巧，不斷發問，最后讓對方說出他所擔心的問題。你只要解決客戶的疑問，成交也就成為很自然的事。

8. 對比成交法

寫出正反兩方面的意見。這是利用書面比較利弊，促使客戶下決心購買的方法。銷售人員準備紙筆，在紙上畫出一張「T」字的表格。左面寫出正面即該買的理由，右邊寫出負面即不該買的理由，在銷售人員的設計下，必定正面該買的理由多於不該買的理由，這樣，就可趁機說服客戶下決心作出購買的決定。

9. 欲擒故縱法

有些客戶天生優柔寡斷，他雖然對產品有興趣，可是拖拖拉拉，遲遲不做決定，這時，你故意收拾東西，做出要離開的樣子，這種假裝告辭的舉動，有時會促使對方下決心購買。

10. 訂單成交法

在銷售即將結束的時候，拿出訂單或合約並開始在上面填寫資料，假如客戶沒有制止，就表示他已經決定購買了。如果客戶說還沒有決定購買，你可以說：「沒關係，我只是先把訂單填好，如果你明天有改變，我會把訂單撕掉，你會有充分的考慮時間。」

11. 特殊待遇法

有不少客戶要求特殊待遇，例如他個人獨享的最低價格。你可以說：「王先生，您是我們的大客戶，這樣吧……」這個技巧，最適合這種類型的客戶。

12. 講故事成交法

大家都愛聽故事。如果客戶想買你的產品，又擔心你的產品某方面有問題，你就可以對他說：「先生，我瞭解您的感受。換成是我，我也會擔心這一點。去年有一位王先生，情況和您一樣，他也擔心這個問題。不過他決定先租用我們的車，試開半年再說。但是沒過幾個星期，他就發現這個問題根本不算什麼……」

13. 假定成交法

假定成交法也可以稱為假設成交法，是指銷售人員在假定客戶已經接受銷售建議，同意購買的基礎上，通過提出一些具體的成交問題，直接要求客戶購買銷售品的一種方法。

例如，「張總您看，假設有了這樣設備，你們是不是省了很多電，而且成本也有所降低，效率也提高了，不是很好嗎？」就是把擁有以后那種感受描述出來。

14. 保證成交法

保證成交法是指銷售人員直接向客戶提出成交保證，使客戶立即成交的一種方法。所謂成交保證就是指銷售人員對客戶所允諾擔負交易後的某種行為，例如，「您放心，這個機器我們3月4號給您送到，全程的安裝由我親自來監督。等沒有問題以後，我再向總經理報告。」「您放心，您這個服務完全是由我負責，我在公司已經有5年的時間了。我們有很多客戶，他們都是接受我的服務。」讓顧客感覺你是直接參與的，這是保證成交法。

15. 異議成交法

異議成交法就是銷售人員利用處理顧客異議的機會直接要求客戶成交的方法。也可稱為大點成交法。因為凡是客戶提出了異議，大多是購買的主要障礙，異議處理完畢如果立即請求成交，往往收到趁熱打鐵的效果。

【實訓模塊5】 推銷團隊管理

練習

1. 對面試合格者設計一份錄用通知書。
2. 針對以下情景設計主持開場白：

邀請某知名公司營銷經理王明達來本校做營銷談判專題報告。聽眾以本校經濟管理系大二學生為主，該系部分老師出席。

【知識點】

一、推銷團隊的構成要素

（一）目標（Purpose）

為什麼要建立銷售團隊？你希望它是什麼樣的？它們是基於工作關係形成的天然團隊、項目團隊，還是僅僅為完成某項具體銷售任務而組成的團隊？它們能夠發展成自我管理的團隊嗎？這些團隊將短期存在，還是持續存在多年？

（二）定位（Place）

由誰選擇和決定銷售團隊的組成人員？銷售團隊對誰負責？如何採取措施激勵團隊及其成員？

在對銷售團隊目標、定位和其他相關問題進行討論，做出回答後，制訂相關規範，規定團隊任務，確定團隊應如何融入現有的銷售組織結構中。在形成銷售團隊規劃書或任務書時，應該盡可能多地傳遞公司的價值觀及團隊預期等重要信息。

（三）職權（Power）

銷售經理劃分職權類似於制訂一套職位說明書，確定銷售團隊中每位成員的職責和權限。

（四）計劃（Plan）

計劃包括銷售團隊應如何具體分配和行使組織賦予的職責和權限？每個團隊配備多少成員才合適？各團隊都要有一位領導嗎？團隊領導職位是常設的，還是由成員輪流擔任？領導者的權限與職責分別是什麼？應該賦予其他團隊成員特定的職責與權限嗎？各團隊應定期開會嗎？會議期間要完成哪些工作任務？

（五）人員（People）

如果採取自願原則，可選擇的人員相對比較少；如果團隊是跨部門的，就必須選擇不同部門較有代表性的成員。在選擇團隊成員時，銷售經理或團隊領導都應該盡可能多地去瞭解候選者。他們每個人都有哪些技能、學識、經驗和才華？更重要的是，這些資源在多大程度上符合團隊的目標、定位、職權和計劃的要求？這些都是在選擇和決定團隊成員時必須認真瞭解的因素。

二、招聘推銷員的渠道

推銷員渠道來源包括大中專院校及職業技工學校、人才交流會、職業介紹所、各種廣告、內部職員介紹、行業協會、業務接觸、網絡招聘、獵頭招聘等。

三、推銷人員培訓

（一）分析培訓需求

其內容包括組織分析（價值、重點、規模效應、連續性）；經營分析；銷售人員分析；顧客分析；進行需求評價；收集培訓信息等。

（二）制訂培訓計劃

其內容通常包括培訓目的、培訓時間、培訓地點、培訓方式、培訓師資、培訓內容、培訓方法等。而培訓方法又包括課堂講授法、銷售會議法、角色模擬法、崗位培訓法、案例研討法等。

（三）實施培訓計劃

按計劃實施，注意關注計劃性與變化性協調平衡。

（四）評估培訓效果

評估培訓效果所需要的信息，可通過以下五種方法獲得：問卷調查法、面談法、測試法、觀察法、公司數據法（包括績效評估結果、顧客滿意度、銷售數據等）。

【實訓模塊6】 銷售費用管理

練習

先就下表內容進行討論,然后列舉你認為能夠合理控製推銷費用的方法,並說明理由。

	項目	利	弊
銷售費用	純佣金制		
	無限制報銷法		
	限額報銷法		
交通費用	實報實銷法		
	實報實銷扣除自用里程		
	固定津貼法		
	混合津貼法		
	里程津貼法		

【知識點】

銷售費用是指為了促進銷售而產生的各類策劃推廣費、廣告設計製作費、媒體發布費、代理費、手續費、公關費、活動費、賣場布置（維護）費、銷售人員工資等。

一、銷售費用控製

(一) 銷售費用控製原則

銷售費用的控製是企業銷售管理中的重要問題。為了控製好費用,企業往往將銷售人員的報酬與銷售人員的銷售費用掛勾,因此,應將兩者聯繫起來進行管理。費用管制應遵循下面幾個基本原則：

公平合理原則。費用是銷售員因推廣業務之需所產生的開支,而不是銷售員薪酬的一部分。因此,一方面不能使銷售人員從費用的報支中獲取個人得益；另一方面也不能讓銷售員因為公務而自掏腰包。費用的審核必須公平合理,不能有所偏袒,也不能隨心所欲地變成是主管個人的施捨。

拓展業務原則。費用支出的目的是為了業務拓展,因此審核費用的人不要將費用視為是一種浪費,更不要因為要節省開支而限制了銷售員活動,致使其工作效率降低。

簡單易行原則。費用的管制辦法必須簡單易行,不要制訂太複雜的管理辦法,否則會導致不必要的誤會或曲解。費用報銷和支用應該有一定流程和固定系統,這一套

流程和系統應該越簡明越好，所流經的單位也應該簡化，同時應該避免因費用報支而和公司管理單位、稽核單位或出納單位產生紛爭。

（二）一般費用控製辦法

1. 費用由銷售員自行負擔

這種方法適用於純佣金制的銷售員。銷售部門在制訂佣金比率時，就把銷售費用的支出考慮在內，一併歸到佣金比率下發給銷售員銷售員，必須在其佣金項下開支銷售費用，不得再向公司另外申請。

2. 無限制報銷法

無限制報銷法分為兩種，即逐項列舉報銷法和榮譽制報銷法。

逐項列舉報銷法是允許銷售員就其所支出的業務費用逐項列舉，不限額度地予以報銷。通常都是由銷售員定期填寫支出報告，將所開銷之費用逐項填寫，並附必要單據，呈報主管審核，然后到出納單位領取該項費用。這種費用管制法對於銷售員的支用額度沒有限制，因此銷售員可以斟酌其業務需要，做最靈活、最有效的運用；相對地，銷售主管也可以對銷售員的行動進行管理。

3. 限額報銷法

限額報銷法是就銷售員可能開支的費用規定一個最高限額給予報銷的方法。這種方法最大的特點是讓業務主管能夠精確地預測其直接推銷費用，而且也可防止銷售員過度浪費。限額報銷法可分成兩種，即逐項限制法和總額限制法。

逐項限制法是就銷售員所可能開支的費用，逐項規定一個最高限額。

總額限制法是規定在一定期間內，如每日、每週或每月銷售員報支的費用總額不得超過某一限額，至於各項費用的額度則不予以硬性規定，以使銷售人員有適當的自主權。

（三）交通費管制法

在所有費用管制問題中，交通費管制一直是一個棘手問題。一般根據交通工具性質不同及所有權不同來決定交通費用的管制。

1. 由公司提供交通工具

（1）實報實銷法。一般而言，如果是公司提供交通工具，大都採取實報實銷，由公司負責一切修理費用、保養費用、稅捐及燃料費。

（2）實報實銷，但扣除自用里程。銷售員用公司提供的交通工具及燃料來上下班，節假日也用於私人用途，這些費用如果也由公司負擔，顯然有失公允。因此有些公司規定這一部分應予以扣除。

（3）固定津貼法。有些公司雖然提供交通工具給員工，但其燃料費則採取固定津貼法，按月或按實際工作日數給予固定金額的津貼。這種方法的特點是簡單方便，但卻會對銷售員的拜訪活動產生負面影響，因為訪問越少，則其津貼「盈余」就會越多。

2. 自備交通工具

（1）固定津貼法。即給予銷售人員固定額度的津貼，津貼的範圍包括折舊、修理、維護、稅捐及燃料。

(2)里程數津貼法。即由公司就其實際使用的里程給予津貼，津貼範圍包括一切費用在內。

3. 混合津貼法

混合津貼法是按月給予固定的津貼，以貼補車輛的修理、保養、維護及稅捐等費用，而燃料則採用實報實銷法或按里程數給予津貼。這種方法比較合理，而且簡單易行，所以為企業廣泛採用。

二、應收帳款控製

只有在貨款收回後才算完成銷售。因此，企業應加強對應收帳款的控製。貨款的回收既可由專人處理，也可由銷售人員直接承擔。有效的應收帳款控製方法，可以避免呆帳、爛帳和挪用公款等不良現象。

(一) 及時與客戶對帳

可採用信函對帳和面對面對帳。信函對帳在實際上的結果是回函率很低。若對信函對帳不回復的客戶採取緊逼盯人的追蹤態度，其信函對帳的回函率則可以提高到九成左右。除信函對帳之外，企業可以對客戶採取面對面的對帳制度。在與客戶面對面地對帳之前，應將對帳的效果和目的告知客戶，並約定時間，使客戶樂於配合達到對帳的效果。

(二) 現金折讓核准

所謂現金折讓的核准，是指因客戶願意提早付款而給予的價格優待。由於提早付款時間不同，客戶所得到的價格優待也有差異，因此，給予客戶折讓時，宜先將條件定出來，以便實施。

(三) 逾期未收款跟催

應收而未收到的帳款，屬於逾期未收款。稍有不慎，逾期未收款可能會進一步演變為呆帳或爛帳。企業每個月都應將應收帳款排列出來，以便分析該期間應收帳款的情況。對於逾期帳款，宜將其列為專案處理，並查明該批帳款逾期的原因，進而設法在一定期間內予以全部清除。

(四) 實施應收帳款專核制度

要設立貨款回收的績效評估標準，如收款率、應收帳款週轉、逾期率、呆帳率等，要對銷售人員進行考核，獎優罰劣。

三、銷售預算

(一) 銷售預算的含義及其作用

銷售預算屬於財務計劃，它包括完成銷售計劃的每一個目標所需要的費用，以保證公司銷售利潤實現。銷售預算一方面為其他預算提供基礎，另一方面，銷售預算本身就可以起到對企業銷售活動進行約束和控製的作用。

(二) 銷售預算的步驟

1. 確定公司銷售目標和利潤目標

通常，公司的銷售目標和利潤目標由最高管理層決定。公司的營銷總監和銷售經理的責任就是創造能達到公司最高層目標的銷售額。

2. 銷售預測

銷售預測包括地區銷售預測、產品銷售預測和銷售人員銷售預測三部分。公司銷售和利潤目標一旦確定，預測者就必須確定在公司目標市場上能否實現這個目標。

3. 預算固定成本與變動成本

固定成本是在一定銷售額範圍內不隨銷售額增減而變化的成本，它主要包括銷售經理和銷售人員的工資、銷售辦公費用、培訓師的工資、被培訓銷售人員的工資、例行的銷售展示費用、保險、一些固定稅收、固定交通費用、固定娛樂費用、折舊等。變動成本是隨銷售產品數量增減而同步變化的成本。它通常包括提成和獎金、郵寄費、運輸費、部分稅收（增值稅）、交通費、廣告和銷售促進費等。

4. 預算盈虧平衡點

盈虧平衡點是指使收入能夠彌補成本（包括固定成本和變動成本）的最低銷售量。

5. 預算銷售成本和利潤

根據銷售預測和盈虧平衡點所確定的銷售配額預算銷售成本和利潤，為銷售成本和利潤的約束和控製提供依據。

6. 用銷售預算來控製銷售工作

銷售預算只是對各項銷售配額預計的總成本和總利潤的一個測算，在實際銷售中，產品價格和各種成本費用都有可能發生變化，銷售管理人員必須根據實際不斷對預算的成本和利潤進行調整，及時對銷售工作進行指導和控製。

(三) 編製預算方法

1. 最大費用法

這種方法是用公司總費用減去其他部門的費用，余下的全部作為銷售預算。這個方法的缺點在於費用偏差太大，在不同的計劃年度裡，銷售預算也不同，不利於銷售經理穩步地開展工作。

2. 銷售百分比法

最常用的一種做法是根據上年的銷售費用占公司總費用的百分比，結合預算年度的預測銷售量來確定銷售預算。另外一種做法是把最近幾年的銷售費用的百分比進行加權平均，將其結果作為預算年度的銷售預算。

3. 同業競爭法

同業競爭法是在行業內，主要以競爭對手的銷售費用為基礎來制訂銷售預算。用這種方法必須對行業及競爭對手有充分的瞭解，這就需要及時得到大量的行業競爭對手的資料，但通常情況下，得到的資料只反應以往年度的市場及競爭狀況。

4. 邊際收益法

這裡的邊際收益指每增加一名銷售人員所獲得的效益。由於銷售潛力是有限的，

隨著銷售人員的增加，其收益會越來越少，而每個銷售人員的費用是大致不變的，因此，存在一個平衡點，再增加一名銷售人員，其收益和費用接近，再增加銷售人員，費用反而比收益要大。邊際收益法要求銷售人員的邊際收益大於零。邊際收益法的缺陷在於在銷售水平、競爭狀況和市場其他因素變化的情況下，確定銷售人員的邊際收益很困難。

5. 零基預算法

在一個預算期內每一項活動都從零開始。銷售經理提出銷售活動必需的費用，並且對這些活動進行投入產出分析，優先選擇那些對企業目標貢獻大的活動。這樣反覆分析，直到把所有的活動貢獻大小排序，然後將費用按照這個序列進行分配。其缺陷是貢獻小的項目可能得不到費用。另外，使用這種方法需經過反覆論證才能確定所需的預算。

【實訓模塊 7】 推銷細節管理

練習

運用所學知識，討論在推銷中還有哪些細節容易被推銷員忽視？

【知識點】

華爾街有一句俗語：「不和皮鞋不亮的人談生意。」也就是說，連自己形象都不在意的人，在他人看來，工作上是不嚴謹並且難以值得信任的。銷售管理至少需要注意六個重要細節：

細節一：著裝是「客戶+1」

銷售人員穿得西裝革履，再加上一個公文包，在任何時候都是一個不錯的選擇，而且還能體現公司形象。但有時候還需要看被拜訪的對象，如果雙方著裝反差太大，會使對方感覺不自在，無形中就會拉開雙方的距離。據專家建議，最好的著裝方案是「客戶+1」，也就是只要能夠比客戶穿得好一點就可以了，這樣既能體現對客戶的尊重，又不會拉開雙方的距離。

細節二：比客戶晚放下電話

由於銷售人員工作壓力比較大，時間也很寶貴，所以很多銷售人員在與比較熟悉的客戶通電話時，往往還沒等客戶掛電話，自己就先把電話掛了。可想而知，客戶心理肯定會不太高興。所以銷售人員一定要記著永遠都要比客戶晚放下電話，這體現了你對客戶的尊重。

細節三：與客戶交談中不接電話

由於業務需要，銷售人員的電話往往比較多，所以，當你在與客戶交談時有電話打進是很正常的事情。一般情況下，銷售人員都會在接電話前，很禮貌地向對方示意一下，對方也會大度地表示沒問題。其實，對方心裡在想，電話裡的人像是比我重要，

為什麼他會講那麼久？因此應該盡量避免這種情況。

細節四：多說「我們」少說「我」

銷售人員在與客戶交談的過程中，如果說「我們」會給對方一個心理暗示，銷售人員是與其在一起的，是站在客戶的角度想問題的。雖然「我們」僅僅比「我」多一個字，但是卻與客戶拉近了距離。

細節五：隨身攜帶記事本

在拜訪客戶時，要隨手記下拜訪時間、地點以及客戶頭銜、需求，這種敬業、虔誠的心不僅能夠鼓勵客戶說出更多需求，還會給客戶一種受尊重的感覺，進而有利於以后工作順利開展。同時對銷售員來說，還能培養成一個好的習慣。

細節六：保持相同的談話方式

一些銷售人員的工作能力很強，但是其在與客戶談話時，總是喜歡以自己的說話方式去表達，進而引起客戶的反感，給客戶留下一個不好的印象。尤其一些年輕的銷售人員，其思路敏捷、反應較快，總喜歡快節奏地談話，但如果是在和年紀大的客戶談話，這種談話方式就很容易引起客戶反感。因此，一定要保持和客戶相同的談話方式。

雖然這些細節很常見，但卻是銷售人員最容易犯的錯誤。如果銷售人員在銷售過程中能夠稍加留意，就會避免其發生，給客戶留下好的印象。

【實訓模塊 8】 推銷信息管理

練習

討論企業推銷信息化管理要求的必要性和重要性，並填寫下表：

推銷信息化管理要求	必要性	重要性
規範化		
即時性		
實用性		
系統性		
保密性		
計算機化		

【知識點】

一、推銷信息管理概念

推銷信息管理由推銷計劃制訂、執行和推銷業績的評價及控制三部分組成，其核

心是動態地管理推銷活動，在實現企業營銷戰略的基礎上，獲取源源不斷的銷售利潤。推銷信息管理是為了更好地進行銷售管理，最終實現企業的目標，對推銷過程中產生的各種信息進行收集、處理、加工的過程。

二、企業銷售信息管理的要求

（一）規範化

規範化就是指推銷信息標準化。企業在整個推銷過程中必然會產生或形成海量信息，如果這些信息雜亂無章，沒有任何標準，那麼就很難對這些信息進行加工和處理，這樣無疑就加大了信息管理的難度和成本。因此企業要對所收集到的各種推銷信息按照同一模式、同一單位進行計算。比較實際的做法是制訂各種標準化的統計報表，讓推銷員根據要求進行填寫，然後由專人負責統一進行匯總和處理。實際上，要求推銷員如實填寫各類統計報表也是對推銷活動的監控與管理過程。為了保障銷售人員按制度規範收集信息，企業應該把信息的規範化收集定為一項制度，以給予足夠的重視。

（二）即時性

商場如戰場，市場變化莫測，為了保證企業能夠制訂出有效的銷售決策，首先要求企業必須收集即時的推銷員第一手銷售信息，其次要求企業對所收集到的信息及時整理分析，以便能夠為決策提供高質量的參考資料並不斷提供反饋意見。

（三）實用性

雖然有效的決策要基於足夠的信息量，但是只有有用的信息——具有實用性的信息才有價值，無效的信息量再多也沒有用。因此，信息並非越多越好。由於信息大多是由推銷員提供的，因此可以說信息實用的前提是推銷員要如實匯報各類信息，絕不能為了誇大自己的能力，取得企業或管理人員的信任而提供失實信息。

（四）系統性

系統性是指整個銷售信息要有足夠的相關性，即使推銷員收集的信息量很大，有效性也不錯，如果不具有系統性，而是將一些互不關聯的信息放在一起，仍然沒有多少價值；所以不僅要保證信息量足夠、信息有效，還要保證信息的系統性。

（五）保密性

在激烈的市場競爭中，保密是任何信息管理的重要環節，任何時候都不能放鬆。如信用卡的帳號和用戶名被人知悉，就可能被盜用，訂貨和付款的信息被競爭對手獲悉，就可能喪失商機。為了保證銷售信息的安全，企業需要對各類信息標示秘密等級，並針對不同的人設定不同的信息處理權限，使不同層級的員工接觸到其工作崗位所需的保密信息，採取信息屏蔽措施。

（六）計算機化

計算機能極大地解放大腦，信息化管理越來越受到企業青睞。企業擁有大量的銷售信息，並且隨著銷售活動的延續，銷售信息會越來越多，因此，需要借助計算機來

輔助企業的銷售信息管理。推銷員可以通過 E-mail、傳真、電話隨時為企業提供信息，更好的選擇是在 B/S 結構上借助網絡來即時傳遞信息。

三、推銷信息管理過程

推銷信息管理過程一般包括信息收集、信息篩選及整理和信息註釋及歸檔、信息應用及信息反饋。推銷員應將推銷信息資料進行分類管理，包括刊物索引類、期刊類、剪報類、目錄與說明書類、報表類、視聽資料類、專利類、外部機構的調查資料等。

為了保證銷售信息系統能夠向決策人員提供及時有效的信息，在應用銷售信息系統時要注意防範以下問題：①信息冗余，②輸入不準，③語言障礙，④需求變化。

【實訓模塊 9】 促銷物資管理

練習 1
請根據知識點及查詢相關材料，繪製出促銷物資管理規範流程圖。

練習 2
討論促銷物資管理不當會為企業帶來哪些損失？

【知識點】

促銷物資是指促銷活動正常進行所涉及的所有物資。

一、促銷物資的分類

（一）試飲品（試吃品）

試飲品（試吃品）是指商家在市場上推出新產品時，通過讓消費者免費品嘗產品的方式來讓新產品更快地被消費者接受，或者迅速地進入某市場，被免費品嘗的產品就是試飲品（試吃品）。

（二）贈品

贈品是當顧客的購買活動符合商家的要求時，商家贈送禮品給消費者，達到吸引消費者同時給品牌做廣告的目的，具體包括玻璃保鮮盒、收納盒、陶瓷杯、彎曲筆、飯盒、卡包、馬克杯、不銹鋼小盆、抽紙等。

（三）固定物品

固定物品是指商家做促銷活動中的固定資產，是促銷活動正常進行的必需物資，在促銷活動結束后，這些物資會被收回，用於下次的促銷活動，直到整個項目結束。

（四）消耗品

消耗品是指只能使用一次的塑料製品或木製品等。

二、促銷物資管理的規範流程

（一）明確活動流程

項目負責督導和客戶取得聯繫，瞭解活動流程；督導明確活動流程，口頭告知直接上級、其他督導以及促銷物資管理者等與活動相關的人員，並隨後補發電子郵件。

（二）列出活動物資清單

督導聯繫客戶，確認活動所需要的物資清單；確認所提取物資的具體數量；確認所提取物資的提貨時間、地點；確認提貨對接人。

（三）提取物資

督導將客戶給的提貨信息填寫在物資提貨單上，交給促銷物資管理者；促銷物資管理者按照清單提取貨物。

（四）入庫

促銷物資放置遵循「整齊、美觀、縱橫成行成線」的原則，包裝箱正面向上，擺放前應將包裝箱內產品均勻平整堆放；促銷物資管理者對照清單，再次清點物資；促銷物資管理者當天更新倉庫進出表和物資提貨單，並發送給督導和直接上級；促銷物資管理者提取的物資若與物資提貨單上的數據有出入，立即聯繫該活動負責的督導，告知情況。

（五）聯繫售點

督導根據售點的人流量和購買能力制訂物資配送單，提前 24 小時將表交至促銷物資管理者和直接上級；促銷物資管理者收到督導的物資配送單之後，聯繫各個售點的負責人，並說明大概活動形式以確定是否能夠接收物資；促銷物資管理者將電話詢問的結果以口頭和郵件形式反饋給督導，督導立即與客戶取得聯繫，告知情況和原因確定最終可參與活動的售點。

（六）聯繫司機

最終的物資配送單確定之后，促銷物資者根據售點數量和活動具體物資的情況來聯繫司機；告知司機到達倉庫的具體時間；填寫促銷員物資領取表。

（七）配送及出庫

物資管理者打印多份物資配送單，去倉庫準備需要的物資，每個司機發一份物資配送單，同時自己至少擁有兩份，一份做記錄，一份備用；司機根據物資配送單上的售點，可自行進行售點劃分；促銷物資管理者按照活動的緊急程度或者司機的先後順序，依次裝貨；貨物裝好之後，檢查所裝貨物是否齊全，若齊全，司機簽字確認，假若司機簽字確認之後，物資數量仍出現差錯，司機必須承擔責任，同時司機必須告知售點簽收人活動結束后，物資會被回收；促銷物資管理者當天更新物資配送單和倉庫進出表，註明運輸司機，並發送給督導和直接上級。

（八）物資配送單簽收

促銷物資管理者回收店老板或者督導簽字的物資配送單原件；將簽名版物資配送單複印，保留好原件，複印件交與司機；填寫門店總控表。

（九）補貨

督導巡店時，瞭解各個店面的物資使用和剩餘情況，並要求促銷員每天下班后，將物資的使用情況和剩餘情況報告給督導；督導根據售點的銷售、人流量以及剩餘物資的情況，確定是否需要補貨；若需要補貨，督導填寫物資配送單並交至促銷物資管理者；次日更新倉庫進出表和物資配送單並發送給督導和直接上級。

（十）回收

督導提前 24 小時制訂物資回收單交給促銷物資管理者；促銷物資管理者聯繫需要回收物資的售點，根據最終售點數據以及預估回收的物資量來安排司機；物資回收單上必須要有最后在售點工作的促銷員的電話號碼，方便回收物資時，既容易找到售點，也容易找到促銷物資；物資回收時，促銷物資管理者或者督導必須跟車；回收數據與理論數據差額較大的，促銷物資管理者應立即告知負責活動的督導；促銷物資管理者當天更新倉庫進出表和物資回收單，並發送給督導和直接上級。

（十一）整理、入庫

對回收的物資進行分類、整理，散裝的物資若有包裝箱，應在包裝箱上標註出具體數目。

（十二）盤點

為保證各物資數據更準確，以及為下次活動提供準確的物資信息，每月的后一天，對倉庫物資進行全面盤點，直到盤點結束；完成盤點，當天更新倉庫進出表，並發送給督導和直接上級。

（十三）返還

在項目結束之后，促銷物資管理者向直接上級諮詢返還物資的時間和清單。同時回收促銷員手上的物資，更新促銷員物資領取表；直接上交填寫物資返還單，交至促銷物資管理者；聯繫司機和返還物資的接收人，當天更新倉庫進出表和物資返還單，發送給督導和直接上級。

三、促銷物資在門店的管理

（一）促銷活動開始之前

促銷物資在促銷活動開始的前一兩天送到門店，將物資放置在門店物資倉內（或門店人員指定區域），由門店人員進行驗收，簽字確認；督導或者促銷物資管理者告知門店人員，活動結束之后，物資將嚴格按照配送量與促銷員在活動期間的使用量之間的差額來回收；督導將該門店所放置的促銷物資告知促銷員，並指導促銷員正確使用物資。

（二）促銷活動進行之中

可循環使用的物資在每次使用后，促銷員需將物資存放於門店物資倉內，同時對物資進行清點；督導確定各個區域使用促銷物資的名稱、數量及放置位置。

（三）促銷活動結束之后

門店促銷員將促銷活動剩下的物資清單發送給督導，督導於當天制訂物資回收單；促銷物資管理者收到物資回收單，次日安排司機回收物資，當日入庫。

四、促銷物資擺放原則

1. 物品擺放遵循「整齊、美觀、縱橫成行成線」的原則。包裝箱正面向上，擺放前應將袋內產品均勻平整堆放。

2. 分類擺放。按照試飲品（或試吃品）、贈品、固定物品以及消耗品的分類來擺放。

3. 消費器材和暫存的其他物資要擺放整齊。定期檢查消防器材，倉庫作業完之后，應將工作現場清理整潔。

4. 利於作業優化。倉庫作業優化是指提高作業的連續性，實現一次性作業，減少裝卸次數，縮短搬運距離。兩個或兩個以上相關聯的物資經常被同時使用，如果放在相鄰的位置，就可以縮短分揀人員的移動距離，提高工作效率。

5. 滅火措施不同的貨物不能混存。

6. 以庫存週轉率為排序依據。出入庫頻次高且出入量比較大的品種應放在離物流出口最近的固定貨位上；當然，隨著產品的生命週期、季節等因素的變化，庫存週轉率也會變化，同時貨位也再重新排序。

7. 上輕下重原則。樓上或上層貨位擺放重量小的物資，樓下或者下層貨位擺放重量大的物資，這樣可以減輕搬運強度，保證易耗品、非易耗品以及人員的安全。

五、注意事項

1. 安全第一。倉庫內要設有防水、防火、防盜等設施，以保證人員和物資安全。

2. 要注意倉儲區的溫濕度，保持通風良好、干燥、不潮濕。

3. 物品應輕拿輕放。貨物存放整齊，防止貨物掉下貨架損壞，注意貨物堆放的極限高度、數量、層數等，防止壓損貨物。

4. 倉庫嚴禁菸火，外來人員不得隨便入內。

5. 對於在工作中使用的辦公設備、工具必須妥善保管，細心維護，如造成遺失或人為損壞，則按公司規定進行賠償。

6. 對庫存時間較長的物資，發現霉變、破損或超過保持期的物資應及時告知直接上級。

7. 若發現異常問題應及時向直接上級反饋。

8. 在倉庫牆壁上掛一個筆記本，將每一天的物流信息記錄在筆記本上。

【實訓模塊 10】 客戶資源管理

練習

結合客戶關係管理課程相關內容，上機操作 CRM 系統，熟悉其管理模塊；通過操作，熟悉客戶信息的構成要素。

【知識點】

一、客戶來源主要途徑

包括老客戶介紹；展會、廣告；E-mail 營銷；搜索引擎營銷；博客軟文等其他的營銷方式。

二、實施 CRM 的觀念轉變

1. 觀念轉變。實施 CRM，實現從產品中心到客戶中心的轉變。要實現「客戶中心」的觀念轉變，如果沒有 CRM 往往只能停留在願望和口號上，而無法真正落實到日常經營行為之中。
2. 營銷方式轉變。傳統的營銷方式往往注重對商機的獲得而忽略對客戶價值的管理和客戶的保持。實施 CRM，有條件實現對客戶完整生命週期的管理和客戶價值的管理，從而真正實現營銷重心從「獲得商機」轉向「獲得客戶」。
3. 管理方式轉變。實施 CRM，實現管理方式從「粗放」到「精準」，從依靠「經驗」到依靠「數據」的轉變。
4. 工作方式轉變。實施 CRM，實現工作方式從依賴個人能力到依靠企業資源的轉變。

【問題思考】

1. 電話銷售有哪些技巧？
2. 網絡銷售信息有哪些發布方式，如何利用網絡收集客戶群信息？
3. 如何在工作中使用目標管理 SMART 原則？
4. 推銷成交有哪些方法與技巧？
5. 推銷團隊有哪些構成要素？
6. 如何對推銷費用進行管理？
7. 在推銷中還有哪些細節容易被推銷員忽視？
8. 促銷物資管理有什麼規範流程？
9. 如何對客戶資源進行管理？

第三部分
綜合模擬實訓

綜合實訓 1　模擬商務談判大賽

【實訓目的與要求】

1. 檢驗學生對商務談判相關知識的掌握程度。
2. 學會組織商務談判，提高組織能力。
3. 檢驗學生對商務談判各種策略、技巧的掌握程度。
4. 學會換位思考，從學習者變成組織者，從被動者變為主動者。

【實訓學時】

本項目建議實訓學時：4 學時。

【實訓內容】

模擬談判大賽是對學生整個商務談判課程學習狀況的一個總結。檢驗內容包括談判前期規劃、談判準備、資料收集分析、談判計劃制訂、談判各階段策略運用、談判技巧、討價還價技巧、把握交易機會以及簽約等。模擬談判大賽不局限於工商管理類專業，可以在該大類專業基礎上，向全校鋪開，因為無論是何種專業的學生，都可能在未來參與到商務談判中。

一、前期工作安排

（一）賽前教育動員

為了提高學生對商務談判綜合實訓的認識和重視程度，召開動員大會，明確大賽實訓的重要性、目的和意義，提出要求。

（二）賽前培訓

為了幫助學生順利完成任務，更好地準備參賽，要對學生進行必要的培訓，由任課老師承擔。整個培訓內容根據比賽項目靈活確定，特別是針對有非管理類專業同學參與的比賽，更需要補充相關商務談判知識，注意突出重點和難點，教導學生在談判現場的操作及流程。

（三）模擬大賽籌備計劃

1. 決定大賽時間、地點、流程、預算。
2. 草擬邀請參加大賽的領導、評委、贊助商（如果有）以及相關來賓。
3. 召集籌備組確認相關事宜
（1）確認參賽組別和隊員專業、姓名。
（2）確定主持人、頒獎人、開閉幕式講話領導。
（3）制訂大賽項目計劃書。
（4）明確籌備組分工。

（四）模擬大賽賽前準備

1. 給相關人員發邀請函。
2. 隨時就大賽籌備事宜與主管領導溝通匯報。
3. 大賽物品採購，包括獲獎證書、礦泉水、紙杯、座簽牌、便箋紙、引導路牌標誌等。
4. 大賽主持人及參賽隊員形象準備
（1）服裝、化妝。
（2）照相、錄像。
（3）主持人主持詞及與部分隊員互動安排。
5. 場地布置
（1）標語、橫幅、宣傳彩旗、廣告等。
（2）場地衛生，安全保障。
（3）設備試用，包括話筒、音響、投影等。
（4）嘉賓座位牌。
6. 流程準備
（1）主持人、評委、學生代表、嘉賓或領導發言準備情況。
（2）流程的各個環節可能遇到的問題預案。
（3）將程序交各個參賽隊反覆熟悉，再次確認給定的背景資料。
（4）各組相應的 PPT 展示流程檢測。
（5）迎賓人員安排。
（6）背景音樂測試。

二、大賽流程

（一）開場介紹

1. 到場人員介紹。主要包括主持人介紹大賽主辦、協辦、贊助單位，到場評委嘉賓、領導和參賽隊及所在部門或專業等信息。
2. 領導宣布大賽正式開始。
3. 主持人介紹談判的議題及背景資料。

(二) 背對背演講

1. 背對背演講（共 6 分鐘）

一方首先上場，利用演講的方式，向觀眾和評委充分展示己方對談判的前期調查結論、對談判案例的理解、切入點以及準備採用的談判策略，提出談判所希望達到的目標，同時充分展示己方的風采。一方演講之后退場迴避，另一方上場演講。

要求：

(1) 必須按演講的方式進行，控製時間，聲情並茂，力求打動評委。
(2) 雙方抽簽決定誰先上場。
(3) 每一方演講時間不得超過 3 分鐘，還剩 30 秒時有提示，時間到了不得延時。
(4) 演講由參賽成員中的 1 位來完成，但演講者不能是己方主談。
(5) 在演講中，演講者應完成以下幾個方面的闡述：介紹本方代表隊的名稱、隊伍構成和隊員的分工（每個隊取一個有特色的名字以增加效果）；本方對談判案例的理解和解釋；對談判的問題進行背景分析，初步展示和分析己方的態勢和優劣勢；闡述本方談判的可接受的條件底線和希望達到的目標；介紹本方本次談判的戰略安排；介紹本方擬在談判中使用的戰術。

2. 分組分工

依據給定背景材料，由大賽組委會（可以由任課教師和商務談判協會成員組成）把參賽學生分為不超過 8 人一組共同完成模擬談判任務。

根據分配的實訓任務背景材料，確定信息調查的渠道、方法；進行信息調查、撰寫談判計劃；確定談判角色分配；確定談判策略；小組內模擬談判。此階段要完成以下工作：

(1) 確定信息調查的渠道、方法。
(2) 根據分配案例進行調查獲取信息。
(3) 根據商務談判策劃的基本步驟進行策劃，確定目標策略、談判議程、交易條件或合同條款、價格談判的幅度。
(4) 撰寫談判計劃，製作 PPT。

(三) 正式談判

1. 開局階段（3~5 分鐘）

此階段為談判的開局階段，雙方面對面，但一方發言時，另一方不得搶話發言或以行為進行干擾。開局可以由一位組員來完成，也可以由多位組員共同完成。發言時，可以展示支持本方觀點的數據、圖表、小件道具和 PPT 等。

(1) 入場、落座、寒暄都要符合商業禮節，相互介紹己方成員。
(2) 有策略地向對方介紹己方的談判條件。
(3) 試探對方的談判條件和目標。
(4) 對談判內容進行初步交鋒。
(5) 不要輕易暴露己方底線，但也不能隱瞞過多信息而延緩談判進程。
(6) 在開局結束的時候最好能夠獲得對方的關鍵性信息。

（7）可以先聲奪人，但不能以勢壓人或者一邊倒。

（8）適當運用談判前期的策略和技巧。

2. 磋商階段（10~15分鐘）

磋商階段為談判的主體階段，雙方隨意發言，但要注意禮節。一方發言的時候另一方不得隨意打斷，等對方說完話之後己方再說話。既不能喋喋不休而讓對方沒有說話機會，也不能寡言少語任憑對方表現。

此階段雙方應完成以下工作：

（1）對談判的關鍵問題進行深入談判。

（2）使用各種策略和技巧進行談判，但不得提供不實、編造的信息。

（3）尋找對方的不合理方面以及可就要求對方讓步的方面進行談判。

（4）為達成交易尋找共識。

（5）獲得己方的利益最大化。

（6）解決談判議題中的主要問題，就主要方面達成意向性共識。

（7）出現僵局時，雙方可轉換話題繼續談判，但不得退場或冷場超過1分鐘。

（8）雙方不得過多糾纏與議題無關的話題或就知識性問題進行過多追問。

（9）注意運用談判中期的各種策略和技巧。

3. 休會階段（3分鐘）

在休會中，雙方應當總結前面的談判成果；與組員分析對方開出的條件和可能的討價還價空間；與組員討論收局階段的策略，如有必要，對原本設定的目標進行修改。

4. 談判結束階段（3~5分鐘）

此階段為談判最后階段，雙方回到談判桌，隨意發言，但應注意禮節。

本階段雙方應完成如下工作：

（1）對談判條件進行最后交鋒，爭取達成交易。

（2）在最后階段盡量爭取對己方有利的交易條件。

（3）談判結果應該著眼於保持良好的長期關係。

（4）進行符合商業禮節的道別，對對方表示感謝。

（5）如果這一階段雙方因各種原因沒有達成協議，安排機動時間，但雙方均要被扣分。

5. 簽約階段（3~5分鐘）

本階段雙方擬訂並簽訂合同，雙方應完成如下工作：

（1）協商合同樣本。

（2）雙方審核確認。

（3）正式簽訂協議合同，在協議簽訂時要符合商務禮儀要求。

（4）協議簽訂后進行符合商業禮節的道別，並向對方表示感謝。

（四）評委提問（共3分鐘）

1. 針對談判議題本身、談判過程的表現、選手知識底蘊和商務談判常識進行提問。

2. 進一步考察談判雙方的知識儲備、理解、應變及語言組織能力。

3. 評委依次向每個參賽隊提 1~3 個問題。

4. 問題不一定有標準答案，但要具有挑戰性和現場性，主要是考查選手的應變能力。

5. 每個問題的提問時間不超過 1 分鐘，每個問題的回答時間不超過 1 分鐘。

註：不同學校不同專業的參賽者，人數不同，可以根據具體情況對參賽流程細節及時間等進行調整。

綜合實訓 2　模擬推銷大賽

【實訓目的與要求】

1. 檢驗學生對推銷相關知識的掌握程度。
2. 提高學生組織推銷活動的能力。
3. 檢驗學生對各種推銷策略、技巧的掌握程度。
4. 使學生學會換位思考，從學習者變成組織者，從被動者變為主動者。
5. 鼓勵學生勇於展現自己，挑戰自我，拓寬思維，增長見識，從而成功地推銷自己。

【實訓學時】

本項目建議實訓學時：4 學時。

【實訓內容】

一、活動目的

首先，為了鼓勵在校大學生勇於展現自己、挑戰自我，通過模擬推銷這一有效途徑拓寬思維，增長見識，從而成功地推銷自己，以應對今后日益激烈的市場競爭。

其次，幫助廣大同學明確學習目標，端正學習態度，增強學習動力，樹立和提高人際交往和社會實踐的能力。

再次，提高學生們對營銷實踐經驗的累積，增強其團隊精神和合作意識，為自己將來踏上社會累積豐富的社會經驗和人生閱歷。

二、活動背景

隨著經濟全球化的加劇，市場競爭日趨激烈，大學生的就業壓力也在不斷地加強，如何把自己推銷出去、怎樣把自己的產品推銷出去似乎成了衡量一個推銷人員優秀與否的重要標準之一。基於此，建議開設商務談判與推銷技巧課程的學校每年組織一次大學生模擬推銷大賽，旨在提高大學生與人交際的能力和語言表達能力，提高如何把自己以及自己的產品推銷出去的本領，增強學生就業緊迫感和自信心，提升學習動力，為將來真正參加工作、步入社會奠定基礎，同時也為提高大學生的綜合素質提供一個

嶄新的模擬舞臺。

三、活動流程

（一）前期準備

1. 召集並動員市場營銷協會（銷售協會）全體成員召開大會，由協會主要負責人向大家詳細介紹活動的內容、流程和各個細節部分，務必讓每一個成員對活動過程都了如指掌，充分調動每一個成員的積極性。會長負責給相關人員分配相應任務。

2. 由協會在全校範圍內進行宣傳組織工作，將活動的影響力擴展到整個學校。

3. 賽前應向所有代表隊介紹比賽細則，必要時可提前召集選手開相關會議介紹比賽事宜。

4. 由宣傳部負責活動的宣傳工作，通過出宣傳板和海報的方式在學校各人流密集處宣傳本次活動，並發動所有協會成員向同學、室友等宣傳本次活動，最大限度擴展其影響力，使廣大學生瞭解並關注本次活動。

5. 由外聯部組織成員出校門拉贊助，籌集本次活動的經費，最好拉到一些物質上的贊助用於決賽，處理好與校外贊助商合作關係。

根據協會構成，參考任務分配如下：

人員責任表	
宣傳部	1. 初賽宣傳事項（包括懸掛條幅，宣傳板、宣傳欄海報設計，張貼宣傳單）。 2. 現場拍照。
辦公室	1. 報名登記，通知進入復賽、決賽的選手。 2. 製作預賽評選條件及決賽的評分表。 3. 製作初賽前供選手選擇的用於參賽的商品卡片，封於信封之中。 4. 準備選手入場號，抽簽。 5. 會場布置。
策劃部	1. 決賽 PPT 製作。 2. 安排計時人員。 3. 維持現場秩序。
外聯部	1. 拉贊助。 2. 維持現場秩序。 3. 清理會場。 4. 安排電腦操作人員。
共同合作	安排彩排事宜，現場人員調動，控製整個參賽流程等。

（二）具體流程

1. 初賽流程

（1）選手上臺做簡單的自我介紹。可隨意發揮，有無才藝表演均可。

（2）準備專門的抽題箱，把事先寫好的物品名稱（供選物品不能太抽象化，必須是常見的而且容易把握聯想的）放在裡面，選手去抽題，選手根據抽到的題目即興推銷，有 1~3 分鐘思考時間。該環節可忽視對產品性能的瞭解，注重對營銷技能和營銷

理念的把握，考驗選手的臨時反應能力、聯想力、邏輯力、語言表達能力等綜合素質。當前一個選手即興推銷時，后一個選手抽題準備，推銷時長 1~3 分鐘。

（3）請一些有經驗的營銷人員和學長在臺下做評委，提問，為選手打分，最終決定晉級名單。

（4）晉級名單大約限制在 12 人左右，然后協調這些人自行分組，最多分為 5 組準備進行決賽。通知初步定好的決賽規則、時間地點。

2. 決賽階段

（1）場外決賽準備：外聯部聯繫超市或商家，確定決賽所需的推銷產品。比賽要求：推銷出的產品數量不與場內決賽成績掛勾，只做參考數據，以體驗真正的營銷為目的，所獲利潤按比例給選手一定酬勞，推銷過程中可以同時為自己拉選票。場內決賽時匯報成果及心得。

（2）場內決賽：將本環節與場外環節結合起來，場外環節錄制的視頻現場播出，作為評委評分的一個參考標準。

① 走秀環節：該環節選手以走秀的形式依次走到臺前，以合適的方式把自己和產品展現在臺前。這個環節是自己和產品第一次在觀眾面前亮相，充分展現模擬推銷員的風采，有利於讓大家在視覺上更加真切地感受到模擬推銷這場盛宴。

② 推銷環節：該環節選手上臺先簡單介紹自己團體的名稱，然后開始推銷產品，在這個環節選手可以充分展現自己的營銷技能、營銷理念，在推銷這個舞臺充分展示自己。推銷時間把握在 8 分鐘之內。

③ 總結環節：選手總結其推銷構想與現場模擬推銷的差距、收穫、反思等心得。

④ 評委老師為活動做總結。

3. 頒獎階段

頒獎之后，活動結束。

四、注意事項

1. 比賽之前注意事項

（1）在比賽開始前一周聯繫好指導老師，向其申報和詳細闡述本次活動，並請指導老師和相關專業人士、企業代表擔任本次比賽活動的評委。

（2）由外聯部負責向學校申請借教室，由辦公室負責賽前午打掃和布置比賽場所，並在活動期間負責贊助商的宣傳工作。

（3）活動開始前，策劃部和辦公室負責維護現場秩序，安排評委和所有參賽隊就座。由主持人宣布比賽開始，向大家介紹評委以及嘉賓，並介紹活動流程及規則。

2. 決賽之前準備工作

（1）召集進入決賽的選手，詳細交代比賽的相關事宜和彩排環節，尤其注意走秀環節。

（2）比賽開始前宣傳部進行場地布置，擺放條幅和比賽用具。策劃部協助宣傳部。

（3）辦公室要清點資助商品數量和負責比賽得分記錄。

（4）外聯部和策劃部在比賽期間維護現場秩序。

五、獎項設置

略。

六、活動預算

略。

七、活動總結

召集協會成員開會，對活動中出現的不足進行討論，及早發現不足，為接下來的活動累積更多的經驗，為提高大賽的質量做出更大的努力。

國家圖書館出版品預行編目(CIP)資料

商務談判與推銷技巧實訓教程 / 楊小川 編著. -- 第一版.
-- 臺北市：崧博出版：財經錢線文化發行，2018.10
　　面；　　公分

ISBN 978-957-735-616-1(平裝)

1.商業談判 2.銷售

490.17　　　　107017335

書　　名：商務談判與推銷技巧實訓教程
作　　者：楊小川 編著
發 行 人：黃振庭
出 版 者：崧博出版事業有限公司
發 行 者：財經錢線文化事業有限公司
E-mail：sonbookservice@gmail.com
粉絲頁　　　　　　　網　址：
地　　址：台北市中正區延平南路六十一號五樓一室
8F.-815, No.61, Sec. 1, Chongqing S. Rd., Zhongzheng Dist., Taipei City 100, Taiwan (R.O.C.)
電　　話：(02)2370-3310　傳　真：(02) 2370-3210
總 經 銷：紅螞蟻圖書有限公司
地　　址：台北市內湖區舊宗路二段 121 巷 19 號
電　　話：02-2795-3656　傳真：02-2795-4100　網址：
印　　刷：京峯彩色印刷有限公司（京峰數位）

　　本書版權為西南財經大學出版社所有授權崧博出版事業有限公司獨家發行電子書及繁體書繁體版。若有其他相關權利及授權需求請與本公司聯繫。

定價：450元
發行日期：2018 年 10 月第一版
◎ 本書以POD印製發行